W0298582

achbuchprogramm Wissen schafft Vorsprung

Dornwaß, E.

Softwaremanagement in Unternehmen

Konzeption und Planung

2002
161 S., DIN A5, geb.
ISBN 3-8007-2645-9
24,– € (D) /
24,60 € (A) / 40,50 sFr*

Thaller, G. E.

Software-Qualität

Der Weg zu Spitzenleistungen in der Software-Entwicklung

2000, 247 S., DIN A5, kart.
ISBN 3-8007-2494-4
23,– € (D) /
23,60 € (A) / 40,40 sFr*

Werb-Nr. 031116

Bestellungen über den Buchhandel bzw. direkt beim Verlag.

Preisänderungen und Irrtümer vorbehalten.

* = Persönliche VDE-Mitglieder erhalten bei Bestellung unter Angabe der Mitgliedsnummer 10 % Rabatt.

Andreas Häuslein

Systemanalyse

Prof. Dr. rer. nat. Andreas Häuslein

Systemanalyse

Grundlagen, Techniken, Notierungen

VDE VERLAG GMBH • Berlin • Offenbach

Bibliografische Information Der Deutschen Bibliothek
Die Deutsche Bibliothek verzeichnet diese Publikation in der Deutschen Nationalbibliografie; detaillierte bibliografische Daten sind im Internet über http://dnb.ddb.de abrufbar

ISBN 3-8007-2715-3

Druck und Bindung: „Thomas Müntzer" GmbH, Bad Langensalza 2004-01

Inhaltsverzeichnis

Vorwort 13

Teil A: Grundlagen 15

1 Gegenstand und Ziele der Systemanalyse 17

1.1 Probleme bei der Entwicklung von komplexen Informationssystemen 18

1.2 Ziele der Systemanalyse bei der Entwicklung von Informationssystemen 20

1.3 Software-Qualität als wichtiges Teilziel von Systemanalysen 23

2 Methodische Grundlagen der Systemanalyse 27

2.1 Systeme 27

2.1.1 Merkmale von Systemen 27

2.1.2 Systeme als Regelkreis 31

2.1.3 Subsystembildung 32

2.1.4 Klassifikation von Systemen 35

2.2 Modelle 36

2.2.1 Repräsentationsformen für Modelle 38

2.2.2 Gültigkeit von Modellen 38

2.2.3 Nutzung von Modellen 39

2.3 Grundlegende Vorgehensweise der Systemanalyse 41

Teil B: Systemaufnahme 45

3 Informationsgewinnung 47

3.1 Personenbezogene Techniken der Informationsgewinnung 48

3.1.1 Interview-Technik 49

3.1.1.1 Vor- und Nachteile der Interview-Technik ... 50
3.1.1.2 Leitlinien zur Durchführung von Interviews ... 51
3.1.2 Fragebogen-Technik ... 53
3.1.2.1 Vor- und Nachteile der Fragebogen-Technik ... 55
3.1.2.2 Leitlinien zur Durchführung von schriftlichen Befragungen ... 55
3.1.3 Beobachtung ... 58
3.1.3.1 Vor- und Nachteile der Beobachtung ... 58
3.1.3.2 Leitlinien zur Durchführung von Beobachtungen ... 59
3.2 Dokumentbezogene Techniken der Informationsgewinnung ... 59
3.2.1 Inventur-Technik ... 59
3.2.2 Quellenauswertung ... 61
3.3 Vorgehensweise bei der Informationsgewinnung ... 61

4 Untersuchungsbereiche der Systemaufnahme 65

4.1 Organisationsanalyse ... 66
4.2 Benutzeranalyse ... 67
4.2.1 Informationssuche ... 68
4.2.2 Informationslieferung ... 70
4.2.3 Benutzererwartung ... 71
4.3 Prozessanalyse ... 71
4.3.1 Der Prozessbegriff ... 71
4.3.2 Erfassung von Prozessen und ihren Merkmalen ... 73
4.3.2.1 Input-Prozess-Output-Analysen ... 74
4.3.2.2 Activity Direction Analysis Method (ADAM) ... 74
4.3.2.3 Prozesslogik ... 76
4.3.2.4 Entscheidungstabellen ... 76
4.3.2.5 Entscheidungsbäume ... 82
4.3.3 Kommunikationsanalyse ... 84
4.3.4 Datenanalysen ... 86

Teil C: Systemmodellierung 89

5 Ereignisgesteuerte Prozessketten 91

5.1 Elementtypen in ereignisgesteuerten Prozessketten ... 92
5.1.1 Ereignisse ... 93
5.1.2 Funktionen ... 93

5.1.3 Verbindung von Funktionen und Ereignissen ... 94
5.1.4 Operatoren ... 95
5.1.5 Datenobjekte ... 102
5.1.6 Organisationsobjekte ... 105
5.1.7 Anwendungsobjekte ... 107
5.1.8 Sachmittel ... 107
5.2 Vorgehensweise zur Erstellung von EPK-Modellen ... 108

6 Strukturierte Analyse 111

6.1 Die Entwicklung der Strukturierten Analyse ... 111
6.2 Darstellungsformen ... 114
6.2.1 Datenflussdiagramme ... 114
6.2.1.1 Prozesse ... 115
6.2.1.2 Speicher ... 116
6.2.1.3 Datenflüsse ... 117
6.2.1.4 Gestufte Datenflussdiagramme ... 118
6.2.1.5 Kontextdiagramme ... 120
6.2.1.6 Regeln zum Aufbau von Datenflussdiagrammen ... 122
6.2.2 Datenkataloge ... 124
6.2.3 Prozessspezifikationen ... 127
6.2.3.1 Prozessspezifikationen in strukturierter Sprache ... 129
6.2.3.2 Prozessspezifikationen durch Vor- und Nachbedingungen ... 131
6.2.4 Entity-Relationship-Diagramme ... 133
6.2.5 Konsistenzbedingungen zwischen den Darstellungsformen ... 137
6.2.5.1 Konsistenzbedingungen ausgehend von Datenflussdiagrammen ... 137
6.2.5.2 Konsistenzbedingungen ausgehend vom Datenkatalog ... 137
6.2.5.3 Konsistenzbedingungen ausgehend von einer Prozessspezifikation ... 138
6.2.5.4 Konsistenzbedingungen ausgehend von einem ER-Diagramm ... 139
6.3 Essenzielle Modellierung ... 140
6.3.1 Methodische Grundprinzipien ... 140
6.3.1.1 Konzentration auf Anforderungen an das neue System ... 141
6.3.1.2 Prinzip der perfekten Technologie ... 142
6.3.1.3 Prinzip der minimalen essenziellen Modelle ... 143
6.3.2 Bestandteile der Essenz eines Systems ... 144
6.3.2.1 Grundlegende Aktivitäten ... 144
6.3.2.2 Essenzielle Speicher ... 145
6.3.2.3 Verwaltungsaktivitäten ... 145
6.3.2.4 Zusammengesetzte essenzielle Aktivitäten ... 146

6.3.3 Zerlegungsprinzipien der essenziellen Modellierung 146
6.3.3.1 Ereignisorientierte Zerlegung in essenzielle Aktivitäten 146
6.3.3.2 Objektorientierte Zerlegung des Speichers 147
6.3.4 Vorgehensmodell der essenziellen Modellierung 149
6.3.4.1 Festlegung der Systemziele und Systemabgrenzung 150
6.3.4.2 Modellieren der Ereignisse mit geplanten Reaktionen 151
6.3.4.3 Erstellen eines Kontextdiagramms 153
6.3.4.4 Modellieren der grundlegenden Aktivitäten 155
6.3.4.5 Modellieren der essenziellen Speicher 155
6.3.4.6 Ableiten der Verwaltungsaktivitäten und entsprechender Ereignisse ... 157
6.3.4.7 Erstellen eines vollständigen Modells auf essenzieller Ebene 158
6.3.4.8 Schrittweises Vergröbern des Modells zum Kontextdiagramm 159
6.3.4.9 Schrittweises Verfeinern des Modells bis hin zu Prozessspezifikationen 160
6.3.4.10 Erstellung der Prozessspezifikationen 162
6.3.4.11 Iteratives Optimieren des Modells 162

6.4 Modellierung von Echtzeit-Systemen 163

6.4.1 Kontrollflüsse und Kontrollprozesse 164
6.4.2 Zustandsübergangsdiagramme 166

7 Objektorientierte Analyse **169**

7.1 Die Entwicklung der objektorientierten Analyse 169

7.2 Grundprinzipien der objektorientierten Modellierung 171

7.2.1 Objektabgrenzung und Klassenbildung 171
7.2.2 Vererbung 172
7.2.3 Nachrichten und Polymorphie 173

7.3 Statisches Teilmodell 173

7.3.1 Klassendiagramme 174
7.3.1.1 Klassensymbole 174
7.3.1.2 Attribute 176
7.3.1.3 Operationen und Methoden 178
7.3.1.4 Vererbung 180
7.3.1.5 Assoziationen 186
7.3.1.6 Aggregationen und Kompositionen 192
7.3.1.7 Zusammenführung der Modellierungskonzepte 195
7.3.2 Objektdiagramme 195
7.3.3 Pakete und Subsysteme 197

7.4 Dynamisches Teilmodell 198

7.4.1 Geschäftsprozessdiagramme ... 199
7.4.2 Interaktionsdiagramme ... 201
7.4.2.1 Kollaborationsdiagramme ... 202
7.4.2.2 Sequenzdiagramme ... 203
7.4.2.3 Zustandsdiagramme ... 207
7.5 Funktionales Teilmodell ... 212
7.6 Vorgehensweise der objektorientierten Modellierung ... 214
7.6.1 Generelle Ausrichtung der Vorgehensweise ... 214
7.6.2 Arbeitsschritte im Rahmen der Vorgehensweise ... 215
7.6.2.1 Erstellung eines ersten Modellkerns ... 215
7.6.2.2 Wechselseitige Ergänzung der Teilmodelle ... 217
7.6.2.3 Optimierung der Modellqualität ... 218

Teil D: Besondere Probleme der Ist-Analyse 221

8 Problematische Eigenschaften existierender Systeme 223

8.1 Strukturmerkmale existierender Systeme ... 224
8.1.1 Physikalischer Ring ... 224
8.1.2 Eingesetzte Prozessoren ... 225
8.1.2.1 Einprozessor-Systeme ... 226
8.1.2.2 Mehrprozessor-Systeme ... 227
8.2 Mängel der zur Implementation eingesetzten Komponenten ... 229
8.3 Resultierende problematische Systemeigenschaften ... 230
8.3.1 Zerstückelung ... 231
8.3.2 Konglomerate ... 231
8.3.3 Redundanz ... 233
8.3.4 Zusatzkomponenten und Verwicklung ... 234
8.3.5 Systemgröße ... 234

9 Extraktion des essenziellen Systemkerns 237

9.1 Arbeitsschritte zur Extraktion ... 237
9.1.1 Implementationsbezogene Modellierung des Systems ... 237
9.1.2 Expansion des implementationsbezogenen Modells ... 238
9.1.3 Reduktion des expandierten Systemmodells ... 240
9.1.4 Klassifizieren der Fragmente essenzieller Aktivitäten ... 242
9.1.5 Modellierung vollständiger essenzieller Aktivitäten ... 243

9.1.6 Abgleich zwischen essenziellen Aktivitäten und essenziellen Speichern ... 244
9.1.7 Erstellung eines globalen Modells der essenziellen Ebene ... 245
9.1.8 Optimierung des Analysemodells ... 246
9.2 Ermittlung des essenziellen Systemkerns bei objektorientierter Analyse ... 247
9.3 Abschätzung und Reduzierung des Aufwandes einer Ist-Analyse ... 249

Teil E: Übergang zum Systementwurf **251**

10 Entwurfsmodelle des strukturierten Designs **253**

10.1 Modellnotationen des strukturierten Designs ... 253
10.1.1 Strukturdiagramme ... 253
10.1.1.1 Symbolik der Strukturdiagramme ... 254
10.1.1.2 Layout von größeren Strukturdiagrammen ... 255
10.1.2 Modulspezifikationen ... 257
10.2 Übergang von der strukturierten Analyse ... 258
10.2.1 Transaktionsanalyse ... 259
10.2.2 Transformationsanalyse ... 260
10.2.2.1 Identifizierung der zentralen Transformation ... 260
10.2.2.2 Erstellung einer ersten Version des Strukturdiagramms ... 261
10.3 Verbesserung der Entwurfsqualität ... 265
10.3.1 Qualitätsmerkmale des Entwurfs ... 265
10.3.2 Maßnahmen zur Steigerung der Entwurfsqualität ... 266
10.3.2.1 Faktorisieren von Modulen ... 266
10.3.2.2 Unnötige Datenweitergabe vermeiden ... 267
10.3.2.3 Decision Splits vermeiden ... 268
10.3.2.4 Balancierte Systeme anstreben ... 268
10.3.2.5 Aufrufbeziehungen kontrollieren ... 269
10.3.3 Prüfung des Entwurfsergebnisses ... 269

11 Entwurfsmodelle des objektorientierten Design **271**

11.1 Transformation der Analysemodelle ... 271
11.1.1 Veränderungen der Klassen ... 272
11.1.1.1 Einführung zusätzlicher Klassen ... 272
11.1.1.2 Veränderungen der Attribute ... 274

11.1.1.3 Veränderungen der Operationen ... 276
11.1.2 Veränderungen der Beziehungen zwischen Klassen ... 278
11.1.2.1 Veränderungen der Assoziationen, Aggregationen und Kompositionen ... 278
11.1.2.2 Veränderungen der Vererbungsbeziehungen ... 279
11.1.2.3 Zuordnung der Klassen zu Paketen ... 282
11.1.3 Veränderungen der Szenarios ... 283
11.1.4 Nutzung von Zustandsdiagrammen ... 284
11.2 Entwurfsmuster ... 284

Literatur **289**

Index **295**

Vorwort

Systemanalyse ist und bleibt ein spannendes Aufgabengebiet! Die inhaltliche Komplexität, die Vielfalt der Anforderungen und die Unwägbarkeiten an der Schnittstelle zwischen der Realität und den eingesetzten bzw. zu entwickelnden Systemen sind für jeden, der in diesem Aufgabengebiet tätig ist, immer wieder eine große Herausforderung. Dieses Buch soll den Menschen, die sich einer solchen Herausforderung stellen, ein gedankliches und methodisches Instrumentarium verfügbar machen, das für einen Erfolg der Systemanalysen unverzichtbar ist.
Im Bereich der Systemanalyse existiert dabei ein besonders breites methodisches Spektrum. Da jede Systemanalyse unter anderen Rahmenbedingungen und mit anderen Zielsetzungen stattfindet, ist eine unbegründete Einschränkung auf einen kleinen Ausschnitt aus diesem Spektrum immer problematisch. Daher wird in diesem Buch besonderer Wert auf die Vielfalt der behandelten Methoden gelegt. Der Leser soll in die Lage versetzt werden, seine methodischen Hilfsmittel und seine Vorgehensweise bei der Durchführung von Systemanalysen möglichst flexibel an die jeweiligen Bedingungen anzupassen. Auf diese Weise möchte ich mit meinem Buch einen Beitrag dazu leisten, dass die Systemanalysen der Leser zukünftig zwar inhaltlich spannend bleiben, aber letztlich doch erfolgreich verlaufen.

Ich danke Herrn Heiko Minning und Herrn Dipl.-Inform. Dirk Martinssen sehr herzlich für ihre Mitarbeit an diesem Buch. Mein Dank gilt auch dem Wedeler Hochschulbund e.V., der auf unbürokratische Weise das Entstehen dieses Buches finanziell unterstützt hat.

Wedel, im September 2003 — Andreas Häuslein

Teil A: Grundlagen

1 Gegenstand und Ziele der Systemanalyse

Der Mensch erfährt seine Umgebung als ein komplexes Geflecht, in dem die einzelnen Elemente der Umgebung aufeinander einwirken und sich wechselseitig beeinflussen. Es ist den meisten Menschen unmittelbar plausibel und wird durch Alltagserfahrungen bestätigt, dass es für ein Verständnis der Vorgänge in der Welt nicht ausreicht, die einzelnen Bestandteile isoliert zu betrachten und zu untersuchen. Viele interessante Effekte und Vorgänge ergeben sich erst aus dem Zusammenspiel der verschiedenen Dinge. Die Basis dieser Sichtweise wurde bereits durch die Aussage des griechischen Philosophen Aristoteles (384-322 v.Chr.) gelegt, der postulierte, dass das Ganze mehr sei als die Summe seiner Teile (vgl. [1]).

Diese Erkenntnis schlägt sich darin nieder, dass der moderne Mensch seine Umwelt als *System* oder als Ansammlung von Systemen auffasst. Ausgehend von einem intuitiven Systembegriff ist das wesentliche Merkmal eines Systems die vielfältige Verknüpfung von enthaltenen Elementen, die genau das beschriebene Zusammenspiel und die Wechselwirkung der Elemente widerspiegelt. Dabei ist festzuhalten, dass die Abgrenzung von Systemen eine bestimmte Sichtweise des Menschen ist, mit der er seine Umgebung wahrnimmt. Systeme als abgrenzbare Einheiten gibt es in der Realität nicht. Aber diese Sichtweise hilft dem Menschen, eine Struktur in seine Umgebung zu bringen, ohne die er von der unüberschaubaren Zahl von Zusammenhängen, Vorgängen, Dingen, Effekten und Konzepten mental überfordert wäre.

Das „Denken in Systemen" stellt also einerseits eine Vereinfachung gegenüber den wirklichen Verhältnissen dar; andererseits ist die explizite Berücksichtigung eines Beziehungsgeflechtes als relevante Eigenschaft der Umgebung des Menschen ein wesentlicher Fortschritt gegenüber der isolierten Betrachtung unverknüpfter Elemente.

Trotz des vereinfachenden Charakters von Systemen sind diese, abgesehen von solchen mit ganz wenigen Bestandteilen, für den Menschen nicht direkt zugänglich und in ihren Eigenschaften verständlich. So ist es meist schon die schlichte Anzahl der enthaltenen Bestandteile, die sich einer direkten mentalen Erfassung entzieht. Dazu kommt die Simultanität der vielen Eigenschaften der Bestandteile, einschließlich der ständig wirksamen Wechselbeziehungen. So sind offenbar über eine abgrenzende Identifizierung von Systemen hinaus zu deren umfassenden Ver-

ständnis zusätzliche Hilfsmittel notwendig, welche die Komplexität, die Systemen innewohnt, für den Menschen handhabbar machen. Wo schon das Nachvollziehen der Eigenschaften von vorhandenen Systemen für den Menschen Probleme bereitet, werden diese Probleme noch dadurch verschärft, dass der Mensch immer mehr Systeme mit immer größerem Umfang gezielt beeinflussen, umgestalten oder als künstliche Systeme neu schaffen möchte. Gerade die gezielte Manipulation von Systemen setzt ein umfassendes Verständnis der Systemzusammenhänge, einschließlich der Wirkungsbeziehungen zwischen den Systembestandteilen voraus.
Es ist das generelle, übergeordnete Ziel der Systemanalyse, dem Menschen ein umfassendes Verständnis für komplexe Systeme zu ermöglichen und damit die Voraussetzung für eine gezielte Gestaltung der Systeme zu schaffen.
Das Fachgebiet der Systemanalyse stellt dazu ein methodisches Instrumentarium in Form von Vorgehensweisen, Leitlinien, Darstellungsmitteln und Untersuchungsregeln bereit. Dies alles dient dem Zweck, relevante Eigenschaften des Systems, die ansonsten durch seine Komplexität verdeckt wären, für den Menschen sichtbar und nachvollziehbar zu machen.
Grundsätzlich ist die Systemanalyse nicht auf eine bestimmte Kategorie von Systemen begrenzt. Besondere Bedeutung hat die Systemanalyse, die als selbstständiges Fachgebiet schon viele Jahrzehnte existiert, in den letzten 20 Jahren erhalten. In dem Maße wie der Mensch Informations- und Software-Systeme immer größerer Ausmaße und gigantischer Komplexität geschaffen hat, wuchs gleichzeitig der Bedarf an methodischen Hilfsmitteln, diese Systeme zu verstehen und angemessen, d.h. zielgerichtet, zu gestalten. Der Systemanalyse in Bezug auf die Untersuchung und Gestaltung von großen Informations- und Software-Systemen, insbesondere solchen in Unternehmen, widmet sich dieses Buch. Die folgenden Abschnitte in diesem Kapitel heben die Notwendigkeit und die Potentiale der Systemanalyse in diesem Bereich nochmals hervor.

1.1 Probleme bei der Entwicklung von komplexen Informationssystemen

Ein *Informationssystem* ist ein System, in dem die Aktivitäten der Bestandteile im Wesentlichen in der Aufnahme, Verarbeitung und Weitergabe von Informationen bestehen (vgl. [22]). Konkrete Bestandteile eines Systems sind alle Benutzer und Anwender (aktive und passive), die eingesetzten Methoden im weitesten Sinne, Programme, Softwaresysteme, Vorgehensweisen und Speicherverfahren sowie Maschinen des DV-Systems (Hardware). Häufig wird noch ein *Kommunikationssystem*, das allein für die Weitergabe der Informationen zuständig ist, als separater Bestandteil eines Informationssystems abgegrenzt. Hinsichtlich eines solchen

Kommunikationssystems ist noch das *formale* Kommunikationssystem, das explizit gestaltet und eingerichtet wird, vom *informalen* Kommunikationssystem, das sich durch ungeplante, nicht-institutionalisierte, ungesteuerte und unkontrollierte Informationswege zwischen Menschen ergibt, zu unterscheiden. Gerade in größeren Unternehmen sind umfangreiche und komplexe Informationssysteme vorhanden bzw. notwendig, um alle Informationsbedürfnisse im Zusammenhang mit dem Unternehmensziel zu befriedigen (vgl. [36]).
Die Entwicklung und (Um-)Gestaltung umfangreicher, komplexer Informationssysteme ist ein äußerst schwieriges und anspruchsvolles Vorhaben. Selbst die Entwicklung des technischen Kerns eines solchen Systems in Form eines entsprechend leistungsfähigen DV-Systems ist eine große Herausforderung. Die Schwierigkeiten werden noch dadurch gesteigert, dass über die technischen Komponenten hinaus auch Menschen als Teile des Gesamtsystems maßgeblich zu berücksichtigen sind (vgl. Abschnitt 4.2).
Die Erfahrung aus zahlreichen Projekten zur Entwicklung von Informationssystemen zeigt, dass die Projektergebnisse den Erwartungen in vielen Fällen nicht gerecht werden. Zahlreiche Projekte scheitern vollständig und werden abgebrochen, ohne dass ein verwertbares Projektergebnis vorliegen würde. Das Ergebnis der übrigen Projekte erfüllt häufig nicht die Anforderungen; Qualitätsdefizite in den Projektergebnissen sind deutlich erkennbar (vgl. [49]).
Die Gründe für diese Probleme liegen in der Vielzahl der Anforderungen, die in solchen Informationssystemen Berücksichtigung finden müssen. Einerseits stellt eine Vielzahl von beteiligten Personen jeweils spezielle Ansprüche an das System, andererseits ist der Einsatzbereich solcher Systeme häufig sehr weit gefasst. Beide Faktoren führen dazu, dass in einem solchen System so viele Komponenten, so viele Einflussfaktoren, so viele Abhängigkeiten zu berücksichtigen und zu einem funktionierenden Ganzen zusammenzufügen sind, dass die mentale Kapazität des Menschen für die adäquate Einbeziehung aller relevanten Faktoren ohne zusätzliche Hilfsmittel nicht ausreicht. Wenn sich ein größeres Entwicklungsteam an die Arbeit macht, um diesem Problem zu begegnen, erhöht sich zwar die verfügbare mentale Kapazität, es entsteht aber zusätzlich die Schwierigkeit, dass zwischen den beteiligten Personen über das System kommuniziert werden muss. Es gilt, die verschiedenen Vorstellungen in Einklang zu bringen, damit ein funktionierendes Ganzes entsteht.
Die Schwierigkeiten und Qualitätsdefizite, die in solchen Projekten meist gegen Ende der Projektlaufzeit erkennbar werden, haben ihren Ursprung dabei in der Regel in den ersten Phasen eines solchen Entwicklungsvorhabens. Es gelingt häufig nicht, die Anforderungen an das Gesamtsystem zu Beginn des Projektes umfassend, vollständig und korrekt zu erfassen. Das Verständnis des zu schaffenden

Systems bleibt somit lückenhaft. Wenn eine Entwicklung auf dieser Basis aufsetzt, treten die Lücken dieser Basis früher oder später zu Tage. Zahlreiche Untersuchungen belegen, dass Mängel in den frühen Phasen einer Entwicklung besonders problematisch sind, da sie einerseits besonders gravierende Auswirkungen für den weiteren Entwicklungsverlauf haben (siehe **Bild 1-1**), andererseits aber häufig erst spät (evtl. erst nach Einführung des Systems) erkannt werden und nur mit großem Aufwand zu beseitigen sind (vgl. [49]).

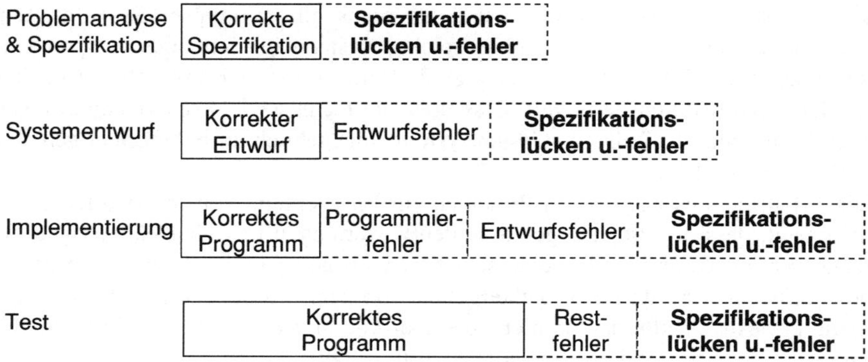

Bild 1-1 Akkumulation von Fehlern über den Entwicklungsprozess (vgl. [49])

Die mangelnde Beseitigung von Fehlern, die aus einer mangelhaften Spezifikation resultieren, ist auf die häufige Praxis zurückzuführen, dass die Entwicklungsergebnisse gegen die Spezifikation geprüft werden, die Spezifikation selbst bleibt jedoch ungeprüft.

1.2 Ziele der Systemanalyse bei der Entwicklung von Informationssystemen

Es ist das wesentliche Ziel des Fachgebietes „Systemanalyse", die in Abschnitt 1.1 geschilderten Schwierigkeiten zu vermeiden. Die Systemanalyse stellt ein methodisches Instrumentarium bereit, das den Menschen bei der Bearbeitung von umfangreichen Informationssystemen unterstützen soll. Diese Unterstützung ermöglicht es, zum einen auch sehr große, komplexe Informationssysteme zu verstehen; zum anderen schafft sie die Möglichkeit, derartige Systeme auch aktiv und gezielt zu gestalten, so dass die Systemleistung (vgl. Abschnitt 2.1.1) den Anforderungen entspricht.

Zwei Teilziele stehen dabei im Mittelpunkt: Zum einen die Gewinnung aller relevanten Informationen über das System, zum anderen die Erzeugung eines Modells als Repräsentation des Systems auf der Basis der gewonnenen Informationen. Dieses Modell erlaubt es dem Menschen, das System zu erfassen (und zu verstehen). Es ist auch geeignet, die Kommunikation zwischen Menschen über das System zu fördern. Das Modell soll eine Untersuchung und eine Veränderung so erlauben, dass es in diesem Kontext als Stellvertreter für das System fungiert (vgl. Abschnitt 2.2).

Bei genauerer Betrachtung der Zielsetzung ist zum einen die *Neuentwicklung von Informationssystemen* oder Teilen davon als typisches Ziel erkennbar. Durch neue Verfahren und Methoden sowie ihre Umsetzung in ein Informationssystem soll der Informationsbedarf der Prozesse im Unternehmen besser befriedigt werden. Ein anderer typischer Anlass für eine Systemanalyse im Umfeld von unternehmensbezogenen Informationssystemen ist die *Umgestaltung von bestehenden Informationssystemen*, wenn beispielsweise deren Effizienz unbefriedigend ist oder sich die Rahmenbedingungen so verändert haben, dass eine Anpassung der Systeme an diese veränderten Rahmenbedingungen erforderlich ist. Die Erkenntnisse einer Systemanalyse können jedoch auch als Basis für eine *Software-Auswahl* dienen, wenn keine unternehmensspezifische Entwicklung notwendig erscheint. Die Ergebnisse der Systemanalyse dienen in diesem Fall als Kriteriensammlung für die Bewertung von angebotenen Software-Lösungen. In besonders innovationsfreudigen Unternehmen werden Systemanalysen auch durchgeführt, um *Potentiale ganz neuer technischer Entwicklungen abschätzen* zu können.

Systemanalyse im Kontext von Informationssystemen hat starke Bezüge zur Entwicklung von Software. Es ist hervorzuheben, dass sich die Systemanalyse generell nicht auf die Entwicklung von Software beschränkt, es ist aber ein zentraler Teilbereich. So können Systemanalysen durchaus auch sinnvoll durchgeführt werden, wenn es ausschließlich darum geht, ein (komplexes) Software-System zu entwickeln bzw. zu gestalten.

Im Zusammenhang mit einer Software-Entwicklung betrifft eine Systemanalyse die erste der Entwicklungsphasen (vgl. **Bild 1-2**). Das typische Resultat einer Systemanalyse sind dabei eine Systemspezifikation und ein Anforderungsdokument, die das zu entwickelnde System aus fachlicher Sicht umfassend beschreiben.

Eine Systemspezifikation als Ergebnis einer Systemanalyse beschreibt das System so, dass die relevanten fachlich/inhaltlichen Zusammenhänge korrekt und vollständig beschrieben werden. Die Systemspezifikation dient auch allen an der Entwicklung beteiligten Personen als Kommunikationsmittel und fördert ein gemeinsames Verständnis über das zu entwickelnde System bei allen beteiligten Personen.

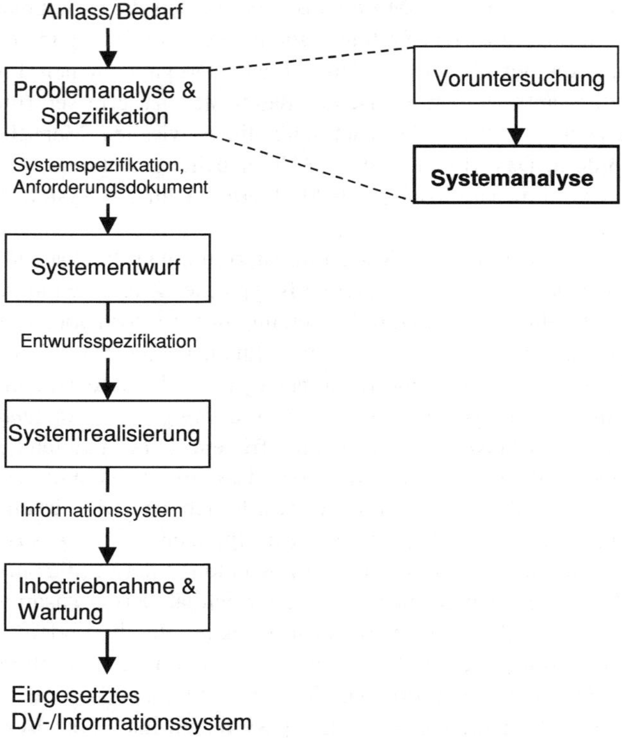

Bild 1-2 Systemanalyse und die typischen Phasen der Software-Entwicklung

Allerdings gehört es mit zu den Zielen der Systemanalyse, dass die resultierende Systemspezifikation noch implementationsunabhängig ist, so dass zur Umsetzung keine spezielle technische Lösung nahegelegt wird. Sie muss aber als Grundlage für den Systementwurf möglichst gut geeignet sein. Letztlich soll eine Systemanalyse dazu beitragen, dass Software hoher Qualität entsteht (vgl. Abschnitt 1.3).
Bezogen auf die Entwicklung von Software-Systemen ist eine umfassende Systemanalyse jedoch nur sinnvoll, wenn die zu realisierenden Systeme eine kritische Größe überschreiten. Nur dann kann sie ihr Potential entfalten, das den mit ihr verbundenen Aufwand rechtfertigt. Wenn das (Software-)System nur aus wenigen Elementen, einer Handvoll Funktionen und ebenso vielen Datenstrukturen besteht bzw. bestehen soll, wäre die Durchführung einer Systemanalyse vollkommen unangemessen. Ob eine Systemanalyse für eine geplante Entwicklung tatsächlich

angemessen ist, wird sinnvollerweise in einer separaten Vorstudie geklärt (vgl. Abschnitt 2.3).

Die Durchführung einer Systemanalyse, welche die genannten Ziele erreichen soll, ist ein schwieriges und anspruchsvolles Vorhaben. Die Vorgehensweise ist nicht formalisierbar; es handelt sich vielmehr um ein heuristisches Verfahren, bei dem in einem iterativen Vorgehen versucht wird, sich schrittweise dem gewünschten Ergebnis zu nähern. Eine Systemanalyse ist auch deshalb besonders schwierig, weil die Zahl der beteiligten Personen in der Regel sehr groß ist und auch die Kommunikationserfordernisse zwischen diesen Personen außergewöhnlich hoch sind.

Schwierigkeiten bereitet zudem (und das insbesondere Anfängern im Bereich der Systemanalyse), dass ein hohes Maß an Abstraktionsfähigkeit vom Analytiker – aber auch von den anderen beteiligten Personen – verlangt wird. Es sind darüber hinaus im Verlauf einer Systemanalyse zahlreiche Entscheidungen zu treffen, welche das Ergebnis deutlich prägen und damit auch einen weitreichenden Einfluss auf die weitere Entwicklung eines Systems haben. Dabei gibt es keine festen Entscheidungskriterien, sondern nur ein methodisches Rüstzeug, das einen Satz von Hilfsmitteln anbietet. All die genannten Eigenschaften und Merkmale der Systemanalyse im Kontext von Informationssystemen machen die Durchführung solcher Analysen zu einer sehr anspruchsvollen, aber auch lohnenden Aufgabe.

1.3 Software-Qualität als wichtiges Teilziel von Systemanalysen

Wie bereits in Abschnitt 1.2 dargestellt, sollen Systemanalysen einen Beitrag zur Entwicklung qualitativ hochwertiger Software leisten. Somit ist die Software-Qualität im Zusammenhang mit Systemanalysen einerseits von besonderer Relevanz; andererseits ist dieser Begriff ohne weitere Erläuterung so unscharf, dass er in diesem Abschnitt etwas näher betrachtet werden soll.

Nach DIN 66272 ist Software-Qualität „die Gesamtheit der Merkmale eines Software-Produktes, die sich auf dessen Eignung beziehen, festgelegte oder vorausgesetzte Erfordernisse zu erfüllen“ (vgl. [11], S. 137). In dieser Definition werden zwei Konzepte miteinander in Beziehung gesetzt, um die Qualität von Software beurteilen zu können:

- Merkmale der Software, die in diesem Zusammenhang relevant sind (sogen. Qualitätsmerkmale)
- Festgelegte oder vorausgesetzte Erfordernisse

Dies macht deutlich, dass es ein absolutes Qualitätsmaß nicht gibt. Jegliche Qualität ergibt sich aus der Gegenüberstellung von Anforderung und realisierter Eigenschaft.
Im Allgemeinen werden die Qualitätsmerkmale dahingehend unterschieden, ob sie mehr aus der Sicht der Software-Benutzer relevant sind, oder ob sie für die (zukünftigen) Entwickler eine Rolle spielen (vgl. [35]). Im Kontext der Systemanalyse ist die erstgenannte Gruppe von Merkmalen von größerer Bedeutung. Typische Merkmale, die in diesem Zusammenhang zu nennen sind, sind die folgenden (vgl. [11] und [34]):

- Funktionalität:
  Dieses Merkmal bezieht sich auf die vom System für die betrachtete Aufgabenstellung angebotene Menge von Funktionen und ihre Korrektheit.

- Zuverlässigkeit:
  Dieses Merkmal beschreibt die Fähigkeit eines Systems, seine Leistungsfähigkeit über einen definierten (möglichst langen) Zeitraum auf einem vorgegebenen Niveau zu halten. Ein wichtiger Teilaspekt dieses Kriteriums ist die Verfügbarkeit.

- Benutzbarkeit:
  Dieses Merkmal betrifft den Aufwand, der zur Benutzung des Systems im Rahmen einer Aufgabenbearbeitung erforderlich ist.

- Effizienz:
  Das Merkmal bezieht sich auf das Verhältnis zwischen dem Leistungsniveau und den für die Erreichung dieses Leistungsniveaus eingesetzten Betriebsmittel.

Diese Merkmale stehen nicht isoliert nebeneinander, sondern es existieren Wechselbeziehungen unterschiedlicher Art. Beispielsweise kann eine Erhöhung der Effizienz eine Senkung der Zuverlässigkeit bewirken (vgl. [34]). Dieser Aspekt soll hier jedoch hier nicht vertieft werden.
Aus der genannten Definition von Software-Qualität leitet sich ab, dass die Qualität durch zwei Konstellationen beeinträchtigt werden kann:

- Die Anforderungen werden zu Beginn der Entwicklung nicht vollständig ermittelt:
  Auch bei sorgfältiger Umsetzung aller zum Entwicklungszeitpunkt bekannten Anforderungen, muss die Qualität der Software eingeschränkt sein, da die Software an den tatsächlich vorhandenen Anforderungen gemessen wird.

- Die vollständig ermittelten Anforderungen werden nicht in die Software umgesetzt:
  Die Diskrepanz zwischen Anforderungen und tatsächlichen Merkmalen der Software kann sowohl durch eine ungeeignete Darstellung der Anforderungen als auch durch Mängel im weiteren Entwicklungsprozess verursacht werden.

Die Systemanalyse zielt primär auf die Vermeidung der ersten Konstellation ab, indem sie gerade darauf ausgerichtet ist, Anforderungen an ein (Software-) System umfassend zu ermitteln. Aber auch für die zweite Konstellation bietet die Systemanalyse Ansatzpunkte für eine Verbesserung der Software-Qualität. Das Instrumentarium der Systemanalyse beinhaltet solche Darstellungsmittel für die Anforderungen, dass diese problemlos wahrgenommen und interpretiert werden können. Damit ist eine wesentliche Voraussetzung für die adäquate Einbeziehung aller Anforderungen in den weiteren Entwicklungsprozess gegeben.

2 Methodische Grundlagen der Systemanalyse

Das methodische Grundprinzip der Systemanalyse besteht darin, ein System, das Gegenstand der Untersuchung sein soll, von seiner Umgebung abzugrenzen und dann in ein Modell, das sogenannte *Analysemodell,* umzusetzen. Da das Modell die relevanten Eigenschaften des Systems klarer und auf den Zweck der gesamten Untersuchung fokussiert wiedergibt, ist es die geeignete Basis für eine anschließende Systementwicklung.
Dieses methodische Grundprinzip beruht auf einigen Erkenntnissen und Festlegungen der allgemeinen Systemtheorie. Die allgemeine Systemtheorie versucht, unabhängig vom konkreten System Prinzipien aller Systeme zu erkennen und formulieren. Diese Prinzipien können somit in allen Bereichen, die sich mit Systemen welcher Art auch immer auseinandersetzen, auf die Systeme angewendet werden. Soweit die Aussagen der Systemtheorie in der hier vorgenommenen Darstellung relevant sind, werden diese in den folgenden Abschnitten kurz erläutert.

2.1 Systeme

Jedes System besteht aus einer Menge von Elementen und einer Menge von Beziehungen, die zwischen den Elementen bestehen. Die Abgrenzung und Benennung von Systemen ist eine gängige Sichtweise des modernen Menschen, um die konkrete und abstrakte Welt in erkennbare und kommunizierbare Teilbereiche zu zerlegen. Beispiele für typische Systemabgrenzungen sind Währungssysteme, Wirtschaftssysteme, Gleichungssysteme, Ökosysteme, Rechtssysteme, das Sonnensystem, Unternehmen, Heizungssysteme, Rechnersysteme und natürlich die hier besonders relevanten Informationssysteme in Unternehmen.

2.1.1 Merkmale von Systemen

Die oben genannten Beispiele verdeutlichen bereits, dass sich mit jedem der Systeme ein fachlicher Bereich verbindet, in dem das System einem Zweck dient. In der Systemanalyse spricht man in diesem Zusammenhang von einem *Systemziel.* Ein solches Systemziel verbindet sich explizit oder implizit mit jedem System. Das Systemziel bestimmt, welche Elemente als zu einem System zugehörig zu betrachten sind und welche Beziehungen zwischen diesen Elementen im System bestehen. Die im System enthaltenen Elemente und die Beziehungen zwischen den Elementen dienen diesem Ziel und erbringen die Systemleistung. Die Zielsetzung erlaubt aber andererseits auch die Ausgrenzung von Elementen und Beziehungen, nämlich solchen, die keinen Beitrag zum Systemziel leisten. Aus diesen Zusammenhängen ergibt sich, dass die Ermittlung bzw. Festlegung eines Systemziels auch für eine Systemanalyse von fundamentaler Bedeutung ist, prägt dieses doch den Betrachtungsgegenstand der Analyse ganz maßgeblich.

Die Trennlinie zwischen dem System und der Systemumgebung heißt *Systemgrenze* (vgl. **Bild 2-1**). In der Regel ist die Systemgrenze durchlässig, so dass nicht näher untersuchte Bestandteile der Systemumgebung über die Systemgrenze hinweg mit Systemelementen in Beziehung stehen. In diesem Fall spricht man von einem *offenen System*. Bei einer Beeinflussung des Systems von außen handelt es sich um einen *System-Input*, in umgekehrter Richtung um einen *System-Output*. Bei einer Systemgrenze ohne Austauschbeziehungen mit der Umgebung wird das System als *geschlossenes System* bezeichnet. In der Regel werden offene Systeme Gegenstand von Systemanalysen sein. In Zwischenphasen einer Systemanalyse kann ein System jedoch vorübergehend als geschlossen betrachtet werden, wenn es notwendig ist, dadurch die Komplexität des Systems temporär zu reduzieren.

Jedes Systemelement ist eine abgrenzbare Einheit innerhalb des Systems. Das Abgrenzungskriterium ist eine bestimmte Rolle oder Funktion, die dieser Einheit zuzuordnen und für das Erreichen des Systemziels unverzichtbar ist. So dienen Systemelemente als Merkmalsträger für das System als Ganzes. Die Merkmale können sowohl Eigenschaften und ihre Ausprägungen sein, als auch Funktionen, die eine Beziehung zwischen Eigenschaften eines Elementes herstellen.

Die Beziehungen zwischen Systemelementen (auch als *Systemrelation* bezeichnet, vgl. [23]) können unterschiedlicher Art sein. Es kann sich dabei um meist statische Ordnungsbeziehungen oder um Wirkungsbeziehungen handeln, mit Hilfe derer ein Element durch einen Output ein anderes Element beeinflusst. In einem Unternehmen bestehen zwischen den organisatorischen Einheiten des Unternehmens beispielsweise statische Ordnungsbeziehungen, die diese Einheiten in eine hierarchische Struktur einordnen. Wenn dagegen die Unternehmensleitung Produktionsziele an die Produktion weitergibt, handelt es sich um eine Wirkungsbeziehung zwischen diesen Unternehmensteilen. Im Kontext einer Systemanalyse werden beide Arten von Systemrelationen betrachtet, wobei jedoch die Wirkungsbeziehungen, die für die Dynamik eines Systems von Bedeutung sind, stärker im Vordergrund stehen.

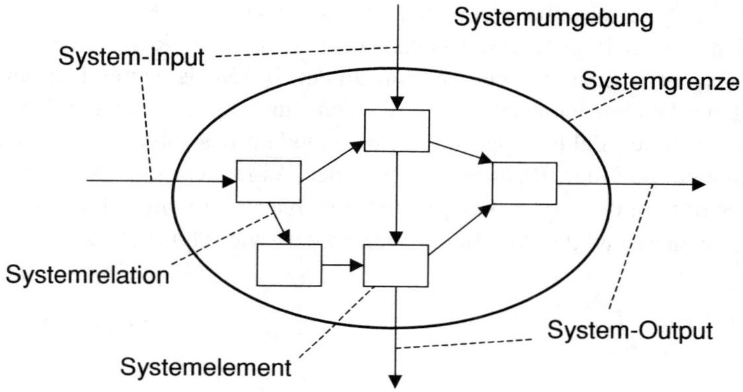

Bild 2-1 Merkmale von Systemen

Die Art, in der die Elemente durch Beziehungen verknüpft sind, bestimmt die *Systemstruktur*. Die Systemstruktur wird in der Regel durch eine Reihe von Begriffen verbal charakterisiert. **Bild 2-2** zeigt einige Beispiele für typische Systemstrukturen und ihre Bezeichnung.

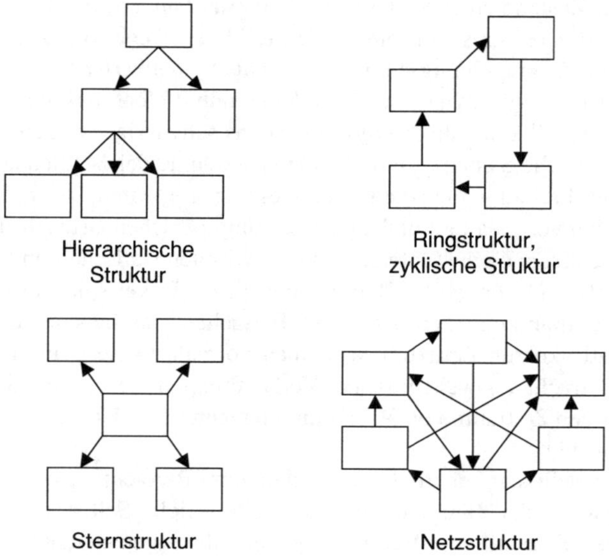

Bild 2-2 Typische Systemstrukturen

Eng mit der Systemstruktur verbunden ist das Merkmal der Komplexität von Systemen. Unter dem Begriff *Systemkomplexität* wird in der Regel eine strukturelle Komplexität verstanden, die von der Anzahl der Systemelementen und der Anzahl der Systemrelationen abhängt. Meist werden zur Abschätzung der Komplexität nicht die absoluten Zahlen zugrunde gelegt, sondern das zahlenmäßige Verhältnis der Elemente und der Relationen berechnet. Eine derartige Kennzahl K zur Charakterisierung der Systemkomplexität errechnet sich demnach aus der Anzahl der Relationen n_R und der Anzahl der Elemente n_E wie folgt (vgl. [23]):

$$K = \frac{n_R}{n_E}$$ **Formel 2-1**

Alternativ zur strukturellen Komplexität kann auch die *zeitliche Komplexität* bestimmt werden. Diese hängt von der Zahl der möglichen Systemzustände in einem Betrachtungszeitraum ab (vgl. [23])

Ein *Systemzustand* ergibt sich durch die Gesamtheit der Zustände der enthaltenen Elemente (vgl. [50]). Der Zustand eines Elements resultiert wiederum aus der Wertekonstellation, die ausgewählte Attribute des Elementes aufweisen. Diese Attribute werden auch als *Zustandsgrößen* bezeichnet.

Wenn sich der Zustand eines Systems im Zeitverlauf ändert, handelt es sich um ein *dynamisches System*, sonst um ein *statisches*. Eine Folge von Zustandsveränderungen über einen Betrachtungszeitraum wird als *Systemverhalten* bezeichnet.

Während Beispiele für dynamische Systeme unmittelbar auf der Hand liegen, lassen sich Beispiele für statische Systeme etwas schwieriger finden. Ein typisches Beispiel für statische Systeme sind Gleichungssysteme der Mathematik (beispielsweise zur Beschreibung physikalischer Gesetzmäßigkeiten) oder das Periodensystem der Chemie. Analog zur Unterscheidung zwischen offenen und geschlossenen Systemen ist auch die Unterscheidung zwischen statischen und dynamischen Systemen häufig eine Frage der Betrachtungsweise. Dabei spielt insbesondere der Betrachtungszeitraum eine zentrale Rolle. Betrachtet man beispielsweise ein Haus für einen relativ kurzen Zeitraum, wird man normalerweise (zumindest bei oberflächlicher Betrachtungsweise) keine Veränderungen des Zustands beobachten können. Über den Zeitraum von 50 Jahren hingegen verändert sich der Zustand des Hauses sehr wohl.

Das Beispiel macht auch deutlich, dass neben dem Betrachtungszeitraum auch der Detaillierungsgrad der Betrachtung eine Rolle spielt. Selbst im Verlauf einer Stunde gibt es bei detaillierter Betrachtung Veränderungen an einem Haus wie zum Beispiel die temperaturabhängigen Veränderungen von Mauerfugen. Vergleichbare Phänomene sind auch in Unternehmen zu beobachten. Hier kann der organisatorische Aufbau auf Abteilungsebene bezogen auf eine Woche als ein statisches System betrachtet werden. Bezogen auf zehn Jahre wird sich üblicherweise eine dynamische Veränderung beobachten lassen.

2.1.2 Systeme als Regelkreis

In vielen Fällen weisen Systeme eine Ringstruktur auf (vgl. **Bild 2-2**), in der die einzelnen Elemente eine Regelfunktion realisieren. Die Regelung hat den Zweck, das Systemverhalten auch bei äußeren Störungen stabil zu halten. Stabil heißt hier, dass die Systemfunktion erhalten bleibt und weiter dem Systemziel dient. Damit bleibt auch das Systemverhalten trotz äußerer Störungen in einem Toleranzbereich, der dem Verhalten im Normalfall (d.h. ohne Störungen) weitgehend entspricht.
Systeme, die einen oder mehrere Regelkreise enthalten, werden auch als *kybernetische* Systeme bezeichnet (vgl. [22]). Der Grundaufbau eines kybernetischen Systems besteht aus einer Regelstrecke und einem Regler. Die Regelstrecke ist der Teil des Systems, der durch die Regelung beeinflusst wird (geregelter Teil). Hier handelt es sich um den eigentlichen Arbeitsprozess des Systems. Der Regler ist der Teil des Systems (regelnder Teil), der den Arbeitsprozess so beeinflusst, dass dessen Verhalten im gewünschten Bereich bleibt. Zu diesem Zweck wirkt der Regler mit Stellgrößen auf die Regelstrecke ein. Die weiteren an der Regelung beteiligten Größen gehen aus **Bild 2-3** hervor (vgl. [22]).

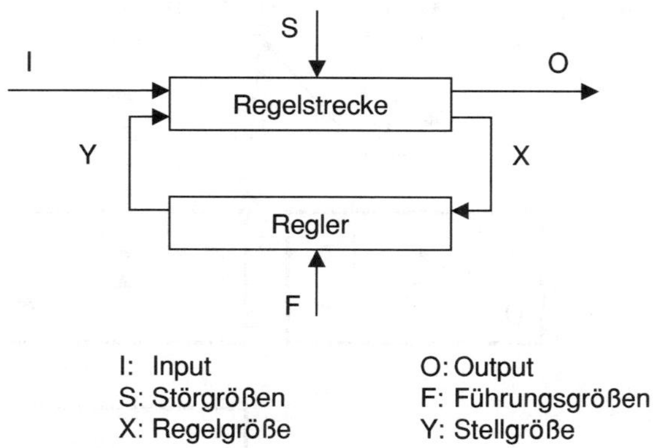

Bild 2-3 Grundstruktur eines kybernetischen Systems

In komplexeren Systemen ist jedes Systemelement einer der beiden Grundkomponenten (Regelstrecke bzw. Regler) zuzuordnen, in Abhängigkeit davon, ob sein Verhalten von der Regelung beeinflusst wird, oder ob es an der Regelung mitwirkt. Unternehmen sind meist als kybernetisches System angelegt. So kann sichergestellt werden, dass trotz unvermeidlicher äußerer Störungen (Markteinflüsse, Gesetzgebung, Tarifvereinbarungen, Unfälle), das Unternehmensziel erreichbar bleibt (vgl. [27]).

2.1.3 Subsystembildung

Bezogen auf eine Betrachtungsebene werden Systemelemente als unteilbare Einheiten mit bestimmten Merkmalen aufgefasst. Die Betrachtungsebene legt im Wesentlichen einen bestimmten Detaillierungsgrad der Systeme fest. Es ist jedoch auch möglich, die Betrachtung eines Systems auf mehrere Ebenen so zu erweitern, dass die Systemelemente der einen Ebene auf einer anderen, detaillierteren Ebene wiederum der Systemdefinition entsprechen. Ein System kann also aus Elementen bestehen, von denen jedes wiederum die Eigenschaft eines Systems aufweist. Auf der detaillierteren Ebene wird die Innenstruktur von einzelnen Elementen deutlich. Man spricht in diesem Fall von *Subsystemen* (**Bild 2-4**)

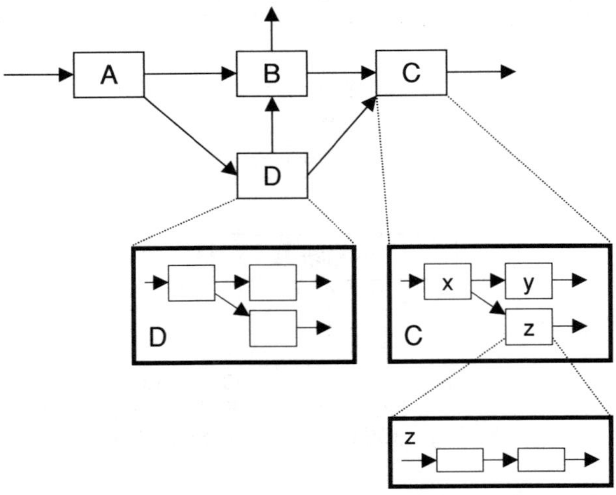

Bild 2-4 System und Subsysteme

Ein System kann also nicht nur aus unteilbaren Systemelementen (ohne eigene innere Struktur) sondern auch aus Subsystemen zusammengesetzt sein. Da für die Subsysteme eines Systems wiederum die gleichen Regeln gelten (d.h. dass deren Elemente wiederum zu Systemen aufgelöst werden können), kann sich eine ganze Hierarchie von Systemen und Subsystemen bilden (vgl. **Bild 2-4**).

Die Annahme, dass ein System aus Subsystemen zusammengesetzt sein kann, ist wohl unmittelbar plausibel. Wird beispielsweise ein Auto als System betrachtet, kann der Motor als eigenes System, als Subsystem des Autos angesehen werden. Auch bei Unternehmen ist unmittelbar plausibel, dass die verschiedenen Abteilungen eines Unternehmens Subsysteme des Gesamtsystems Unternehmen darstellen.

Für die Systemanalyse ist die Bildung von Subsystemen von großer Bedeutung, da sie der Bewältigung von Komplexität dient. Sie erlaubt es, die Komplexität eines Systems auf unterschiedliche Aggregations- bzw. Detaillierungsebenen zu verteilen. So bekommt man einerseits einen Überblick über das Gesamtsystem (hohe Aggregationsstufe, geringer Detaillierungsgrad) und andererseits (evtl. über mehrere Zwischenstufen) einen Einblick in die Systemdetails jeweils bezogen auf einen Systemausschnitt (niedrige Aggregationsstufe, hoher Detaillierungsgrad). Würde auf eine derartige Subsystembildung verzichtet, müsste entweder auf die Darstellung der Details verzichtet werden oder das System würde unüberschaubar, weil alle Details auf einer Ebene dargestellt wären. Mit der Subsystembildung verbindet sich allerdings die Notwendigkeit, den Austausch zwischen den Subsystemen in Form von Schnittstellen gesondert zu spezifizieren.

Für die praktische Durchführung einer Systemanalyse hat die Subsystembildung noch weitere positive Konsequenzen. Sofern das untersuchte System in seiner Gesamtheit für eine Untersuchung als zu umfangreich erscheint und einen handhabbaren Rahmen sprengen würde, kann das System in Subsysteme aufgeteilt werden, die dann Gegenstand von separaten Systemanalysen sind. Die Ergebnisse dieser Teil-Systemanalysen werden erst zu einem späteren Zeitpunkt wieder zusammengeführt.

Bei der Abgrenzung von Subsystemen (d.h. Identifizierung von Systemelementen einer hohen Aggregationsstufe) stellt sich die Frage nach geeigneten Kriterien für diese Abgrenzung. Im Bereich der Analyse von Informationssystemen in Unternehmen haben sich drei Kriterien herausgebildet, die häufig und zum Teil in Kombination zur Abgrenzung von Subsystemen eingesetzt werden:

- Vertikale Subsystembildung
- Horizontale Subsystembildung
- Subsystembildung auf Basis der kybernetischen Grundfunktion

Die vertikale Subsystembildung trennt die verschiedenen Hierarchieebenen in der organisatorischen Struktur eines Unternehmens. Typischerweise werden hier die Leitungsebene, die Ebene des oberen Managements, die Ebene des operativen Managements und die operative Ebene voneinander unterschieden.
Die horizontale Subsystembildung unterscheidet die verschiedenen Aufgabenbereiche in einem Unternehmen und grenzt diese als Subsysteme ab. So werden nach diesem Kriterium beispielsweise der Einkauf, die Produktion, der Vertrieb, das Rechnungswesen und die Lagerhaltung unterschieden. Die Subsystembildung auf Basis der kybernetischen Grundfunktionen führt meist zu einer etwas feineren Aufgliederung in Subsysteme als der in Abschnitt 2.1.2 dargestellten Unterscheidung von Regler und Regelstrecke. Die Funktion des Reglers übernehmen dabei die Komponenten Planung, Steuerung und Kontrolle (**Bild 2-5**).

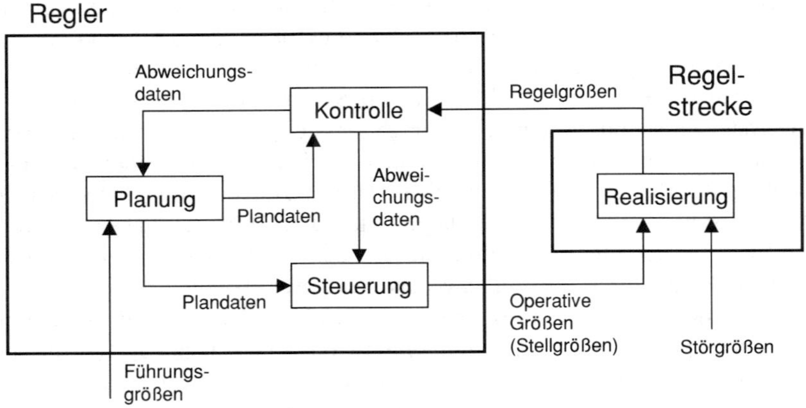

Bild 2-5 Unternehmen als Regelkreis

Alle drei Kriterien sind unternehmensweit anwendbar, so dass sie sich in der Anwendung auch kombinieren lassen. Ausgehend von der horizontalen Subsystembildung (Unterscheidung der Aufgabenbereiche) kann man feststellen, dass es in jedem der separaten Aufgabenbereiche eine Hierarchie gibt. Somit ist innerhalb eines abgegrenzten Aufgabenbereiches auch das Kriterium der vertikalen Subsystembildung anwendbar. Die fachlich und hierarchisch abgegrenzten Subsysteme sind typischerweise als geregeltes System gestaltet, damit die Ziele dieser Unternehmenseinheit auch bei äußeren Störungen und veränderten Zielvorgaben erreicht werden können (vgl. [27]). Somit ist es möglich, die durch zwei Kriterien abgegrenzten Einheiten weiter zu zerlegen, indem für jede Einheit unterschieden

wird, um welche Komponente eines Regelkreises im Unternehmen es sich handelt (vgl. **Bild 2-5**). Größere Unternehmen weisen einen Umfang auf, der erst durch mehrfache Unterteilung zu handhabbaren, d.h. analysierbaren Subsystemen führt. Hier hat sich die geschilderte Anwendung der drei Kriterien in Kombination gut bewährt. Die einzelnen Subsysteme können separaten Systemanalysen unterzogen werden, die hinsichtlich der Komplexität der zu untersuchenden Systeme erfolgversprechend erscheinen.
Im Kontext von unternehmensweiten Informationssystemen und erst recht bei anderen Systemkategorien sind problemspezifisch evtl. auch andere Kriterien als die hier genannten anzuwenden, um zu analysierbaren Subsystemen zu kommen. Unabhängig davon, welche Kriterien der Subsystembildung im Einzelfall zugrunde gelegt werden, ist es eine wesentliche Anforderung an eine Systemanalyse, dass diese Kriterien explizit festgelegt und klar benannt werden.

2.1.4 Klassifikation von Systemen

Die Klassifikation von Systemen dient dem Zweck, in der unbegrenzten Vielfalt von Systemen eine Ordnung einzuführen, die einerseits die Kommunikation über Systeme erleichtert und die andererseits hilft, das geeignete methodische Instrumentarium für die Analyse eines konkreten Systems anhand seiner Klassifikation auszuwählen. Systeme lassen sich nach unterschiedlichen Kriterien klassifizieren. Eine Möglichkeit besteht darin, die Ausprägungen bestimmter Eigenschaften zur Grundlage der Klassifikation zu machen. Dazu gehören auch die schon erwähnten Eigenschaften hinsichtlich der Außenbeziehungen des Systems mit den Ausprägungen offen und geschlossen sowie die Eigenschaftsausprägungen zur Zustandsänderung (statisch/dynamisch).
Weitere Eigenschaften, die zur Klassifikation herangezogen werden, sind die Entstehungsart (künstlich/natürlich), der Seinsbereich (real/ideell), der Konkretisierungsgrad (konkret/abstrakt) und die Vorhersehbarkeit der Ausprägung von Eigenschaften, insbesondere im Hinblick auf den Zustand. Bezogen auf letztgenannte Eigenschaft werden die deterministischen Systeme, deren Verhalten in gleichen Situationen immer gleich und somit vorhersagbar ist, von den stochastischen Systemen, deren Verhalten zumindest in Teilbereich zufallsabhängig ist, unterschieden.
Auch der fachliche Bezug der Systeme, der maßgeblich durch die enthaltenen Elemente geprägt wird, kann zur Klassifikation herangezogen werden. So sind technische Systeme beispielsweise von biologischen, chemischen, physikalischen, ökonomischen, sozialen, sozio-ökonomischen und mathematischen zu unterscheiden. Zu jeder der Kategorien lassen sich wiederum Unterkategorien definieren, die

eine weitere Unterteilung der Systeme erlauben. Dieser Aspekt soll hier jedoch nicht weiter verfolgt werden, da es im Rahmen der Systemanalyse mehr auf die Möglichkeit der Klassifikation ankommt, als auf eine konkrete, sehr spezifische Kategorisierung.
Die in diesem Buch betrachteten Systemen lassen sich zusammenfassend als Informationssysteme in Unternehmen charakterisieren. Hinsichtlich der oben genannten Kategorien kann man festhalten, dass sie als offene, dynamische, technisch/ökonomische Systeme zu kategorisieren sind, wobei sie häufig vereinfachend als deterministische Systeme betrachtet werden, wohingegen bei genauerer Betrachtung ihres Verhaltens durchaus stochastische Aspekte feststellbar sind.

2.2 Modelle

Modelle sind zweckgebundene Abbildungen von Systemen. Modelle entstehen als Ergebnis einer Modellbildung, in deren Verlauf ausgewählte Aspekte des betrachteten Systems in das Modell übernommen werden. Welche Aspekte des Systems in ein Modell übernommen werden, richtet sich nach dem Modellzweck.
Eine solche Modellabbildung ist bei der Bearbeitung von Systemen unverzichtbar. Ohne Repräsentation in Form eines Modells ist eine Bearbeitung eines Systems nicht möglich, da Systeme zunächst nur ein mentales Bild eines Realitätsausschnittes darstellen. Die rein mentale Manipulation (d.h. Veränderung oder Gestaltung) von Systemen übersteigt nicht nur die mentale Kapazität des Menschen, sie ist für andere Menschen auch nicht nachvollziehbar oder kommunizierbar. Jedes Modell, das im Rahmen einer Systemanalyse entsteht, ist ein manipulierbarer Repräsentant des untersuchten Systems, der durch eine Abbildung (im mathematischen Sinne) entsteht. Jedes Modell hat eine Stellvertreterfunktion für das System, das durch das Modell abgebildet wird. Nach Stachowiak, der bereits Anfang der 1970er Jahre eine allgemeine Modelltheorie entwickelt hat, gehört dieses *Abbildungsmerkmal* zu den grundlegenen Merkmalen, die ein Modell auszeichnen (vgl. [46]).
Theoretisch kann die Abbildung eines Systems in ein Modell als isomorphe Abbildung erfolgen. Dies heißt, dass jedem Systembestandteil eindeutig ein entsprechender Modellbestandteil gegenübersteht und umgekehrt. In der Regel wird die Abbildung jedoch homomorph erfolgen, so dass jedem Modellbestandteil eindeutig ein Systembestandteil zugeordnet ist, jedoch nicht umgekehrt. Einige Systembestandteile werden also keine Entsprechung im Modell haben (**Bild 2-6**).

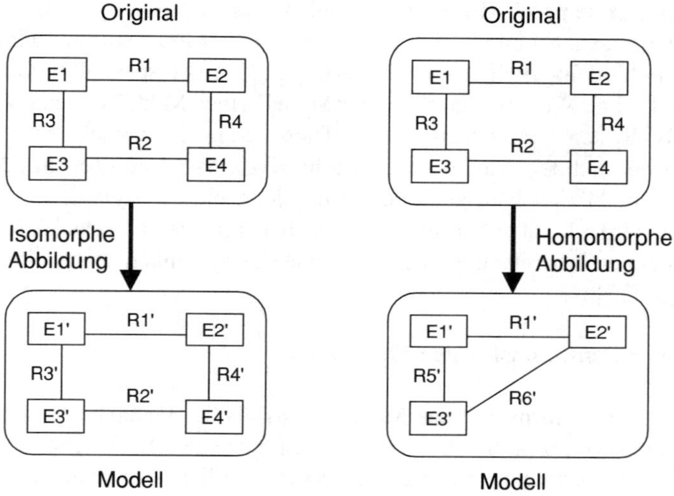

Bild 2-6 Isomorphe und homomorphe Abbildung von Systemen in Modelle

Die selektive Einbeziehung von Systembestandteilen in die Abbildung ist Teil des *Verkürzungsmerkmales*, das Modelle charakterisiert (vgl. [46]). Dies beinhaltet auch, dass Eigenschaften der abgebildeten Systembestandteile nicht in die entsprechenden Modellbestandteile übernommen werden. Bei der Abbildung wird typischerweise in Abhängigkeit vom Untersuchungskontext von Eigenschaften abstrahiert. Somit prägt der Zweck der Abbildung ganz maßgeblich, wie ein Modell ein System wiedergibt (*pragmatisches Merkmal*, vgl. [46]). Dies beinhaltet die Schlussfolgerung, dass es keine richtigen oder falschen Modelle eines Systems geben kann, und schon gar nicht das *eine* Modell eines Systems. Es gibt lediglich zweckmäßige und unzweckmäßige Modelle eines Systems in Bezug auf einen bestimmten Untersuchungszweck. Ein Großteil dieses Buches wird sich geeigneten Methoden widmen, die mit großer Wahrscheinlichkeit sicherstellen, dass im Rahmen einer Systemanalyse ausschließlich zweckmäßige Modelle entstehen (vgl. Abschnitt 2.2.2).

Modelle sind wiederum Systeme. Die Definition von Niemeyer macht dieses unmittelbar deutlich: „Modelle sind materielle oder immaterielle Systeme, die andere Systeme so darstellen, daß eine experimentelle Manipulation der abgebildeten Strukturen und Zustände möglich ist.“ (siehe [30]).

Ohne dass dieser Aspekt vertieft werden soll, sei darauf hingewiesen, dass sich dies auch unmittelbar aus der Definition von Systemen in Abschnitt 2.1 ergibt.

Entsprechend lassen sich die Begriffe und Merkmale von Systemen direkt auf Modelle übertragen. So gibt es Modellelemente, eine Modellstruktur, eine Modellrelation, ein Modellverhalten und Submodelle. In einer speziellen Konstellation wäre es auch ohne Weiteres möglich, ein Modell eines Modells zu erstellen, wenn ersteres als System betrachtet würde. Diese enge Beziehung zwischen dem Systemkonzept und dem Modellkonzept führt dazu, dass statt der Abbildung eines Systems in ein Modell häufig von der Abbildung eines *Originals* in ein Modell gesprochen wird. So bleibt offen, ob es sich beim Original tatsächlich um das (reale) System oder bereits um eine Abbildung des Systems in Form eines Modells handelt (vgl. [23]).

2.2.1 Repräsentationsformen für Modelle

Die Repräsentationsform und das Medium, das als Träger eines Modells genutzt wird, können in Grenzen unabhängig von entsprechenden Eigenschaften des abgebildeten Systems erfolgen. So kann ein gegenständliches System, wie beispielsweise ein Auto, auch durch ein gegenständliches Modell abgebildet werden. Es ist jedoch auch möglich, das System Auto als ikonisches Modell bildhaft darzustellen oder in Form eines symbolischen Modells durch eine Reihe mathematischer Formeln zu beschreiben.
In der Regel ist die Abbildung eines Systems in ein Modell mit einer Veränderung der Repräsentationsform verbunden. Die Art der Repräsentationsform orientiert sich am Modellzweck. Neben den bereits genannten Modellkategorien werden meist noch analoge Modelle und sprachliche Modelle unterschieden. Während bei analogen Modellen Eigenschaften des Originals auf andere Eigenschaften eines Modells abgebildet werden, dienen bei sprachlichen Modellen entweder Formulierungen in natürlicher (verbale Modelle) oder einer formalen Sprache (formale Modelle) als Modellrepräsentation.
Im Rahmen dieses Buches werden die Informationssysteme in Unternehmen in Form von symbolischen und sprachlichen Modellen (sowohl verbale als auch formale) repräsentiert.

2.2.2 Gültigkeit von Modellen

Da ein System einerseits durch unterschiedliche Modelle abgebildet werden kann und andererseits die Zweckmäßigkeit des Modells im Hinblick auf das Untersuchungsziel gegeben sein muss, stellt sich die Frage nach der *Gültigkeit* eines Modells. Diese gilt dann als gegeben, wenn ein Modell ein System im Hinblick auf das Untersuchungsziel angemessen wiedergibt. Die Gültigkeit eines Modells ist die Voraussetzung für seine sinnvolle Nutzung (vgl. [14] und Abschnitt 2.2.3)

Auch bei einer methodisch geleiteten Modellerstellung, wie sie in diesem Buch beschrieben wird, ist die Gültigkeit eines Modells nicht automatisch gegeben. Die vielfältigen Freiheitsgrade bei der Erstellung eines Modells können trotz Nutzung entsprechender Methoden zu Modellen führen, die im obigen Sinne nicht als gültig zu bezeichnen sind.

Die Prüfung der Gültigkeit und ein daraus resultierender Gültigkeitsnachweis ist als gesonderte Aktivität (häufig als *Modellvalidierung* bezeichnet) bei der Erstellung von Modellen durchzuführen. Die Vorgehensweise erweist sich dadurch als besonders schwierig, weil der Gültigkeitsnachweis nicht in der Art eines mathematischen Beweises zu führen ist. Es geht vielmehr darum, durch kritische Prüfung der Modelleigenschaften und möglichst vollständige Sichtbarmachung dieser Eigenschaften ein hohes und nachvollziehbares Maß an Vertrauen in die Gültigkeit des Modells zu erzielen (vgl. [14]). Aufgrund der fehlenden mathematischen Grundlagen bei der Abbildung eines Systems in ein Modell wird die Gültigkeit meist auf der Ebene von Plausibilitätsbetrachtungen und expliziten Begründung von Modellierungsschritten nachgewiesen.

Aus der Definition des Begriffs Gültigkeit ist auch zu schließen, dass ein Modell, das für einen Verwendungszweck erstellt wurde, nicht ohne Weiteres für einen anderen Verwendungszweck genutzt werden kann. Bei der Übertragung in einen anderen Untersuchungskontext ist für ein Modell seine Gültigkeit für diesen neuen Kontext separat nachzuweisen. In der Regel wird eine solche Übertragung mehr oder weniger große Modifikationen am Modell erforderlich machen, um seine Gültigkeit sicherzustellen.

2.2.3 Nutzung von Modellen

Die Nutzung von Modellen kann im Kontext der jeweiligen Systemanalyse auf sehr unterschiedliche Weise erfolgen. Die grundsätzliche Rolle von Modellen im Hinblick auf die Untersuchung und Gestaltung von Systemen wird in **Bild 2-7** deutlich gemacht.

Modelle dienen generell dazu, Erkenntnisse über das abgebildete System zu gewinnen. Da die Erkenntnisse jedoch nicht anhand des Systems selbst gewonnen werden, müssen die Erkenntnisse auf das System übertragen werden. Unter der Voraussetzung, dass es sich um ein gültiges Modell handelt, welches das System dem Verwendungszweck entsprechend abbildet, kann diese Übertragung bezogen auf das Untersuchungsziel problemlos erfolgen. Ansonsten ist diese Übertragung nicht zulässig.

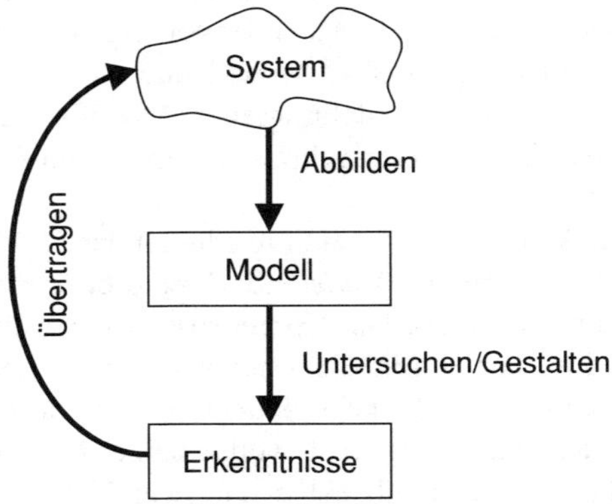

Bild 2-7 Modelle zur Untersuchung und Gestaltung von Systemen (vgl. [14])

Unabhängig vom konkreten Untersuchungsziel lassen sich einige charakteristische Nutzungskategorien für Modelle bilden (vgl. [30] u. [23]):

- Beschreibungsmodelle: Dienen der Dokumentation der abgebildeten Systeme, so dass diese in ihren wesentlichen Eigenschaften nachvollziehbar und kommunizierbar werden.

- Erklärungsmodelle: Stellen explizite Annahmen über die abgebildeten Systeme dar, mit denen Phänomene der Systeme, deren Gründe nicht direkt ermittelbar sind, erklärt werden sollen (insbesondere ihr Verhalten).

- Prognosemodelle: Dienen dazu, das zukünftige Verhalten der abgebildeten Systeme vorherzusagen. Sie sind häufig als Simulationsmodelle realisiert, in denen der Zustand eines Modells schrittweise verändert und somit sein Verhalten ermittelt werden kann.

- Gestaltungsmodelle: Dienen dem Entwurf neuer oder der Veränderung existierender Systeme.

- Optimierungsmodelle: Dienen der Verbesserung der Systeme; dies kann sowohl die Struktur als auch das Verhalten der Systeme betreffen.

Die Trennung zwischen den Kategorien ist nicht ganz scharf; so kann beispielsweise ein Modell gleichzeitig als Prognose- und Gestaltungsmodell dienen. Auch der Übergang von Beschreibungsmodellen und Erklärungsmodellen ist fließend.

Im Rahmen der hier behandelten Systemanalyse stehen die Bildung von Beschreibungs- und Gestaltungsmodellen im Vordergrund.

2.3 Grundlegende Vorgehensweise der Systemanalyse

Ausgehend von der Bedeutung des Wortes „Analyse“ kann man feststellen, dass ein wesentlicher Aspekt der Systemanalyse das Zerlegen der Systeme in ihre Bestandteile ist. Die Zerlegung ist jedoch nur eine Voraussetzung für die folgenden Schritte. Die Bestandteile des Systems als Ergebnis der Zerlegung dienen in der Folge als Bausteine für den Aufbau eines Modells des Systems. Das System wird somit in seine Bestandteile zerlegt, bevor diese dann in einem Modell wiederum zu einem Ganzen zusammengefügt werden. Bei der Zerlegung können unterschiedliche Zerlegungsstrategien verfolgt werden. Im Rahmen der Analyse von Informationssystemen können insbesondere die folgenden Strategien zum Einsatz kommen (vgl. [35]):

- Funktionsorientierte Zerlegung: Welche Funktionen stellt das System bereit und aus welchen Teilfunktionen sind diese aufgebaut?
- Datenorientierte Zerlegung: Welche Daten werden verarbeitet oder gespeichert, und aus welchen Teil-Strukturen sind diese zusammengesetzt?
- Ereignisorientierte Zerlegung: Auf welche Ereignisse muss ein System (geplant) reagieren?
- Objektorientierte Zerlegung: Welche Objekte existieren, und wie sind die Beziehungen untereinander (Klassenbildung, Vererbung, Botschaften)?

In Abhängigkeit von der Zerlegungsstrategie haben sich unterschiedliche methodische Ansätze zur Durchführung einer Systemanalyse entwickelt. In diesem Buch werden insbesondere die funktions- und ereignisorientierte Zerlegung als Grundlage der Strukturierten Analyse und essenziellen Modellierung, sowie die objektorientierte Zerlegung als Grundlage der objektorientierten Analyse behandelt.
Unabhängig von der Zerlegungsstrategie ist die konkrete Vorgehensweise der Systemanalyse im Wesentlichen darauf ausgerichtet, ein Modell des analysierten Systems zu erstellen, das dem Erkenntnisziel der Systemanalyse angemessen ist. Somit sind alle Aspekte von Systemen und Modellen, wie sie bisher dargestellt wurden, auch im Rahmen einer Systemanalyse relevant.
Vor der endgültigen Entscheidung, eine relativ aufwendige Systemanalyse durchzuführen, ist es sinnvoll, zunächst eine Voruntersuchung durchzuführen (vgl. **Bild 2-8**). Zu den besonderen Herausforderungen gehört es dabei, das zu untersuchende System vorab möglichst genau und in angemessener Weise von seiner Umgebung

abzugrenzen (vgl. [34]). Zu bestimmen ist somit die Lage der Systemgrenze. Ist das so abgegrenzte System für eine einzelne Systemanalyse zu umfangreich, müssen evtl. innerhalb des Systems Subsysteme identifiziert werden, die zum Gegenstand separater Systemanalysen gemacht werden können (vgl. Abschnitt 2.1.3).

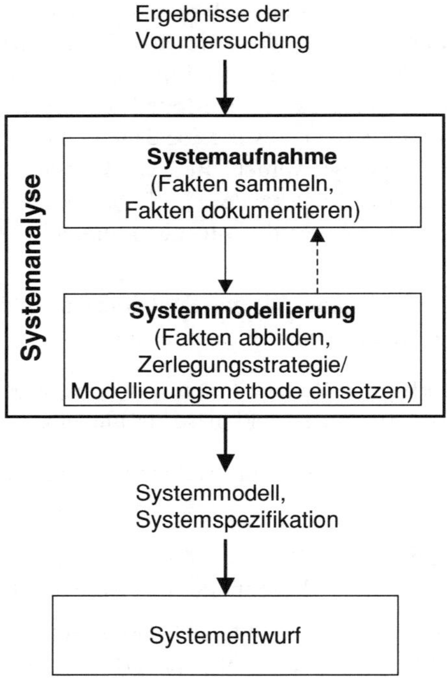

Bild 2-8 Arbeitsphasen der Systemanalyse und ihr Kontext

Ausgehend vom abgegrenzten System kann eine erste Aufwandsschätzung erfolgen und den verfügbaren Mitteln gegenübergestellt werden. Am Ende der Voruntersuchung sollte die definitive Entscheidung für oder gegen die Durchführung einer umfassenden Systemanalyse für das abgegrenzte System stehen.

Bevor die Analysetätigkeiten im engeren Sinne beginnen, sollte ein Vorgehensplan aufgestellt werden. Dieser besteht im Wesentlichen aus einem möglichst genauen Untersuchungsauftrag (welches System ist mit welchem Ziel und welchem Detaillierungsgrad zu untersuchen?), einer ersten Festlegung des einzusetzenden metho-

dischen Instrumentariums, sowie einer zeitliche Planung der Aktivitäten und einer Zuordnung von personellen/finanziellen Ressourcen.
Anschließend geht es darum, eine möglichst breite Informationsbasis über das zu modellierende System zu erhalten. Dies ist der Kern der sogenannten *Systemaufnahme* (vgl. Teil B dieses Buches).Dabei werden Techniken der Informationsgewinnung eingesetzt, um die Fakten über das System zu ermitteln. Die gewonnenen Information fließen in der Regel nicht unmittelbar in ein Analysemodell ein, sondern werden in Abhängigkeit vom betroffenen Untersuchungsbereich zunächst separat festgehalten und dokumentiert. Erst danach erfolgt im Rahmen der *Systemmodellierung* die eigentliche Abbildung des Systems in ein Modell auf der Basis der dann vorliegenden Informationen (vgl. Teil C dieses Buches). Ein wichtiger Aspekt der Systemmodellierung ist, dass die Systemelemente identifiziert werden müssen, die als Bestandteile des Systems in das Modell (als Modellelemente) übernommen werden sollen. Hier kommt dann die oben erwähnte Zerlegungsstrategie zur Anwendung.
Das Modell stellt dann eine Grundlage für eine evtl. anschließende weitere Entwicklung eines Software-Systems dar (vgl. **Bild 2-8**). Das entstandene Modell ist somit kein Selbstzweck, sondern dient als Stellvertreter des abgebildeten Systems der Gewinnung weiter Erkenntnisse über das System oder auch als Ausgangspunkt für gezielte Veränderungen des Modells, die letztlich eine Verbesserung des abgebildeten Systems bewirken sollen.

Teil B: Systemaufnahme

3 Informationsgewinnung

In der Regel liegen dem Analytiker zu Beginn der Untersuchung keine oder nur geringe Informationen über das zu analysierende System vor. Die Phase der Informationsgewinnung dient dem Zweck, eine gute Informationsgrundlage für die Modellierung des Systems zu schaffen. Der Analytiker muss mit soviel Informationen über das System versorgt werden, dass er ein sinnvolles, zweckgemäßes Modell aufbauen kann, das alle relevanten Aspekte des Systems enthält.
Der Inhalt der zu gewinnenden Informationen kann sich auf Eigenschaften des existierenden Systems beziehen, sofern diese Eigenschaften für das neue System relevant sind oder eine vollständige Ist-Analyse durchgeführt werden soll. Entweder sollen Eigenschaften in das neue System übernommen oder aus kritischen Bewertungen von Systemeigenschaften Anforderungen an das neue System abgeleitet werden. Neben Eigenschaften des Ist-Systems werden auch gewünschte Eigenschaften des neuen Systems direkt erfasst, die dann unmittelbar den Charakter von Anforderungen haben. In der Regel ist aber davon auszugehen, dass die notwendigen Informationen an irgendeiner Stelle des Unternehmens bereits vorliegen. Der Analytiker versucht, diese Stellen als Informationsquellen zu identifizieren und zu nutzen.
Die wichtigste Kategorie von Informationsquellen sind die Personen in einem Unternehmen, die Kenntnisse über das zu modellierende System besitzen (Informanten). Wie **Bild 3-1** zeigt, soll die Nutzung der Informanten dem Analytiker deutlich mehr Informationen zugänglich machen, als ihm zu Beginn der Untersuchung vorliegen. Idealerweise werden dem Analytiker alle Informationen offengelegt, über die der Informant verfügt. Der Prozess der Informationsgewinnung kann durchaus dazu führen, dass sich auch der Informant zusätzlicher Informationen bewusst wird.
Eine weitere wichtige Quelle sind Dokumente (im weitesten Sinne), in denen vorhandene oder gewünschte Eigenschaften des Systems beschrieben sind. Es kann sich einerseits um unternehmensinterne Dokumente handeln, die sich direkt auf das analysierte System beziehen, andererseits können aber auch externe Quellen (z.B. Fachliteratur) ausgewertet werden, um Anforderungen an das System zu ermitteln.
Die Unterscheidung hinsichtlich der Art der Informationsquellen spiegelt sich auch in der üblichen Einteilung der Techniken zur Informationsgewinnung wider.

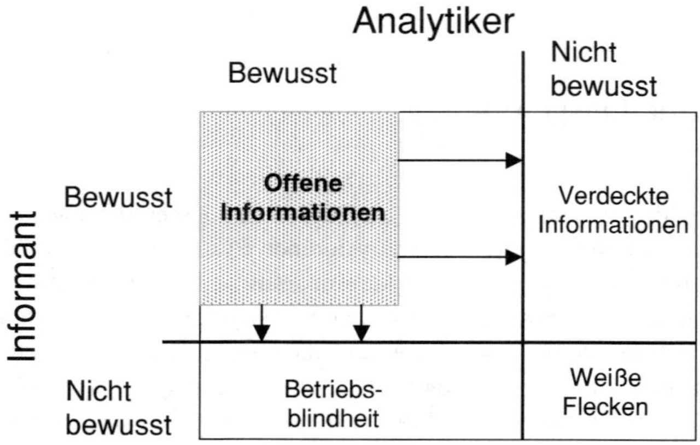

Bild 3-1 Zielsetzung der Informationsgewinnung (vgl. [23])

3.1 Personenbezogene Techniken der Informationsgewinnung

Unter der Annahme, dass geeignete Personen mit relevanten Kenntnissen bereits identifiziert sind (vgl. Abschnitt 3.3), wird versucht, die Informationen von diesen zu erlangen. Eine naheliegende Vorgehensweise zur Gewinnung von Informationen von Personen ist das Stellen von Fragen. Unabhängig von dem thematisch abgegrenzten Untersuchungsbereich (vgl. Kap. 4) und von der konkret eingesetzten Technik der Informationsgewinnung sind generell sogenannte „W-Fragen" zu stellen (vgl. [47] und **Tabelle 3-1**):

Fragewort	**Erkenntnisziel**	**Beispiel**
Was	Bearbeitungsgegenstand, Objekt	Was prüfen Sie bei der Auftragsannahme?
Wie	Aktivitäten, Prozesse, Verarbeitung	Wie ermitteln Sie die Lieferbarkeit eines Artikels?
Wer	(Sach-)Bearbeiter, Process Worker	Wer prüft die Zahlungsbedingungen?
Womit	Eingesetzte Hilfsmittel	Womit errechnen Sie den Rabattsatz?
Warum	Zweck, Grund, Zielsetzung	Warum kopieren Sie die Auftragsbestätigung?

Tabelle 3-1 Fragen und Erkenntnisziele bei der Informationsgewinnung

Mit solchen Fragen können alle wesentlichen Aspekte eines Untersuchungsbereichs erfasst werden.
Neben dem direkten Weg der Befragung kann durch das Beobachten der Personen und den dabei gewonnenen Erkenntnissen auf die benötigten Informationen geschlossen werden. Dies führt zu der Unterscheidung der folgenden drei Techniken zur Informationsgewinnung:

- Interview-Technik
- Fragebogen-Technik
- Beobachtung

3.1.1 Interview-Technik

Beim Einsatz der Interview-Technik stellt der Analytiker den Informanten direkt und mündlich Fragen. Jede Frage wird dann vom Informanten unmittelbar beantwortet (sofern ihm eine Antwort möglich ist) und der Analytiker nimmt den Inhalt der Antwort auf. Bei den Fragen kann es sich sowohl um einen vorab festgelegten Fragenkatalog (*standardisiertes Interview*) als auch um Fragen, die der Analytiker im Verlauf des Interviews entwickelt (*freies Interview*), handeln. Mischformen zwischen den genannten Ausprägungen sind problemlos möglich und häufig sinnvoll. So werden in einem *Leitfadeninterview* eine Reihe von offen formulierten Fragen zugrundegelegt, an denen sich der Ablauf des Interviews orientiert (vgl. [25]).
Standardisierte Interviews bieten sich immer dann an, wenn mehreren Personen die gleichen Fragen gestellt werden sollen. Die Vorabfestlegung von Fragen setzt jedoch bereits eine gewisse Informationsbasis über den Untersuchungsbereich voraus. Freie Interviews beinhalten die Gefahr eines zufälligen Befragungsverlaufs, so dass wesentliche Bereiche nicht angesprochen oder die Fragestellungen zu sehr vom Interviewten geprägt werden. Sie sind insbesondere in einer frühen Phase der Informationsgewinnung sinnvoll (vgl. Abschnitt 3.3).
Interviews können in Form eines *Einzelgesprächs* aber auch als *Gruppeninterview* durchgeführt werden. Bei Gruppeninterviews ist auf eine geeignete Zusammensetzung der Gruppe zu achten. Zwischen den Gruppenmitgliedern sollten keine Beziehungen bestehen, die eine freie Meinungsäußerung behindern. Beispielsweise sollten die Mitglieder einer Gruppe nur aus einer Hierarchieebene des Unternehmens stammen, um bewusste oder unbewusste Beeinflussungen durch Vorgesetzte zu vermeiden. Sollen zur Informationsgewinnung viele Personen gleichzeitig einbezogen werden, ist die *Konferenztechnik* einzusetzen. Sie eignet sich auch,

wenn kontroverse Meinungsäußerungen der beteiligten Personen zu erwarten sind (vgl. [47]). Ein erfolgreicher Einsatz der Konferenztechnik setzt voraus, dass die Zahl der Teilnehmer sinnvoll begrenzt wird (möglichst nicht mehr als zehn Teilnehmer), dass alle Teilnehmer inhaltlich gleichermaßen vorbereitet sind, und dass ein sachkundiger Konferenzleiter mit angemessener Autorität den Ablauf der Konferenz gestaltet.
Die Interview-Technik eignet sich besonders, um Informationen über komplexere Sachverhalte zu gewinnen, wie Arbeitsabläufe und dabei auftretende Datenflüsse. Auch Bewertungen von Systemeigenschaften lassen sich besonders gut mit Interviews erfassen (vgl. [47]).

3.1.1.1 Vor- und Nachteile der Interview-Technik

Die Vorteile der Interview-Technik beruhen im Wesentlichen auf dem persönlichen Kontakt zwischen Analytiker und Informant. Die Bereitschaft zur Auskunft wird dadurch gefördert, so dass die Interview-Technik als äußerst effektiver Weg zur Informationsgewinnung angesehen werden kann. Alle gestellten Fragen werden mit sehr großer Wahrscheinlichkeit beantwortet. Zudem können Unklarheiten oder Missverständnisse sowohl hinsichtlich der Fragestellung als auch hinsichtlich der Antworten direkt geklärt werden. Dies trägt dazu bei, dass im Rahmen von Interviews qualitative oder bewertende Faktoren besser als mit anderen Techniken erfasst werden können (vgl. [23]). Der persönliche Kontakt mit dem Analytiker vermittelt dem Interviewten das Gefühl der Wertschätzung und den Eindruck, an der Entwicklung beteiligt zu sein. Diese psychologischen Faktoren können die Auskunftsbereitschaft erheblich steigern.
Der hohen Effektivität der Interview-Technik steht als wesentlicher Nachteil ihre relativ geringe Effizienz gegenüber. Abgesehen von der Vorbereitungszeit beansprucht die Durchführung eines Interviews den Analytiker und den Informanten zeitlich in gleicher Weise. Für jedes Interview ist der entsprechende Aufwand also relativ hoch. Die Angaben in einem einzelnen Interview sind durch eine hohe Subjektivität geprägt, die aufgrund des Aufwandes nicht durch eine große Zahl von Interviews ausgeglichen werden kann. Da Unterlagen im Rahmen eines Interviews nicht sinnvoll hinzuzuziehen sind, beziehen sich Interviews sinnvollerweise auf Informationen, die der Interviewte direkt aus seinem Gedächtnis heraus beantworten kann. So scheidet auch die Erfassung von umfangreichen Faktendaten (z.B. Mengengerüste, Statistiken, historische Daten) durch die Interview-Technik aus (vgl. [23]). Ein weiterer Nachteil der Interview-Technik ist die relativ schwierige und Zusatzaufwand verursachende Dokumentation der Befragungsergebnisse.

3.1.1.2 Leitlinien zur Durchführung von Interviews

Hinsichtlich der *Gestaltung der Fragen* sind die folgenden Hinweise zu beachten (vgl. [25]):

- Die Fragen sollten so klar wie möglich formuliert sein. Es ist dabei die im untersuchten Bereich gebräuchliche Terminologie einzusetzen.
- Der Schwierigkeitsgrad und die Formulierungen müssen sich an den jeweiligen Interviewpartner anpassen.
- Die Fragen sollten eine sachliche Antwort ermöglichen; Suggestiv-Fragen sind zu vermeiden.
- Es sollten nicht ausschließlich geschlossene Fragen gestellt werden, bei denen nur eine Auswahl zwischen vorgegebenen Anwortmöglichkeiten erfolgen kann. Insbesondere sind Fragen, die nur Ja-/Nein-Antworten zulassen, auf ein Minimum zu begrenzen. Offene Fragen (ohne Antwortvorgabe) erschweren das Protokollieren, entsprechen aber eher dem Charakter eines Gesprächs.
- Wenn inhaltlich angemessen, sollte zusätzlich nach Mengenangaben, Häufigkeiten, Zeiten oder ähnlichen quantitativen Angaben gefragt werden, damit eine Gewichtung der Aussagen vorgenommen werden kann.
- Die Fragen sollten sich sinnvollerweise im Wesentlichen auf Sachverhalte begrenzen, die der Interviewte direkt aus seinem Gedächtnis heraus beantworten kann. Die Notwendigkeit, Unterlagen im Rahmen eines Interviews auszuwerten, sollte die absolute Ausnahme sein.
- Bei unklaren, offensichtlich unplausiblen Antworten, aber auch bei solchen, die auf interessante Zusatzinformationen hinweisen, sollte nachgefragt werden (nach Gründen, nach Ergänzungen, Warum-Fragen, vgl. [10]).
- Geht es um besonders wichtige oder etwas heikle Sachverhalte, sind Kontrollfragen einzubauen, um die Zuverlässigkeit der Antworten abschätzen zu können. Die Kontrolle sollte möglichst gut „getarnt“ werden.
- Indirekte Fragen, d.h. Fragen, die nicht den Sachverhalt direkt betreffen, aus deren Beantwortung man aber auf den Sachverhalt schließen kann, sind bei heiklen Fragestellungen ebenfalls zu empfehlen (und auch gut als Kontrollfragen geeignet).

- Die Reihenfolge der Fragen sollte sich an einer für den Interviewten nachvollziehbaren Reihenfolge orientieren. Dabei kann beispielsweise die Geschäftslogik oder eine Top-Down-Vorgehensweise sinnvoll sein.

Hinsichtlich des *Ablaufs* von Interviews sollten die folgenden Hinweise beachtet werden (vgl. [23]):

- Die Interviews müssen sorgfältig geplant werden, damit sie einen ausreichenden Beitrag zur Informationsgewinnung leisten und sich der Aufwand der Durchführung lohnt. Die Planung betrifft insbesondere die Festlegung benötigter Informationen, worauf die Auswahl/Gestaltung der Fragen (s.u.), die Auswahl der Interviewpartner (vgl. Abschnitt 3.3) und die Festlegung/Planung der Gesprächstermine (Aufstellung eines Interview-Plans) aufbaut.

- Die Durchführung von Interviews muss vom jeweiligen Vorgesetzten der Interviewpartner genehmigt sein. Dies ist schon von daher unverzichtbar, als durch das Interview Arbeitszeit beansprucht wird. Auch die Arbeitnehmervertretung ist von dem Vorhaben in Kenntnis zu setzen.

- Jeder Interviewpartner muss über den Grund und die Zielsetzung des Interviews informiert werden, und dies nach Möglichkeit bereits vorab, beispielweise im Rahmen der Terminvereinbarung.

- Die Durchführung des Interviews erfolgt in der Regel am Arbeitsplatz des Interviewten. In dieser vertrauten Umgebung wird er am ehesten zu einer umfassenden Auskunft bereit sein. Von dieser Regel sollte nur abgewichen werden, wenn entweder die Bedingungen am Arbeitsplatz eine sinnvolle Durchführung von Interviews nicht zulassen oder durch die Interviews eine zu große Störung der Kollegen verursacht wird.

- Es gilt, eine vertrauensvolle, positive, lockere Atmosphäre zu schaffen, die eine maximale Auskunftsbereitschaft des Interviewpartners gewährleistet. Hierzu ist eine Einführungsphase sinnvoll, die möglichst als ungezwungenes Gespräch zu gestalten ist (z.B. mit nochmaliger Erläuterung zur durchgeführten Untersuchung), bevor dann die eigentliche Befragung beginnt.

- Es empfiehlt sich für den Analytiker, die Antwort jeweils zusammenzufassen, zumindest bei etwas ausführlicheren Antworten. Auf diese Weise kann der inhaltliche Kern der Antwort hervorgehoben werden, Missverständnisse werden vermieden, und auch die Protokollierung der Antworten fällt leichter.

- Passiv formulierte Antworten deuten im Allgemeinen auf Unklarheiten hin. Sie sollten Anlass sein, nochmals nachzufragen (vgl. [23]).

- Der Analytiker sollte jegliche Kommentare zu den Antworten und generell emotionale Äußerungen vermeiden, da dies die Auskunftsbereitschaft evtl. reduzieren kann.

- Die Interviews sollten in ruhiger Atmosphäre durchgeführt werden. Der Informant sollte ausreichend Zeit für die Antwort sowie ihre Ergänzung und Modifikation haben. Hast trägt nicht zur Auskunftsfreudigkeit bei. Nur bei deutlich erkennbaren, weitreichenden Abschweifungen sollte der Analytiker eingreifen.

- Der Umfang einer Interview-Sitzung sollte sinnvoll begrenzt werden, so dass einerseits der Arbeitszeitverlust akzeptabel bleibt und andererseits eine übermäßige Belastung des Informanten vermieden wird. Eine zeitliche Obergrenze von ca. einer Stunde hat sich als sinnvoll erwiesen; bei einer großen Zahl an Fragen mit kurzen Antworten sollte die maximale Zeit noch deutlich darunter liegen (vgl. [23] und [25]). Bei Bedarf ist ein weiterer Interview-Termin zu vereinbaren.

- Abschließend sollte dem Interview-Partner noch Gelegenheit gegeben werden, zusätzliche Anmerkungen zum Themenbereich zu machen. Dabei können wertvolle Zusatzinformationen gewonnen werden, die im Interview noch keine Berücksichtigung fanden (vgl. [10]).

- Die Dokumentation der Antworten sollte direkt bei Durchführung des Interviews erfolgen. Dies kann meist zunächst nur stichwortartig erfolgen, wobei auch bei offenen Fragestellungen typische Antwortmuster im Protokollbogen vorformuliert sein können, die vom Protokollanten nur anzukreuzen sind. Unmittelbar nach dem Interview muss die Dokumentation ergänzt/vervollständigt werden. Da die Dokumentation den Fluss des Interviews hemmt, ist es von großem Vorteil, wenn die Dokumentationstätigkeit von einem Assistenten übernommen werden kann. Elektronische Aufzeichnungsgeräte sollten nicht eingesetzt werden, selbst wenn der Interviewte dem zustimmt. Der Einsatz derartiger Geräte führt in der Regel zu einer deutlich geringeren Auskunftsfreudigkeit (vgl. [23]).

- Die fertiggestellte Dokumentation der Ergebnisse sollte dem Informanten zur Freigabe vorgelegt werden (zumindest wenn der Informant dies wünscht).

3.1.2 Fragebogen-Technik

Bei Einsatz der Fragebogen-Technik werden die Fragen des Analytikers schriftlich fixiert und in dieser Form den Befragten zugänglich gemacht. Die Befragten beantworten die Fragen ohne direkten persönlichen Kontakt mit dem Analytiker nach ihrem Verständnis der Fragestellung und senden die Antworten an ihn zurück. Der Austausch von Fragen und Antworten erfolgte früher ausschließlich papierbasiert; mit der zunehmenden Verbreitung DV-gestützter Kommunikationstechniken in den Unternehmen kann aber auch dieser Kommunikationskanal sinnvoll eingesetzt werden. Fragen und Antworten können dabei beispielsweise als E-Mail oder auch auf der Basis von Web-Formularen ausgetauscht werden.

Ein kritischer Aspekt ist die Gestaltung der Fragen, da im Gegensatz zum Interview Missverständnisse und Fehlinterpretationen kaum geklärt werden können. Bei der Formulierung der Fragen ist also eine noch größere Sorgfalt als bei Interviews aufzuwenden. Um eine präzise Fragestellung zu erreichen, sind bereits ausreichend Vorinformationen erforderlich (die beispielweise durch Interviews gewonnen werden können). Außerdem sollten durch eine schriftliche Befragung nur relativ einfache Sachverhalte ermittelt werden. Zu diesen lassen sich in der Regel auch einfache Fragen stellen.

Die schriftliche Befragung wird in der Regel für größere Zahlen von Informanten eingesetzt. Um den Auswertungsaufwand dennoch handhabbar zu halten, muss schon bei der Gestaltung der Fragen die geplante Art der Auswertung berücksichtigt werden. Eine individuelle Vorgehensweise bei der Auswertung, die bei einigen wenigen Interviews noch tolerierbar ist, kann bei einer großen Zahl von Fragebögen nicht praktiziert werden. Aufgrund der Auswertungsnotwendigkeiten werden in Fragebögen sinnvollerweise mehr geschlossene Fragen eingesetzt, so dass die Auswertung teilweise durch einfaches Auszählen der vorgegebenen Antwortmöglichkeiten erfolgen kann. Es ist dafür zu sorgen, dass jedem Befragten nur die Fragen gestellt werden, die ihn auch tatsächlich betreffen. Evtl. ist die Zusammenstellung der Fragen zumindest teilweise an die spezifischen Erfordernissen von Gruppen von Befragten anzupassen.

Eine Variationsmöglichkeit der Fragebogen-Technik ist der Einsatz der sogenannten *Delphi-Technik* (vgl. [24]). Ein abgegrenzter Kreis von Personen beantwortet schriftlich gestellte Fragen. Die Gesamtheit der ausgewerteten Antworten wird den befragten Personen wiederum zugänglich gemacht, die auf dieser Basis die Gelegenheit haben, ihre Antworten nochmals zu korrigieren. Eventuell durchläuft das Verfahren mehrere solcher Zyklen, bis sich die Antworten stabilisieren. Das Verfahren eignet sich insbesondere bei Fragestellungen, deren Beantwortung schwierige, unsichere Abschätzungen beinhaltet.

Eine weitere Variation, die ebenfalls auf Schriftform beruht, ist die *Berichtstechnik* (vgl. [23]). Bei Einsatz dieser Technik wird vom Informanten zu einem vom Analytiker vorgegebenen Thema eine ausführliche textuelle Beschreibung geliefert. Für die textuelle Darstellung gilt dabei meist weitgehende Formfreiheit.

Aufgrund des Anspruchsniveaus und der zeitlichen Belastung sollte die Berichtstechnik auf einzelne Informanten, die typischerweise höheren Hierarchieebenen im Unternehmen zuzuordnen sind, begrenzt werden.

3.1.2.1 Vor- und Nachteile der Fragebogen-Technik

Der entscheidende Vorteil der Fragebogen-Technik, der diese Technik zu einer häufig eingesetzten Technik macht, ist die Parallelisierung der Informationsgewinnung über einen großen Personenkreis. Für den Analytiker ist diese Technik deutlich weniger zeitintensiv als die Durchführung von Interviews, selbst wenn der Vorbereitungsaufwand etwas höher ist (vgl. [23]). Insbesondere bei geografischer Verteilung der Informanten ist der Aufwand im Vergleich zur direkten mündlichen Befragung viel geringer. Ein weiterer Vorteil ist, dass keine zusätzliche Dokumentation der Antworten erforderlich ist. Bei einer Nutzung von Internet-Techniken besteht außerdem die Möglichkeit, die Antworten direkt einer DV-gestützten Auswertung zugänglich zu machen.

Ein großer Nachteil der Fragebogen-Technik ist die eingeschränkte Effektivität. Der Rücklauf der Fragebögen ist in vielen Fällen sehr bescheiden, sowohl im Hinblick auf die Anzahl der Antworten (häufig nicht mehr als 30%, teilweise deutlich weniger, vgl. [10]), als auch auf die Termintreue (vgl. [23]). Ein weiterer prinzipieller Mangel ist die fehlende Aufklärungsmöglichkeit von Missverständnissen hinsichtlich Fragestellung und Beantwortung.

3.1.2.2 Leitlinien zur Durchführung von schriftlichen Befragungen

Um die Effektivität einer schriftlichen Befragung zu steigern, sollten die folgenden Hinweise beachtet werden:

- Auch die Durchführung einer schriftlichen Befragung muss durch das Unternehmen genehmigt sein.
- Bei der Auswahl der zu Befragenden muss die diesbezügliche Kompetenz von Mitarbeitern des Unternehmens genutzt werden.
- Der fehlende persönliche Kontakt mit dem Analytiker muss durch vertrauensbildende Maßnahmen ausgeglichen werden. Es empfiehlt sich, die potentiellen Informanten durch eine geeignete Person des Unternehmens auf die bevorstehende Befragung vorbereiten zu lassen. Ein persönlich gehaltener Einleitungstext sollte den Befragten vor dem Frageteil ansprechen und auf die Bedeutung seiner Mitwirkung hinweisen. Außerdem sollte die Zielsetzung der Untersuchung nochmals kurz skizziert werden, um etwaigen Gerüchten, die sich im Vorfeld solcher Untersuchungen häufig schnell verbreiten, den Boden zu entziehen (vgl. [23]).

- Auch eine schriftliche Befragung sollte nach Möglichkeit nicht anonym durchgeführt werden. Auf die Angaben zur beantwortenden Person sollte nur dann verzichtet werden, wenn zu befürchten ist, dass der Rücklauf massiv unter der Identifizierbarkeit des Ausfüllers leidet, dass durch die eindeutige Identifizierbarkeit der Person die Antworten verfälscht werden oder bei Fragestellungen, welche die Privatsphäre der Befragten verletzen. Die Frage der Anonymität ist unbedingt vorab mit dem Unternehmen und der Mitarbeitervertretung zu klären. Ein Ausweg aus einer Konfliktsituation hinsichtlich der Anonymität ist eine Freiwilligkeit der identifizierenden Angaben.

- Das Layout des Fragebogens muss ein müheloses Ausfüllen gewährleisten. Eine ausreichende Schriftgröße des Fragetextes ist hier ebenso erforderlich wie eine klare Zuordnung zwischen Ankreuzfeldern und zugehörigem Sachverhalt. Sollen freie Antworten in Textform gegeben werden, sind Zeilenlinien mit ausreichendem Abstand vorzusehen.

- Ein Fragebogen sollte vor seinem Einsatz bei einer kleinen Zahl von Personen getestet werden, um die Gefahr von Missverständnissen oder praktischen Problemen beim Ausfüllen zu minimieren.

- Ein klar definiertes Abgabedatum sollte direkt auf dem Fragebogen angegeben sein. Je nach Umfang des Fragebogens ist ein Bearbeitungszeitraum von einigen Tagen bis maximal zwei Wochen zu gewähren. Zum Abgabezeitpunkt ist eine Erinnerung an die säumigen Informanten zu schicken, einschließlich einer angemessenen Nachfrist.

Bild 3-2 auf der folgenden Seite zeigt ein Beispiel für eine Seite eines Fragebogens.

Fragebogen

zur Ermittlung von Informationen über die Reklamationsbearbeitung

Die Bearbeitung von Reklamationen in unserem Unternehmen soll weiter verbessert werden, um die Kundenzufriedenheit zu steigern. Daher wird eine Analyse des Systems "Reklamationsbearbeitung" durchgeführt. Um die Zusammenhänge in diesem System zu erfassen, sind Angaben über Ihre Tätigkeit und Ihren Arbeitsplatz erforderlich. Wir bitten Sie daher, den folgenden Fragebogen sorgfältig auszufüllen und damit einen Beitrag zur Verbesserung des Systems zu leisten. Bitte geben Sie den Fragebogen bis zum 12.6. bei Herrn Genau (Abteilung UP, Tel. 374) ab.
Vielen Dank für Ihre Mitwirkung! Für Rückfragen stehen wir Ihnen jederzeit gern zur Verfügung!

Paul Patzig
(Geschäftsführer)

Gerd Genau
(Systemanalytiker)

Ausfüller Vorname ☐
Nachname ☐
Abteilung ☐

1 **Wieviele neue Reklamationen bearbeiten Sie an einem normalen Arbeitstag?** ☐

2 **Über welche Kanäle kommen die Reklamationen zu Ihrem Arbeitsplatz? Schätzen Sie bitte, wenn möglich, auch den prozentualen Anteil des jeweiligen Kanals ab:**

Telefon ☐ (___%) Fax ☐ (___%)
Briefpost ☐ (___%) E-Mail ☐ (___%)

3 **Welche Mängel sind Gegenstand der Reklamationen? Nummerieren Sie die genannten Kategorien gemäß der Häufigkeit (Nummer 1 = häufigster Mangel)**

Falsche Lieferung ☐ Zu lange Lieferfrist ☐
Technischer Defekt ☐ Mangelhafte Bedienungsanleitung ☐

4 **Wie lange benötigen Sie zur Bearbeitung einer Reklamation im Durchschnitt?** ☐ Min.

5 **Welche Art von Reklamation benötigt die längste Bearbeitungszeit?** ☐

6 **Wie halten Sie die Daten der Reklamationen fest?**

☐

7 **An welche Stellen geben Sie die Daten der Reklamationen weiter?**

Produktion ☐ Vertrieb ☐ Sonstige Stellen: ☐
Reparaturabt. ☐ Lager ☐

8 **Wie schätzen Sie die Leistungsfähigkeit der Reklamationsbearbeitung ein? (Angabe in Prozent, 100% = Perfekt, 0% = Keine Leistung erkennbar)** ☐ %

Bild 3-2 Beispiel für Fragebogenseite

3.1.3 Beobachtung

Der Charakter der Beobachtung besteht in der Aufnahme von Sachverhalten durch sinnliche Wahrnehmung des Analytikers, ohne dass eine verbale Kommunikation mit dem Informanten stattfindet (vgl. [23]). Diese Technik wird im administrativen Bereich nur selten eingesetzt, während sie im Produktionsbereich relativ gängig ist. Eine zunehmende Verbreitung findet diese Technik bei der Untersuchung der Usability von Benutzungsschnittstellen von DV-Systemen (vgl. [29]).
Bei der Beobachtung geht der Informant seiner normalen Tätigkeit nach, während der Analytiker die Verhaltensaspekte des Beobachteten aufnimmt, die Gegenstand der Erhebung sind. Typischerweise wird die Reihenfolge von Aktivitäten, die Art von eingesetzten Hilfsmitteln und der Zeitaufwand für die verschiedenen (Teil-) Tätigkeiten ermittelt. Die Beobachtung ist zum einen als *Dauerbeobachtung* über einen längeren Zeitraum oder zum anderen als sogenanntes *Multimomentverfahren* zu realisieren (vgl. [23] und [47]). Bei letzterem findet die Beobachtung nur zu einzelnen, zufälligen Zeitpunkten statt. Die Ergebnisse der Einzelbeobachtungen werden dann statistisch ausgewertet.
Eine Sonderform der Beobachtung ist die sogenannte *Selbstaufschreibung*. Die Beobachtung findet hierbei ohne Analytiker ausschließlich durch den Beobachteten selbst statt. Aufgrund der Dokumentationsnotwendigkeiten wird der Arbeitsablauf jedoch gegenüber der Normalsituation erheblich gestört, so dass diese Art der Beobachtung nur für ausgewählte Sachverhalte eingesetzt werden kann (z.B. Reihenfolge von Tätigkeiten, eingesetzte Hilfsmittel, Kommunikationspartner).

3.1.3.1 Vor- und Nachteile der Beobachtung

Ein wesentlicher Vorteil der Beobachtung ist der Verzicht auf eine evtl. verfälschende Verbalisierung und verbale Kommunikation von Sachverhalten. Die Beobachtung ist auch durch eine hohe Effektivität gekennzeichnet, denn die Sachverhalte können ohne Einschränkung aufgenommen werden. Der Arbeitsablauf wird (idealerweise) nicht gestört, so dass die Beobachtung besonders für die Erfassung zeitlicher und quantitativer Aspekte geeignet ist.
Ein wesentlicher Nachteil ist der hohe zeitliche Aufwand für den Analytiker (mit Ausnahme der Selbstaufschreibung). Auch die Einschränkung auf ein kleines Spektrum an beobachtbaren Sachverhalten ist negativ zu beurteilen und führt zu einer relativ geringen Einsatzhäufigkeit dieser Technik im administrativen Bereich. Erschwerend kommt hinzu, dass eine Beobachtung in der Regel vom Beobachteten als sehr unangenehm empfunden wird. Außerdem kann das Wissen um die Beobachtung das Verhalten deutlich beeinflussen (vgl. [47]).

3.1.3.2 Leitlinien zur Durchführung von Beobachtungen

Um möglichst aussagekräftige und gegenüber der Normalsituation weitgehend unverfälschte Beobachtungsergebnisse zu erzielen, ist durch geeignete Maßnahmen zu gewährleisten, dass die Beobachteten ihr Verhalten möglichst wenig ändern. Der Versuch, diesen Effekt durch eine verdeckte Beobachtung zu erreichen, führt in der Regel nicht zu den gewünschten Ergebnissen, da die Beobachtung entweder doch entdeckt wird oder sich im jeweiligen Arbeitsumfeld mehr oder weniger schnell herumspricht. So ist eine Beobachtung generell als offene Beobachtung anzulegen, bei der der Beobachtete von der Situation Kenntnis hat. Je klarer die Zielrichtung für den Beobachteten ist, desto geringer werden in der Regel die Veränderungen seines Verhaltens ausfallen.

Ein besonderes Problem der Beobachtung ist die Dokumentation der Ergebnisse. Anders als beim Interview müssen hier die Ergebnisse festgehalten werden, ohne dass dafür eine gewisse Pause bei der Informationsgewinnung genutzt werden könnte. Eine Möglichkeit, mit dieser Schwierigkeit umzugehen, ist die Vorbereitung von Erfassungbögen, auf denen durch einfache Strichlisten oder Ankreuzen die notwendige Dokumentation erfolgen kann. Eine andere Möglichkeit ist die Verwendung eines Diktiergerätes, auf dem der Beobachter seine Beobachtungen für die spätere Auswertung festhält.

Generell ist davon auszugehen, dass die Beobachtungssituation für den Beobachteten trotz aller Maßnahmen tendenziell unangenehm ist. Daher ist auch bei einer Dauerbeobachtung der Beobachtungszeitraum auf wenige Stunden am Tag zu begrenzen.

3.2 Dokumentbezogene Techniken der Informationsgewinnung

Beim Einsatz von dokumentbezogenen Techniken werden die Informationen vom Analytiker aus Dokumenten unterschiedlicher Art extrahiert. Handelt es sich um Dokumente mit engem, speziellem Bezug zum untersuchten System, kommt die sogenannte Inventur-Technik zum Einsatz, während man bei der Auswertung allgemeiner Dokumente von Quellenauswertung spricht.

3.2.1 Inventur-Technik

Bei Einsatz der Inventur-Technik werden Informationen zum System aus Dokumenten entnommen oder abgeleitet. Dokumente, in denen Informationen zum System enthalten sein können, sind beispielsweise Organisations- und Aufgabenpläne, Arbeits- und Verfahrensanweisungen, bei der Bearbeitung eingesetzte Formulare, Berichte, Statistiken und, bezogen auf die DV-Unterstützung, jegliche

System- und Programmdokumentation (vgl. [23]). Alle Dokumente, die entweder der organisatorischen Dokumentation zuzuordnen sind oder als Arbeitsmittel dienen, kommen grundsätzlich als Informationsquellen in Betracht (vgl. [47]). Aber auch inoffizielle Dokumente, wie Notizen der Mitarbeiter, die ihnen beispielsweise als Gedächtnisstütze hinsichtlich der Arbeitsabläufe dienen, können hilfreich sein.

Zwei Schwierigkeiten behindern die Informationsgewinnung aus Dokumenten. Zum einen sind häufig viele Informationen zu Systemen nicht dokumentiert, die gewinnbare Information ist also lückenhaft. Zum anderen ist es schwierig, in einem Unternehmen mit einem insgesamt großen und meist verteilt vorliegenden Dokumentenbestand die relevanten, aussagekräftigen Dokumente zu identifizieren. Sofern im Unternehmen Recherchemöglichkeiten existieren (Dokumentverzeichnisse, Suchfunktionen in einem Intranet bis hin zu Document Management Systemen), können diese vom Analytiker genutzt werden. In der Regel ist die Unterstützung durch Unternehmensmitarbeiter mit entsprechenden Kompetenzen bei der Identifikation von relevanten Dokumenten jedoch unverzichtbar.

Die Dokumente spiegeln, von wenigen Ausnahmen abgesehen, die offiziellen Sachverhalte wider. Die tatsächlichen Verhältnisse im System können beliebig weit davon abweichen. Wird diese Abweichung erkannt, liefert sie für die Gestaltung des neuen Systems besonders wertvolle Hinweise (vgl. [10]).

Die Auswertung der Dokumente kann weitgehend unabhängig von der Mitwirkung von Unternehmensmitarbeitern stattfinden. Die Unabhängigkeit von den Unternehmensmitarbeitern führt dazu, dass die Arbeitsabläufe im Unternehmen nur wenig gestört werden. Eine gute Dokumentation vorausgesetzt, ist gerade die Erfassung von Zahlendaten in größerem Umfang mit der Inventur-Technik sehr gut möglich.

Ein Nachteil der Inventur-Technik ist, dass die Qualität der Dokumente – insbesondere die Aktualität – für den Analytiker nur schwer beurteilbar ist. Hier ist er wieder auf die Mitwirkung von Unternehmensmitarbeitern angewiesen. Charakteristischerweise sind auch die Abläufe im Unternehmen anhand der Dokumentation schwer nachvollziehbar, da Arbeits- und Verfahrensanweisungen häufig nicht vorliegen und Systemdokumentationen schwer zugänglich/interpretierbar sind. Ein weiterer Nachteil der Inventur-Technik ist, dass sich der Dokumentinhalt in der Regel auf den Ist-Zustand bezieht, während Anforderungen an das neue System nur selten bereits schriftlich fixiert vorliegen.

3.2.2 Quellenauswertung

Die Technik der Quellenauswertung beruht auf Dokumenten, die außerhalb des Unternehmens vorliegen. Sie macht sich zu Nutze, dass für zahlreiche Informationssysteme ähnliche Eigenschaften erwünscht sind. Diese immer wiederkehrenden Eigenschaften sind in der Regel in entsprechenden Fachpublikationen zu finden (vgl. beispielsweise [40]). Sie basieren auf der Erfahrung aus der mehrfachen Gestaltung von entsprechenden Informationssystemen und beziehen damit Erfahrungen ein, die in einem einzelnen Unternehmen meist nicht vorliegen. Insofern kann die Auswertung von Quellen in Form von Fachbüchern, Fachzeitschriften oder Internet-Quellen eine wertvolle Ergänzung zu den Informationen sein, die direkt im Unternehmen gewonnen werden können.

3.3 Vorgehensweise bei der Informationsgewinnung

Die Vorgehensweise bei der Informationsgewinnung muss sorgfältig geplant werden; es muss eine Vorgehensstrategie entwickelt werden. In die Planung müssen Vertreter des Unternehmens einbezogen sein, die einerseits die Sinnhaftigkeit der Planungen aus Unternehmenssicht beurteilen und andererseits auch die Durchführbarkeit der geplanten Maßnahmen sicherstellen.

Die Vorgehensstrategie muss insbesondere Festlegungen zu den eingesetzten Techniken der Informationsgewinnung und der Reihenfolge ihres Einsatzes enthalten. In der Regel reicht eine Technik nicht aus, um eine befriedigende Informationsbasis zu gewinnen (vgl. [23]).

Die Eignung der jeweiligen Technik für bestimmte Aspekte der Informationsgewinnung geht aus **Tabelle 3-2** hervor (vgl. [10]). In dieser Tabelle ist mit Informationstiefe der Detaillierungsgrad und die Hintergründe von Informationen gemeint. Das Kriterium der Informationsbreite bezieht sich auf die Zahl der zu nutzenden Informationsquellen. Die Kosten sind aus Unternehmenssicht bewertet.

Die Vorgehensstrategie muss des Weiteren festlegen, welche thematischen Bereiche in der jeweiligen Erhebungsphase im Fokus der Erhebung stehen (vgl. Kap. 4). Darüber hinaus sind, soweit möglich, bereits Informationsquellen (in Form von Unternehmensmitarbeitern bzw. Dokumentbeständen) zu identifizieren. Gerade die Auswahl der beteiligten Personen ist kritisch. Es ist unbedingt erforderlich, alle Personen mit Schlüsselfunktionen für das alte und neue System (sogen. „Stakeholder“) einzubeziehen. Sollten sich wichtige Personen übergangen fühlen, können daraus im Weiteren große Schwierigkeiten resultieren (vgl. [10]). Eine zeitliche Planung, die sich sinnvoll in das Gesamtvorhaben einfügt, ist ebenfalls vorzunehmen.

Die Details einer geeigneten Vorgehensstrategie sind immer vom untersuchten System, vom betroffenen Unternehmen und vom angestrebten Detaillierungsgrad der Untersuchung (grob, fein, detailliert, s.u.) abhängig. Als Richtschnur für eine sinnvolle Durchführung einer Informationsgewinnung können jedoch die folgenden Angaben dienen, die auf Erfahrungen bei der Durchführung von Ist-Aufnahmen beruhen.

	Interview	**Fragebogen**	**Beobachtung**	**Dokumente**
Gewinnbare Informations-kategorie	Ist-Zustand, Verbesserungen, Soll-Zustand	Ist-Zustand, Verbesserung	Ist-Zustand	Ist-Zustand, Soll-Zustand (allgem.)
Informations-tiefe	Groß	Mittel	Gering	Gering
Informations-breite	Gering	Groß	Gering	Groß
Benutzer-beteiligung	Groß	Mittel	Gering	Gering
Kosten	Groß	Mittel	Gering	Gering

Tabelle 3-2 Eigenschaften von Techniken der Informationsgewinnung

Es ist sinnvoll die Informationsgewinnung in drei Phasen einzuteilen: Initialisierungsphase, Hauptphase und eine Kontrollphase.
Die *Initialisierungsphase* dient primär dazu, eine ausreichende Informationsbasis für eine sinnvolle Durchführung der Hauptphase zu erhalten. Zu diesem Zweck eignen sich besonders einige wenige freie Interviews mit Unternehmensmitarbeitern, die einen guten Überblick über den zu erfassenden Systembereich haben (vgl. [10]). Ergänzt werden kann diese Art der Informationsgewinnung durch den Einsatz der Berichtstechnik auf der gleichen Hierarchieebene des Unternehmens. Diese Phase ist auch geeignet, die Begriffsbildung und gebräuchliche Terminologie im Unternehmen zu erfassen und für die folgenden Erhebungen einzusetzen.
Auf dieser Basis können die weiteren Schritte der Informationsgewinnung in der *Hauptphase* sinnvoll gestaltet werden. Für umfangreiche sowie komplexe Untersuchungsgegenstände empfiehlt sich im allgemeinen eine Dreiteilung der Hauptphase. Die erste Teilphase beinhaltet eine Auswertung von Dokumenten im Sinne der Inventurtechnik (vgl. [10]). Diese Auswertung kann mit einem gewissen Vorlauf auch parallel zu den folgenden Teilphasen durchgeführt werden.

Die zweite Teilphase besteht aus der Durchführung weiterer Interviews, in die Informationen aus der Initialisierungsphase und der ersten Teilphase eingehen. Im Gegensatz zu den ersten Interviews werden hierbei meist zumindest teilweise standardisierte Fragenkataloge eingesetzt. Sofern sich bei den ersten Erhebungen abzeichnet, dass die Ermittlung der Anforderungen an das neue System schwierig ist und dass dazu kontroverse Auffassungen existieren, kann der Einsatz der Konferenztechnik eine gemeinsame Sicht der Entwicklung fördern. Daran schließt sich eine Phase an, die auf der Basis von Fragebogen eine Bestätigung bzw. Absicherung der Interviewergebnisse durch eine breitere Erfassungsbasis anstrebt. In die Gestaltung der Fragen müssen die Ergebnisse der vorherigen Informationsgewinnung einfließen.

Bei klar abgegrenzten Untersuchungsgegenständen und weniger komplexen Systemzusammenhängen kann die Hauptphase auch ausschließlich auf dem Einsatz von Fragebögen beruhen. Dies gilt insbesondere dann, wenn die Art der Informationen für eine Erfassung durch Fragebögen geeignet erscheint (vgl. Abschnitt 3.1.2).

Die Aktivitäten der *Kontrollphase* basieren bereits auf Ergebnissen der Auswertung. In der Kontrollphase geht es primär darum, die Qualität der gewonnenen Information zu verbessern. Sollten bei der Auswertung Lücken, Inkonsistenzen, Widersprüche oder ähnliche Qualitätsdefizite in der Informationsbasis erkennbar werden, die sich nach Einschätzung des Analytikers negativ auf die Qualität des zu erstellenden Systemmodells auswirken, muss versucht werden, diese Mängel zu beheben oder abzumildern. Dies erfolgt im Wesentlichen durch gezieltes Nachfragen bei einzelnen Informanten, deren Angaben auf die genannten Probleme im Informationsbestand hinweisen. Konkret kann bei einem Interviewpartner nochmals zu einzelnen Sachverhalten nachgefragt werden, ebenso beim Ausfüller eines Fragebogens (setzt eine nicht anonyme Durchführung voraus).

Aber auch ohne erkennbare Qualitätsmängel kann es sinnvoll erscheinen, hinsichtlich einzelner Aspekte, die im gewonnenen Informationsbestand erkennbar werden, nochmals nachzufragen. Hier bietet sich der erneute Einsatz der Interviewtechnik an, wobei sich die Fragestellungen auf eine Vertiefung oder Kontrolle bereits gewonnener Informationen konzentrieren. In diesem Kontext kann aber auch die Beobachtungstechnik sinnvoll eingesetzt werden, um Angaben zu überprüfen und Detailaspekte am einzelnen Arbeitsplatz zu erfassen. Da es sich im Rahmen der Kontrollphase nur um einige wenige und ausgewählte Erhebungen handeln kann, ist der hohe Aufwand einer Beobachtung auch zu verschmerzen.

Für die weitere Benutzbarkeit der gewonnenen Informationsbasis ist über die Dokumentation der gewonnenen Informationen hinaus auch eine Dokumentation erforderlich, die einen klaren, strukturierten Überblick über den Gesamtbestand an Information liefert (Meta-Dokumentation).

Bild 3-3 fasst die Phasen mit den einsetzbaren Techniken zusammen.

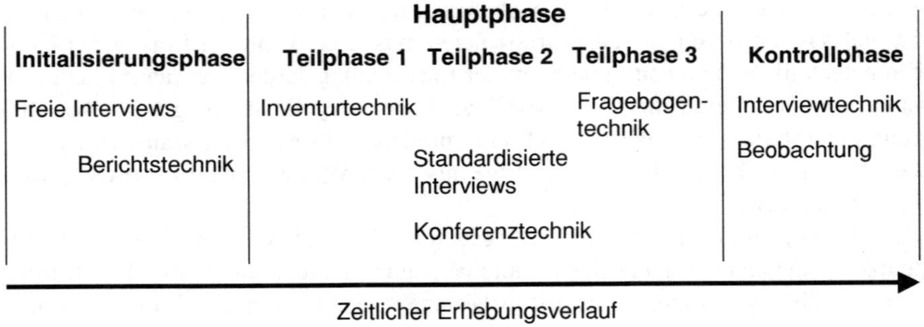

Bild 3-3 Erhebungsphasen mit einzusetzenden Techniken zur Informationsgewinnung

4 Untersuchungsbereiche der Systemaufnahme

Es gibt eine Reihe von thematisch abgrenzbaren Untersuchungsbereichen, zu denen im Rahmen einer Systemaufnahme typischerweise Informationen gewonnen werden müssen. Dabei kommen die Techniken zur Informationsgewinnung, die in den Abschnitten 3.1 und 3.2 behandelt werden, zum Einsatz.
Die folgenden Untersuchungsbereiche stehen im Zentrum des Interesses und sind Gegenstand entsprechender Teilanalysen (vgl. [10]):

- Organisation:
  Organisatorischer Aufbau des Unternehmens, Zuständigkeiten, Verantwortlichkeiten

- Benutzer:
  Ansprüche der Benutzer des Systems hinsichtlich der Informationsversorgung

- Prozesse:
  Vorhandene bzw. angestrebte Abläufe, Aufgaben und Verrichtungen im System und ihr Zusammenhang, einschließlich der eingesetzten Hilfsmittel

- Kommunikation:
  Charakteristika des Austausches von Informationen zwischen Stellen im System

- Daten:
  Vorhandene bzw. notwendige Datenbestände und ihre Strukturierung in Objekte und Attribute

Die Erkenntnisse, die in diesen Untersuchungsbereichen gewonnen werden können, sind in der Regel nicht überschneidungsfrei. Dies ist nicht störend, sondern im Gegenteil ein nützlicher Effekt. Die Überschneidungen erlauben zum einen eine wechselseitige Überprüfung der Erkenntnisse; zum anderen können die Überschneidungen genutzt werden, um die Ergebnisse der Teilanalysen im weiteren Verlauf der Systemanalyse zu einem Gesamtmodell zu verknüpfen.

4.1 Organisationsanalyse

Unter Organisation werden hier Strukturen im Unternehmen verstanden, die sich durch entsprechende Regelungen und Vereinbarungen ergeben und dem Ziel dienen, die Aufgaben und Abläufe im Unternehmen möglichst zielgerecht und mit geringem Aufwand zu erledigen. Allgemein wird zwischen Aufbau- und Ablauforganisation unterschieden. Die Aufbauorganisation betrifft die statische Gliederung des Unternehmens in Einheiten (z.B. Abteilungen, Gruppen oder Stellen) mit zugeordneten Aufgabenbereichen und Zuständigkeiten sowie die Beziehungen dieser Einheiten untereinander (z.B. Weisungsbefugnisse, Berichtspflichten etc.). Die Ablauforganisation beinhaltet die Festlegungen hinsichtlich der Abwicklung von Aktivitäten und Prozessen in regelmäßig auftretenden Situationen.

Hier steht die Aufbauorganisation im Zentrum der Organisationsanalysen (daher teilweise auch als *Strukturanalyse* bezeichnet, vgl. [34]), da die Aspekte der Ablauforganisation im Wesentlichen im Rahmen der Prozessanalysen erfasst werden können (s.u.).

Ausgehend von dieser Einschränkung zielt die Organisationsanalyse auf die Ermittlung der strukturellen Einheiten, die sich durch die Aufteilung des Unternehmens in immer kleinere Elemente evtl. bis hin zu den einzelnen Stellen ergibt. Zu den einzelnen Einheiten sind Weisungsbefugnisse, Zuständigkeiten, Verantwortlichkeiten und Berichtspflichten zu ermitteln. Die Weisungsbefugnisse sowie eine Bündelung von Zuständigkeiten und Verantwortlichkeiten führen zu einer entsprechenden hierarchischen Ordnung der identifizierten Einheiten.

Die Benennung von Zuständigkeiten ist im weiteren Verlauf der Analyse von großer Bedeutung, da die Zuständigkeiten Verbindungspunkte mit den Ergebnissen der Prozessanalyse ergeben und eine Zuordnung der (Teil-) Prozesse zu Stellen (bzw. zu anderen organisatorischen Einheiten) erlauben. Die Berichtspflichten sind in Bezug zu einem Informationssystem natürlich von besonderer Bedeutung, da sie unmittelbar die notwendigen Leistungen des Informationssystems betreffen. Im Rahmen der Benutzeranalysen (s.u.) sind sie Teil der vom Informationssystem zu realisierenden Informationsversorgung.

Die Organisationsanalyse kann in der Regel durch Auswertung entsprechender Dokumente im Unternehmen durchgeführt werden. Liegt im Unternehmen keine entsprechende Dokumentation in ausreichendem Umfang vor, müssen auch für diesen Untersuchungsbereich einzelne Interviews auf höheren Ebenen der Unternehmenshierarchie durchgeführt werden. Sollten bei der Analyse der Dokumente Lücken oder Inkonsistenzen erkennbar werden, sind diese ebenfalls im Rahmen von Interviews zu behandeln.

Die Ergebnisse der Organisationsanalyse können in Form von Organigrammen und tabellarischen Aufstellungen festgehalten werden.

4.2 Benutzeranalyse

Als Benutzer eines Informationssystems werden in diesem Zusammenhang im Wesentlichen die Personen in einem Unternehmen verstanden, die Informationen aus dem System konsumieren. Die Erfordernisse der Informationsversorgung und die Anforderungen dieser Personen stehen im Mittelpunkt dieses Untersuchungsbereichs.

Die Informationsversorgung wird durch das Verhältnis zwischen Informationsangebot und Informationsbedarf geprägt. Zielsetzung eines jeden Informationssystems muss es sein, einen guten Informationsstand seiner Benutzer zu gewährleisten. Dabei ist zusätzlich noch die Unterscheidung zwischen subjektivem Informationsbedarf, der sich als Informationsnachfrage äußert, und dem Informationsbedarf, der sich objektiv aus der jeweiligen Aufgabenstellung ableiten lässt, zu berücksichtigen. Wie **Bild 4-1** zeigt, ergibt sich der Informationsstand somit ausschließlich aus dem Überdeckungsbereich der drei Bereiche (vgl. [22]).

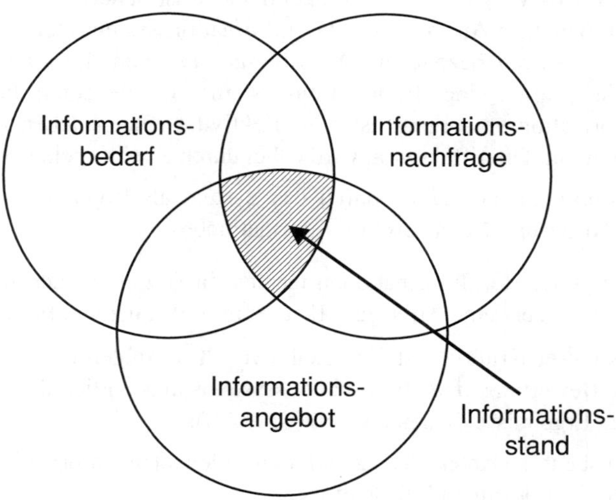

Bild 4-1 Informationsstand als Schnittmenge von Informationsangebot, Informationsnachfrage und objektivem Informationsbedarf

Es muss das Ziel jeder Neu-/Weiterentwicklung eines Informationssystems sein, den Informationsstand durch weitgehende Angleichung von Informationsangebot, Informationsnachfrage und Informationsbedarf zu verbessern.
Eine grobe Unterscheidung hinsichtlich der Anforderungen an das System führt zur Abgrenzung zwischen aktiven Benutzern, die Informationen im System gezielt suchen, und passiven Benutzern, die Informationen ohne eigenes Zutun geliefert bekommen. Dieser Unterscheidung entsprechend können die *Informationssuche* und die *Informationslieferung* als Leistungsbereiche eines Informationssystem unterschieden werden.

4.2.1 Informationssuche

Die Qualität eines Informationssystems hinsichtlich der Informationssuche wird einerseits durch den Gesamtbestand an Informationen geprägt, andererseits bestimmen die Möglichkeiten zur Formulierung von Anfragen die Qualität der gelieferten Informationen.
Bereits bei einem relativ kleinen Informationsangebot kann die Suche nach Informationen nicht mehr allein durch sequentielles Sichten der verfügbaren Informationen erfolgen. Der Vorgang der Informationssuche ist daher dadurch charakterisiert, dass der Benutzer Anfragen an das Informationssystem stellt, die zu einer Lieferung eines anfragebezogenen Ausschnitts aus dem Informationsangebot führen. Für die Qualität eines Informationssystems und die durch dieses System realisierte Informationsversorgung ist die Effektivität einer solchen Anfrage von zentraler Bedeutung. Die Effektivität wird dabei durch zwei Aspekte bestimmt:

- Welche Informationen werden durch das System als Ergebnis einer Anfrage geliefert? (Kriterium: Nachweis von Informationen)
- Welche der gelieferten Informationen machen in Bezug auf den Informationsbedarf des Benutzers eine Aussage? (Kriterium: Relevanz von Informationen)

Auf der Basis dieser Kriterien ist eine Reihe von Kennzahlen entwickelt worden, welche für die Bewertung eines Informationssystems hinsichtlich der Güte der von ihm gelieferten Ergebnisse dienen können (vgl. [22]):

- *Recall* (Ausbeute): Anteil der gelieferten relevanten Informationen an der Gesamtzahl der relevanten Informationen
- *Precision* (Genauigkeit): Anteil der gelieferten relevanten Informationen an der Gesamtzahl der gelieferten Informationen

- *Noise* (Ballast): Informationen, die verwaltet werden, aber weder relevant sind noch gefunden werden
- *Silence* (Schweigen): Anteil relevanter Informationen, die durch eine Anfrage nicht gefunden werden, an der Gesamtzahl relevanter Informationen.

Bild 4-2 formalisiert die Berechung der Kennzahlen auf der Basis einer Einteilung des gesamten Informationsbestandes nach den Kriterien Relevanz und Nachweis bezogen auf eine konkrete Anfrage.

		Relevanz	
		ja	nein
Nachweis	nein	a	b
	ja	c	d

Bild 4-2 Einteilung des Informationsbestandes nach Relevanz und Nachweis

Der Gesamtbestand an Informationen ergibt sich als Summe $D = a + b + c + d$
Die genannten Kennzahlen errechnen sich aus den Anzahlen der Informationseinheiten wie folgt:

Recall: $$\frac{a}{a + c}$$

Precision: $$\frac{a}{a + b}$$

Noise: $$D - (a + b + c) = d$$

Silence: $$\frac{c}{a + c}$$

In **Tabelle 4-1** ist eine Beispielkonstellation und die dabei zur Ermittlung der Kennzahlen abzugrenzenden Dokumentbestände beschrieben.

Ausgangskonstellation	
Dokumentenbestand im System	Alle Aufträge an und Rechnungen von Lieferanten der letzten 10 Jahre
Informationsbedarf des Benutzers	Alle Rechnungen des Lieferanten Hurtig GmbH im vergangenen Kalenderjahr über 10.000,- EUR
Selektionskriterien in Anfrage	1 Lieferantenname, 1 Dokumentenart 1 Jahresangabe Keine Angabe zum Betrag
Anzahl von Dokumenten als Ergebnis der Anfrage	
a	Anzahl ausgegebene Rechnungen des Lieferanten im vergangenen Kalenderjahr über 10.000,- EUR
b	Anzahl ausgegebene Rechnungen des Lieferanten im vergangenen Kalenderjahr unter 10.000,- EUR
c	Anzahl Rechnungen mit altem Namen des Lieferanten (z.B. aufgrund Wechsel der Rechtsform von GbR auf GmbH) im vergangenen Jahr über 10.000,- EUR
d	Anzahl Aufträge an den Lieferanten Hurtig GmbH, Rechnungen d. Lieferanten anderer Jahre, Dokumente anderer Lieferanten

Tabelle 4-1 Beispiel für Dokumentenzahlen zur Kennzahlermittlung

Auch wenn im Rahmen der Systemaufnahme keine zahlenmäßige Bestimmung der Kennzahlen erfolgt, helfen sie doch in der verbalen Beschreibung von Defiziten/Verbesserungswünschen hinsichtlich des Informationssystems.

4.2.2 Informationslieferung

Der Charakter der Informationslieferung besteht in der automatischen Bereitstellung von (ausgewählten) Informationen für den Benutzer, ohne dass er weitere Aktivitäten ausführen muss. Diesem Charakter steht auch nicht entgegen, dass evtl. er selbst irgendwann die Auswahl der zu liefernden Informationen vorgenommen hat. Es ist jedoch auch möglich, dass Vorgesetzte oder Administratoren die zu liefernden Informationen auswählen. Merkmale, die Gegenstand einer solchen Auswahl sein können, sind neben dem Inhalt der Information das Medium und die Darstellung der Information, der Zeitpunkt der Lieferung sowie der Aggregationsgrad der Informationen. Aus der Perspektive des Informationssystems handelt es sich um eine vordefinierte Informationsnachfrage.

4.2.3 Benutzererwartung

Der Begriff Benutzererwartung umschreibt alle qualitativen Aspekte der Informationsversorgung, die über Inhalt und Umfang der bereitgestellten Information hinausgehen. Beispiele für typische Qualitätsmerkmale im Kontext von Informationssystemen sind die Aktualität der Daten, die Zuverlässigkeit der Daten, die Verfügbarkeit des Systems, die Einfachheit der Bedienung, die Lesbarkeit/Nützlichkeit der Dokumentation, die Präsentationsform der Informationen, die Antwortzeiten des Systems, die Möglichkeit zur Verdichtung und Aggregation der Daten, die Standardisierung der Informationen und die Weiterverwendbarkeit in anderen Systemen (vgl. [22]).
Die Erfassung der Benutzererwartung kann über eine Auflistung solcher Qualitätskriterien in Verbindung mit einer durch den Benutzer vorzunehmenden Gewichtung erfolgen.

4.3 Prozessanalyse

4.3.1 Der Prozessbegriff

Der Begriff „Prozess“ wird in vielerlei Zusammenhängen benutzt. Auch wenn sich diese begriffliche Unschärfe nicht vollständig beseitigen lässt, erscheint es notwendig, durch zusätzliche Erläuterungen ein Verständnis davon zu erzeugen, welcher Prozessbegriff im Zusammenhang mit der Systemanalyse sinnvoll ist.
Ein Prozess lässt sich allgemein als Folge von logisch zusammenhängenden Aktivitäten zur Erledigung einer Aufgabe definieren (vgl. [39]). Im hier betrachteten Kontext geht es dabei ausschließlich um Aktivitäten der Informationsverarbeitung. Prozesse wandeln einen Input in Form von Daten/Informationen nach Transformations- und Ablaufregeln in einen Daten-/Informations-Output um. Jeder Prozess leistet einen Beitrag zum Systemziel; durch die Verknüpfung von Prozessen wird das Systemziel insgesamt erreicht. Neben der Verknüpfung von Prozessen auf einer Betrachtungsebene bilden Prozesse eine Prozesshierarchie. Diese entsteht, indem ein Prozess auf einer detaillierteren Betrachtungsebene in Teilprozesse aufgelöst wird, die ihrerseits Folgen von Aktivitäten enthalten. Diese Auflösung in Teilprozesse kann über beliebig viele Ebenen erfolgen, bis die in den Teilprozessen enthaltenen Aktivitäten als elementare, d.h. unteilbare Aktivitäten aufgefasst werden (vgl. [23]).
In Unternehmen entspricht das Systemziel dem Unternehmensziel. Im Unternehmen sind Prozesse sinnvoll abgrenzbare Elemente der Ablauforganisation und

strukturieren damit die Abläufe eines Unternehmens in Einheiten. Prozesse sind jedoch meist unabhängig von Abteilungs- und Funktionsgrenzen, sprengen also die Aufbauorganisation. Diese Diskrepanzen zwischen Ablauf- und Aufbauorganisation sind wesentliche Ansatzpunkte für das sogenannte *Business Process Reengineering* (vgl. [23]). Auch in Unternehmen bilden Prozesse eine Prozesshierarchie. Die oberste Ebene bilden dabei die sogenannten *Geschäftsprozesse*. (vgl. [23], [21] und Kap. 5).

In Geschäftsprozessen sind die Aktivitäten zusammengefasst, die als Ergebnis ein eindeutig definiertes, materielles oder immaterielles Produkt erzeugen, das für einen unternehmensinternen oder -externen Abnehmer (Kunde) von Wert ist. Dabei kommen Ressourcen (Personal, Material) des Unternehmens zum Einsatz. Geschäftsprozesse sind Abläufe, die sich wiederholen, da sie zu den Routineabläufen des Unternehmens gehören und unmittelbar zu den Unternehmenszielen beitragen. Die Geschäftsprozesse lassen sich in der Regeln sinnvoll in (Teil-) Prozesse zerlegen, bis evtl. über mehrere Ebenen die Aktivitäten erreicht sind.

Prozesse in einem Unternehmen können nach unterschiedlichen Kriterien kategorisiert werden. Eine im Kontext der Reorganisation häufig vorgenommene Einteilung ist die in primäre, sekundäre oder tertiäre Prozesse in Abhängigkeit von ihrem Kundenbezug und ihrem Beitrag zur Wertschöpfung des Unternehmens (vgl. [23]). Im Kontext der Systemanalyse ist zunächst jedoch eine andere Unterscheidung von größerer Bedeutung. Es geht dabei um die Unterscheidung zwischen den Prozessen, die sich häufig wiederholen (auch repetitive oder kontinuierliche Prozesse genannt, vgl. [22] und [23]), und den Prozessen, die als Reaktion auf Ausnahmesituationen im Unternehmen ablaufen (innovative oder diskontinuierliche Prozesse). In Kombination mit dem Merkmal der Strukturierung der Prozesse (z.B. in Form von Arbeitsanweisungen o.ä.) ergibt sich eine Einteilung der Prozesse in ein Raster, in dem sich die Systemanalyse auf die repetitiven und stärker strukturierten Prozesse konzentriert (vgl. **Bild 4-3**).

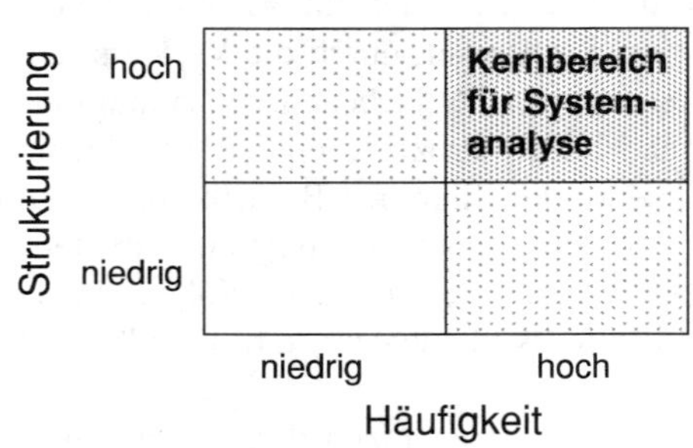

Bild 4-3 Relevanz von Prozesskategorien für die Systemanalyse

Es kann jedoch allein auf der Basis einer solchen Einteilung im Zusammenhang mit einer Systemanalyse dazu kommen, dass im Unternehmen unstrukturierte Prozesse in strukturierte Prozesse umgewandelt werden. Gerade die Prozesse mit hoher Häufigkeit und geringer Strukturierung sind kritisch zu prüfen, inwieweit zusätzliche Strukturierungsmöglichkeiten gegeben sind. Bei Prozessen mit hoher Strukturierung und niedriger Häufigkeit könnte sich trotz der niedrigen Häufigkeit eine Einbeziehung in die Systemanalyse anbieten, insbesondere, wenn es sich um wertschöpfende Prozesse handelt.
Die hier vorgestellte Einteilung von Prozessen wird häufig auch als Unterscheidung zwischen einem geplanten Kern und der spontanen Hülle eines Systems beschrieben. Während der geplante Kern alle strukturierten Routineaktivitäten des Systems beinhaltet, werden Ausnahmesituationen in der spontanen Hülle eines Systems bearbeitet. Die Systemanalyse wird sich in der Regel auf den geplanten Kern eines Systems beschränken.

4.3.2 Erfassung von Prozessen und ihren Merkmalen

Das Ziel der Untersuchung der Prozesse in einem Unternehmen ist es, ein möglichst vollständiges Bild über die relevanten Verarbeitungsvorgänge im betrachteten System zu bekommen. Im Einzelnen gehören dazu die folgenden Aspekte von Prozessen:

- Identifikation/Abgrenzung der einzelnen Prozesse in Verbindung mit der Ermittlung eines Prozessziels
- Ermittlung des Input/Output für jeden Prozess in Form von bearbeiteten/erzeugten (Daten-)Objekten
- Ermittlung der Bestandteile eines Prozesses (Aktivitäten, Teilprozesse) und deren Ordnung (Verarbeitungslogik)
- Beteiligte und verantwortliche Stellen (Process Worker, Process Owner)
- Ermitteln der eingesetzten Ressourcen (Arbeitszeit, Sachmittel, Formulare, DV-Systeme)
- Ermittlung von Mengen, Kapazitäten und Zeiten im Prozessablauf
- Bewertung jedes Prozesses (Wertschöpfung, Häufigkeit, Effektivität, Effizienz etc.)
- Ermittlung des Zusammenhangs mit anderen Prozessen

Für die Erfassung der Prozesse und die Dokumentation der Erfassungsergebnisse haben sich eine Reihe von Techniken bewährt. Jede dieser Techniken deckt einen Teil der zu erfassenden Aspekte ab.

4.3.2.1 Input-Prozess-Output-Analysen

Die Abläufe im untersuchten System werden nach dem einfachen Schema Eingabe-Verarbeitung-Ausgabe strukturiert und zerlegt. Bei dieser Art der Analyse geht es zum einen um die Identifikation der Prozesse. Zum anderen bietet die Ermittlung von Input und Output Ansatzpunkte, um die Verknüpfung zwischen Prozessen herzustellen.

Die Prozesse werden hierbei zunächst als Blackbox betrachtet und nur benannt. Der Input und Output der Prozesse wird in Form von Datenobjekten beschrieben, d.h. in Form von inhaltlich abgrenzbaren Dateneinheiten (Business Objects, z.B. Auftrag, Rechnung etc.). Das Resultat ist eine tabellarische Auflistung der identifizierten Prozesse zusammen mit ihrem Input und Output.

4.3.2.2 Activity Direction Analysis Method (ADAM)

Bei dieser Art der Analyse stehen drei Erkenntnisziele im Mittelpunkt (vgl. [22]):

- Reihenfolge von Aktivitäten/Teilprozessen
- Zuordnung von Aktivitäten/Teilprozessen zu Stellen
- Bearbeitungszeiten, die bei der jeweiligen Stelle/Aktivität auftreten

Diese Sachverhalte können im Zusammenhang in sogenannten ADAM-Charts dokumentiert werden (**Bild 4-4**)

	V1	V2	V3	V4	V5	V6
Stelle 1	B_{11}					
Stelle 2		B_{22}				
Stelle 3			B_{33}	B_{34}		B_{36}
Stelle 4					B_{45}	

Vn : Verrichtungen
Bij : Bearbeitungszeit an Stelle i für Verrichtung j

Bild 4-4 ADAM-Chart

Mit derartigen Charts können über die Bearbeitungszeiten hinaus auch weitere Anteile an den Durchlaufzeiten für einen Prozess dargestellt werden. Hierbei ist die Auflösung in Aktivitäten/Teilprozesse dann nicht mehr erkennbar, dafür aber die differenzierten Zeitanteile der jeweiligen Stellen (**Bild 4-5**).

Stellen \ Zeiten	B	L	T	D
S1	1	0.5	1	2.5
S2	2	1	2	5
S3	6	1	3	10
S4	2	0.5	1	3.5
Summe	11	3	7	21

B : Bearbeitungszeiten, L : Liegezeiten, T : Transportzeiten, D : Durchlaufzeiten
Alle Werte in Stunden

Bild 4-5 ADAM-Chart mit Aufgliederung der Durchlaufzeiten

Eine grafische Darstellung dieser Sachverhalte in Kurvenform (ADAM-Kurven) kann die Interpretierbarkeit der Daten unterstützen. In solchen Kurven werden die anfallenden Zeiten von Stelle zu Stelle akkumuliert dargestellt.

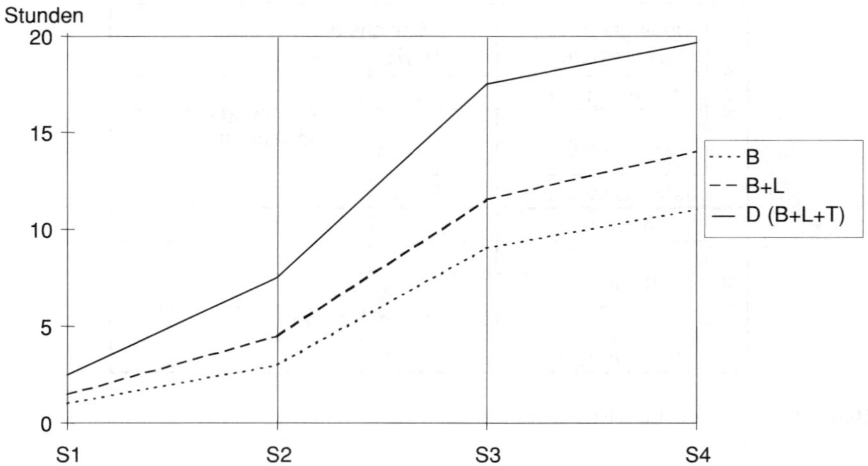

Bild 4-6 ADAM-Kurve (Abkürzungen siehe **Bild 4-5**)

4.3.2.3 Prozesslogik

Zur Erfassung und Darstellung des inneren Aufbaus von Prozessen aus Aktivitäten (Teilprozessen) und deren Reihenfolge können zahlreiche Techniken eingesetzt werden, die sich im Zusammenhang mit der Programmentwicklung bewährt haben. Dies sind beispielsweise Ablaufpläne (nach DIN 66001, vgl. [11]), Struktogramme (auch Nassi-Shneiderman-Diagramme, nach DIN66261, vgl. [11]), aber auch textuelle Darstellungen (Pseudo-Code). Sofern die für Programme üblichen Kontrollflussstrukturen nicht mehr ausreichen, um den Ablauf des Prozesses angemessen abzubilden, müssen andere Modellierungsmittel herangezogen werden. Wenn es um Parallelität von Abläufen, um Synchronisation, Kapazitätsbegrenzungen oder wechselseitigen Ausschluss von Aktivitäten geht, bieten sich beispielsweise Petri-Netze zur Abbildung dieser Ablaufstrukturen an (vgl. [43] und [3]).

4.3.2.4 Entscheidungstabellen

Eine besondere Schwierigkeit bei der Erfassung und Darstellung sind häufig die komplexen Entscheidungssituationen, die im Ablauf von Prozessen auftreten. In Entscheidungstabellen (nach DIN 66241, vgl. [11]) wird die Verbindung zwischen Bedingungskonstellationen und dann auszuführenden Aktionen hergestellt. Bedingungskonstellationen ergeben sich aus einer Liste von Einzelbedingungen, deren Eintreten/Ausbleiben für jede Konstellation anzugeben ist. Jede Variation hinsichtlich des Eintretens oder Ausbleibens einer Einzelbedingung kann grundsätzlich zu einer anderen Aktion führen.

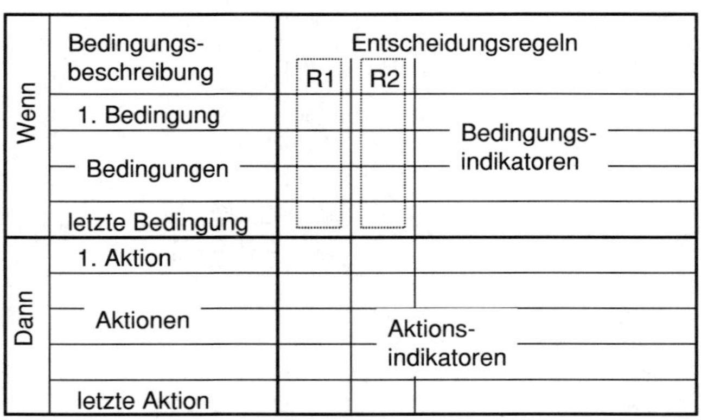

Bild 4-7 Aufbau einer Entscheidungstabelle

Entscheidungstabellen sind grob in vier Quadranten strukturiert: ein Quadrant, in dem die Bedingungen formuliert sind, ein Quadrant, in dem angegeben werden

kann, ob die jeweilige Bedingung eingetreten ist oder nicht, ein Quadrant, in dem mögliche Aktionen aufgelistet sind, und ein Quadrant, in dem die Verbindung zwischen einer Aktion und einer Bedingungskonstellation (Entscheidungsregel) hergestellt werden kann. (vgl. [17]; **Bild 4-7**).
Die Bedingungsbeschreibung enthält eine verbale Charakterisierung der Einzelbedingung; die Bedingungsindikatoren sind als Wahrheitswerte zu notieren (z.B. 1/0, J/N oder T/F) oder als Irrelevanzanzeiger (-, vgl. **Bild 4-8**), die Aktionsindikatoren sind einfache Markierungen mit einem x (o.ä.), während die Aktionsbeschreibung wiederum eine verbale Beschreibung der auszuführenden Aktionen enthält. **Bild 4-8** zeigt das Beispiel einer Entscheidungstabelle zur Nachbestellung von Artikeln.

	R 1	R 2	R 3	R 4	R 5	R 6	R 7	R 8	R 9
Lager voll	-	0	0	0	1	1	0	1	0
Unter Mindestbestand	0	1	0	0	0	0	1	0	1
Nachfrage besonders hoch	0	0	1	-	1	0	1	1	1
Lieferschwierigkeiten	0	-	0	1	0	1	0	1	1
Abwarten	X				X	X			
Nachbestellen (Lagerkap.-Best.)		X		X					X
Nachbest. (Kap.-Best. + 20%)							X		
Nachbestellen (30% d. Kap.)			X					X	
2. Lieferanten (20% zusätzlich)									X

Bild 4-8 Beispiel für eine Entscheidungstabelle (Lagerbestandsführung)

Entscheidungstabellen können hinsichtlich einer Reihe von Eigenschaften charakterisiert werden, welche für die Erstellung und die Interpretation der Tabellen relevant sind (vgl. [11]).
Dies ist zunächst die Eigenschaft der *Vollständigkeit*. Dabei ist die formale von der inhaltlichen Vollständigkeit zu unterscheiden. Die formale Vollständigkeit ist gegeben, wenn für jede mögliche Kombination von Wahrheitswerten eine Regel angegeben ist. Dies führt dann zu 2^n Regeln bei n Bedingungen. Häufig werden

unter diesen Regeln solche sein, die aus inhaltlicher Perspektive nicht sinnvoll sind. Im folgenden Beispiel sind dies die Regeln R6, R12, R13 und R16 (**Bild 4-9**).

	R 1	R 2	R 3	R 4	R 5	R 6	R 7	R 8	R 9	R 10	R 11	R 12	R 13	R 14	R 15	R 16
Lager voll	0	1	0	0	0	1	1	1	0	0	0	1	1	1	0	1
Unter Mindestbestand	0	0	1	0	0	1	0	0	1	1	0	1	1	0	1	1
Nachfrage besonders hoch	0	0	0	1	0	0	1	0	1	0	1	1	0	1	1	1
Lieferschwierigkeiten	0	0	0	0	1	0	0	1	0	1	1	0	1	1	1	1
Abwarten	x	x					x	x								
Nachbestellen (Lagerkap.-Best.)			x		x					x	x				x	
Nachbest. (Kap.-Best. + 20%)									x					x		
Nachbestellen (30% d. Kap.)				x												
2. Lieferanten (20% zusätzlich)															x	

Bild 4-9 Formal vollständige Entscheidungstabelle

Bei inhaltlicher Vollständigkeit sind dann nur noch Regeln enthalten, die alle inhaltlich sinnvollen Kombinationen von Wahrheitswerten enthalten (**Bild 4-10**).

	R 1	R 2	R 3	R 4	R 5	R 7	R 8	R 9	R 10	R 11	R 14	R 15
Lager voll	0	1	0	0	0	1	1	0	0	0	1	0
Unter Mindestbestand	0	0	1	0	0	0	0	1	1	0	0	1
Nachfrage besonders hoch	0	0	0	1	0	1	0	1	0	1	1	1
Lieferschwierigkeiten	0	0	0	0	1	0	1	0	1	1	1	1
Abwarten	x	x				x	x					
Nachbestellen (Lagerkap.-Best.)			x		x				x	x		x
Nachbest. (Kap.-Best. + 20%)								x			x	
Nachbestellen (30% d. Kap.)				x								
2. Lieferanten (20% zusätzlich)												x

Bild 4-10 Inhaltlich vollständige Entscheidungstabelle

Eine weitere wichtige Eigenschaft ist die *Redundanz*. Im Zusammenhang mit Entscheidungstabellen spielt dieser Begriff eine Rolle, wenn mehrere Regeln zu der selben Aktion führen. Um diese Redundanzen zu beseitigen wird der Vorgang des *Konsolidierens* der Tabelle durchgeführt.

Beim Konsolidieren einer Entscheidungstabelle sind Regeln mit identischen Aktionen Kandidaten für die Konsolidierung. Alle Regeln, welche für die Konsolidierung in Frage kommen, werden nun paarweise betrachtet und darauf geprüft, ob sie sich in ihren Bedingungsindikatoren in maximal einer Angabe unterscheiden. Wenn dies der Fall ist, können die beiden Regeln zu einer zusammengefasst werden, wobei der Bedingungsindikator auf der Position der ursprünglich differierenden Angaben durch einen Irrelevanzanzeiger (-) ersetzt wird. Er sagt aus, dass die Regel unabhängig vom Bedingungsindikator an dieser Stelle gilt. Dieser Vorgang wird ausgeführt, bis keine weiteren Regeln mehr zusammengefasst werden können.

Bild 4-11 macht deutlich, welche Regeln in der Beispieltabelle zusammengefasst werden können.

	R 1	R 2	R 3	R 4	R 5	R 7	R 8	R 9	R 10	R 11	R 14	R 15
Lager voll	0	1	0	0	0	1	1	0	0	0	1	0
Unter Mindestbestand	0	0	1	0	0	0	0	1	1	0	0	1
Nachfrage besonders hoch	0	0	0	1	0	1	0	1	0	1	1	1
Lieferschwierigkeiten	0	0	0	0	1	0	1	0	1	1	1	1
Abwarten	x	x				x	x					
Nachbestellen (Lagerkap.-Best.)			x		x				x	x		x
Nachbest. (Kap.-Best. + 20%)								x			x	
Nachbestellen (30% d. Kap.)				x								
2. Lieferanten (20% zusätzlich)												x

Bild 4-11 Konsolidieren einer Entscheidungstabelle

Die Zusammenfassung dieser Regeln führt dann zu der in **Bild 4-8** dargestellten Tabelle.

Wenn in den Feldern der Bedingungs- und Aktionsindikatoren nicht nur Wahrheitswerte, sondern differenziertere Angaben zugelassen werden, handelt es sich um *Erweiterte Entscheidungstabellen*. Beispielsweise können die Angaben in den Indikatorfeldern als Parameter für die jeweilige Beschreibung genutzt werden. **Bild 4-12** zeigt ein Beispiel für eine erweiterte Entscheidungstabelle:

	R1	R2	R3	R4
Umsatz Vorjahr	>=50.000	>=20.000	-	Sonst
Umsatz letztes Quartal	>=10.000	>=8.000	>= 2.000	Sonst
Setze Rabatt auf	10%	5%	2%	0%
Setze Zahlungsziel auf	4 Wochen	2 Wochen	2 Wochen	1 Woche
Schicke Weihnachtskarte	X	X		

Bild 4-12 Beispiel für erweiterte Entscheidungstabelle

Wenn Entscheidungstabellen ein handhabbares Ausmaß überschreiten, kann mit Hilfe der *Verknüpfung von Entscheidungstabellen* eine Modularisierung der dargestellten Entscheidungssituation erreicht werden, die für eine überschaubare Größe der einzelnen Entscheidungstabelle sorgt. Die Verknüpfung erfolgt über die Aktionsbeschreibungen. Als Aktion wird dann in der übergeordneten Entscheidungstabelle die Nutzung einer (untergeordneten) Entscheidungstabelle festgelegt, in der die jeweilige Entscheidungssituation feiner aufgelöst werden kann (vgl. [3]). Die Entscheidungstabellen gemäß **Bild 4-13** sind verknüpft.

Um die Bearbeitung von Entscheidungstabellen zu erleichtern, ist bei größeren Entscheidungstabellen der Einsatz entsprechender Software zu empfehlen. Neben spezieller Software gibt es auch Ergänzungen zu der verbreiteten Tabellenkalkulationssoftware MS Excel, die in diesem Rahmen den Aufbau von Entscheidungstabellen unterstützen (siehe beispielsweise http://www.workingtools.de/25995.html, Abruf 24.9.2003).

	R1	R2	R3	R4
Bewerber erfüllt Voraussetzungen	0	0	1	1
Mangelhafte Unterlagen	0	1	0	1
Bewerbungsgespräch			X	
Ablehnen	X	X		
Weiter mit ET				ET 2

ET2

	R 1	R 2	R 3	R 4
Leistungen des Bewerbers herausragend	0	0	1	1
großer Bedarf an qualifiziertem Personal	0	1	0	1
Standard-Ablehnung	X			
Freundliche Ablehnung			X	
Bewerbungsgespräch		X		X
Auf fehlende Unterlagen warten		X		

Bild 4-13 Verknüpfte Entscheidungstabellen

Entscheidungstabellen sind ein leistungsfähiges Mittel, um komplexe Entscheidungssituationen strukturiert, relativ übersichtlich und mit DV-Unterstützung zu erfassen, zu bearbeiten und zu dokumentieren. Eine wichtige Einschränkung ihrer Anwendbarkeit wird jedoch durch die notwendige Unabhängigkeit der Entscheidungen untereinander verursacht. Es ist mit Entscheidungstabellen nicht angemessen möglich, aufeinander aufbauende Entscheidungen abzubilden. Eine weitere Schwierigkeit ist die eingeschränkte Möglichkeit, die Konsequenzen von Entscheidungen zu quantifizieren und zu bewerten, insbesondere wenn es sich um Entscheidungssequenzen handelt.

4.3.2.5 Entscheidungsbäume

Entscheidungsbäume dienen wie die Entscheidungstabellen zur Dokumentation von Entscheidungsmöglichkeiten, ergänzen diese jedoch um adäquate Möglichkeiten zur Abbildung von aufeinander aufbauenden, insgesamt also mehrstufigen Entscheidungen.

In baumartigen Strukturen stellen die Knoten Entscheidungssituationen dar. Jede Kante, die von einem Knoten ausgeht, repräsentiert eine Entscheidungsmöglichkeit und wird mit dem Inhalt der jeweiligen Entscheidung beschriftet. In der einfachsten Form resultiert aus einer Folge von Entscheidungen eine spezifische Aktion, so dass die Blätter eines Entscheidungsbaumes die jeweiligen Aktionen repräsentieren (**Bild 4-14**).

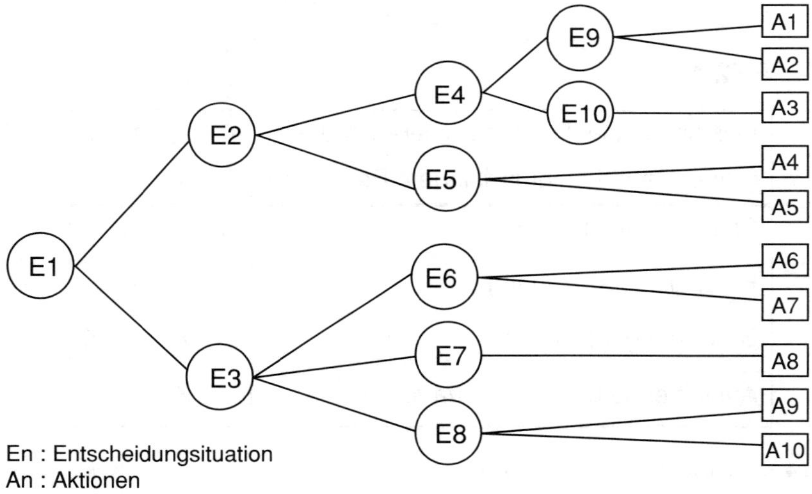

Bild 4-14 Aufbau eines einfachen Entscheidungsbaumes

An jeder Kante kann zusätzlich eine nummerische Angabe gemacht werden, die einen absoluten Wert repräsentiert, der sich mit der jeweiligen Entscheidung verbindet (z.B. auftretende Kosten oder Bearbeitungszeiten). Durch Summation dieser Werte können Konsequenzen eines Entscheidungspfades durch diesen Baum errechnet werden.

Eine Erweiterung des Konzeptes der Entscheidungsbäume ist die Einbeziehung von Ereignissen, die als Konsequenz von Entscheidungen auftreten können, aber nicht der expliziten Beeinflussung des Entscheidenden unterliegen. Die Ereignisse werden dann von Ereignisknoten ausgehend dargestellt und können mit einer

Wahrscheinlichkeit für ihr Eintreten beschriftet werden. Diese Wahrscheinlichkeit kann in Verbindung mit Angaben zu Konsequenzen der einzelnen Entscheidungen in Form von absoluten Werten genutzt werden, um einen wahrscheinlichen Wert für die jeweilige Entscheidungssituation zu errechnen. **Bild 4-15** zeigt einen derartigen Entscheidungsbaum, der aus nur einer Entscheidungssituation besteht (Beschaffung eines neuen Produktes), wobei ausgehend von den verschiedenen Entscheidungen unterschiedliche Ereignisse mit unterschiedlichen Wahrscheinlichkeiten auftreten können. Hier geht es um die Konsequenzen der Entscheidung hinsichtlich der Zeit bis zur Verfügbarkeit des neuen Produktes:

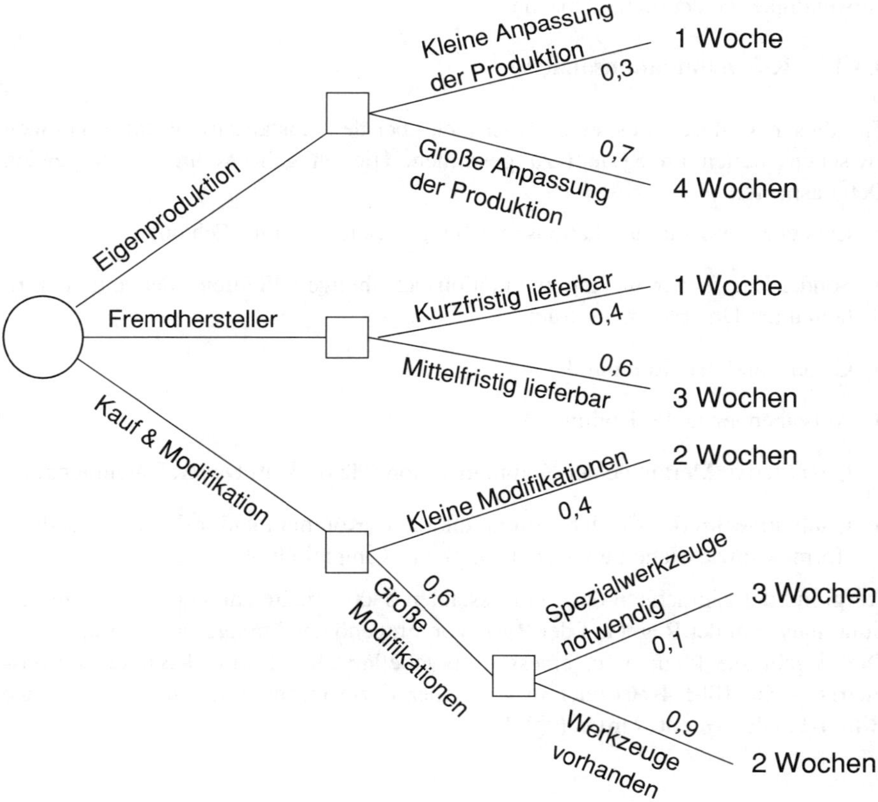

Bild 4-15 Entscheidungsbaum zur Beschaffung eines Produktes

Die erwartete Dauer bis zur Verfügbarkeit des Produktes ergibt sich in diesem Beispiel folgendermaßen:

$$\text{Dauer}_{\text{Eigenproduktion}} = 0{,}3 * 1 + 0{,}7 * 4 = 3{,}1 \text{ (Wochen)}$$
$$\text{Dauer}_{\text{Fremdhersteller}} = 0{,}4 * 1 + 0{,}6 * 3 = 2{,}2 \text{ (Wochen)}$$
$$\text{Dauer}_{\text{Kauf \& Modifikation}} = 0{,}4 * 2 + 0{,}6 * (0{,}1 * 3 + 0{,}9 * 2) = 2{,}06 \text{ (Wochen)}$$

Wenn die Darstellung von unterschiedlichen Ereignissen ausgeht (evtl. mit beliebig vielen Folgeereignissen), können Entscheidungsbäume auch genutzt werden, um ausgehend von eintretenden Ereignissen damit verbundene Entscheidungsnotwendigkeiten deutlich zu machen.

4.3.3 Kommunikationsanalyse

Ziel dieser Analyse ist es, einen Überblick über den Austausch von Informationen zwischen Stellen im System zu gewinnen. Hierbei geht es um die folgenden Detailaspekte:

- Existenz von Kommunikationsbeziehungen (aber auch ihr Fehlen)
- Sender/Empfänger in Kommunikationsbeziehungen (Stellen oder andere Einheiten der Unternehmensstruktur)
- Gegenstand der Kommunikation
- Aufgabenbezug der Kommunikation
- Quantitative Merkmale der Kommunikation (Häufigkeit, Dauer, Datenmenge)
- Qualitative Merkmale der Kommunikation (Kommunikationskanäle, -medien, -formen sowie Sicherheit, Rechtzeitigkeit, Kompatibilität)

Aufgrund der Einfachheit der zu erfassenden Sachverhalte kann eine Kommunikationsanalyse in der Regel auf der Basis von Fragebögen durchgeführt werden.
Die Ergebnisse können angemessen in tabellarischer Form (Kommunikationsmatrix, siehe **Bild 4-16**) oder in grafischer Form (Kommunikationsgraph, siehe **Bild 4-17**) dargestellt werden (vgl. [47]).

Sender / Empf.	S_1	S_2	S_3	S_4	...	S_n
E_1	K_{11}	K_{21}	K_{31}	K_{41}		K_{n1}
E_2	K_{12}	K_{22}	K_{32}	K_{42}		K_{n2}
E_3	K_{13}	K_{22}	K_{33}	K_{43}	...	K_{n3}
⋮			⋮			
E_m	K_{1m}	K_{2m}	K_{3m}	K_{4m}		K_{nm}

K_{xy} : Kommunikationskennwert zwischen Sender x und Empfänger y

Bild 4-16 Kommunikationsmatrix

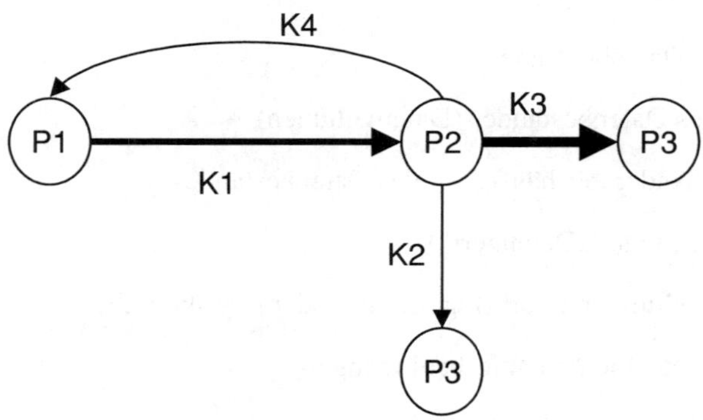

Pn: Kommunikationspartner
Kn: Dargestelltes Kommunikationsmerkmal

Bild 4-17 Kommunikationsgraph

Die grafische Variation der Pfeilverbindungen in Kommunikationsgraphen kann zur Visualisierung von verschiedenen Merkmalen der jeweiligen Kommunikationsbeziehung genutzt werden. Variationsmöglichkeiten bestehen insbesondere hinsichtlich Dicke, Farbe und Strichart der Verbindung. Weitere Merkmale (z.B. Aufgabenbezug, Gegenstand) können durch Beschriftung der Pfeilverbindungen dargestellt werden.

Bei zahlreichen Stellen mit vielen Kommunikationsverbindungen können Kommunikationsgraphen sehr schnell unübersichtlich werden. Dann empfiehlt sich eine stellenbezogene Aufteilung der Kommunikationsgraphen. Für jede Stelle wird dann ein separates Kommunikationsdiagramm gezeichnet, das nur die Kommunikationsbeziehungen der jeweiligen Stelle beinhaltet. Der Gesamtzusammenhang ergibt sich durch die Übereinstimmung von Bezeichnern von Stellen.

4.3.4 Datenanalysen

Datenanalysen erzeugen einen vollständigen Überblick über die vorhandenen und evtl. gewünschten Datenbestände im System. Neben der schlichten Identifizierung (und Benennung) von Datenbeständen müssen typischerweise verschiedene Merkmale zu jedem Datenbestand erfasst werden:

- Datenstruktur, d.h. der Aufbau eines Eintrages in einem Datenbestand, Attribute
- Zweck des Datenbestandes
- Umfang des Datenbestandes (Datenvolumen)
- Aktualität/Änderungshäufigkeit des Datenbestandes
- Zuständige Stelle („Datenherr“)
- Speichermedium und –ort (logisch und/oder physikalisch)
- Zugriffsrechte und Nutzungsbedingungen
- Evtl. identifizierende Schlüssel
- Bezüge zu anderen Datenbeständen
- Nutzungshäufigkeiten
- Zugreifende Stellen
- Aufgabenbezug (Transaktionen)

Dies sind im wesentlichen Angaben, wie sie auch in der Norm DIN 66232 zur Datendokumentation gefordert werden. In der Norm sind weitere Hinweise zum konkreten Aufbau einer Datendokumentation enthalten (vgl. [11]).

Ein Teil der Angaben wird im Kontext der Systemanalyse aufgrund der hier angestrebten Implementationsunabhängigkeit noch nicht benötigt (z.B. Speichermedium), sollte aber im Kontext der Systemaufnahme bereits erhoben werden, damit in späteren Phasen der Software-Entwicklung eine Nacherhebung vermieden werden kann.

Teil C: Systemmodellierung

5 Ereignisgesteuerte Prozessketten

Der Ansatz, Systeme in Form **e**reignisgesteuerter **P**rozess**k**etten (EPK) zu modellieren, entstand Anfang der 1990er Jahre als Bestandteil des methodischen Konzeptes ARIS (Architektur integrierter Informationssysteme) zur Entwicklung von Informationssystemen in Unternehmen (vgl. [40] u. [20]). Dieser Modellierungsansatz wird nicht nur in diesem Rahmen eingesetzt, sondern auch für die Gestaltung von Unternehmensprozessen unabhängig vom Software-Einsatz und für die Konfiguration von vorhandener Standard-Software (z.B. SAP, vgl. [39] u. [21]). Die Modellierung von Unternehmenssystemen als ereignisgesteuerte Prozessketten gehört hinsichtlich der Einsatzhäufigkeit zu den führenden Ansätzen (vgl. [39]). Zur Verbreitung hat wesentlich beigetragen, dass mit dem ARIS-Toolset eine erfolgreiche Software existiert, welche die Erstellung von EPK-Modellen unterstützt (vgl. [42]).

Dem Namen entsprechend gehen die ereignisgesteuerten Prozessketten von einer prozessorientierten Sichtweise auf das System aus, ergänzen diese Sichtweise aber um zahlreiche weitere Aspekte. Um die Komplexität der Modellierung von Informationssystemen zu reduzieren, werden die verschiedenen Aspekte auf mehrere Sichten verteilt. In ARIS werden neben der funktionsorientierten auch eine datenorientierte, eine organisationsorientierte und eine ressourcenorientierte Sichtweise unterstützt (vgl. u.a. [40] u. [41]).

Damit stellen die ereignisgesteuerten Prozessketten einen Modellierungsansatz dar, der geeignet ist, viele der einzelnen, im Rahmen der Systemaufnahme gewonnenen Erkenntnisse zu einem Gesamtmodell zu vereinigen, das wesentliche Merkmale des zu realisierenden Systems wiedergibt. Zentraler Gegenstand der Modellierung sind aber die einzelnen Prozesse, wie sie sich aus Funktionen und deren Verknüpfung in einer Ablauflogik ergeben. Den Ausgangspunkt bilden dabei in der Regel Geschäftsprozesse als oberste Ebene einer mehrstufigen Hierarchie von Prozessen und Teilprozessen. Rump definiert den Begriff Geschäftsprozess folgendermaßen: „Ein Geschäftsprozess ist eine zeitlich und sachlogisch abhängige Menge von Unternehmensaktivitäten, die ein bestimmtes, unternehmensrelevantes Ziel verfolgen und zur Bearbeitung auf Unternehmensressourcen zurückgreifen" (vgl. [39], S. 19).

Mit der Modellierung in Form ereignisgesteuerter Prozessketten verbindet sich eine einfache grafische Symbolik, mit der die Modelle dargestellt werden können.

Jeder in einem System auftretende Prozess wird als grafisches EPK-Modell abgebildet, wobei die Modelle untereinander gemäß der Systemlogik verknüpft sind. Die Symbolik von EPK-Modellen ist in der Literatur durch eine gewisse Variationsbreite gekennzeichnet. Die hier vorgestellte Symbolik konzentriert sich auf die meist anzutreffende Darstellung und stellt darüber hinaus einige weitere speziellere Symbole vor.
Die Möglichkeiten einer vollständigen Formalisierung der EPK-Modelle, wie sie beispielsweise in [39] und [21] beschrieben sind, werden hier nicht betrachtet. Auch die relativ engen, formalen Bezüge zwischen Petri-Netzen und EPK-Modellen bleiben hier unberücksichtigt (vgl. [39]), da sie für die praktische Anwendung der EPK-Modellierung keine Auswirkungen besitzen.

5.1 Elementtypen in ereignisgesteuerten Prozessketten

Die Grundstruktur ereignisgesteuerter Prozessketten wird aus drei Elementtypen gebildet, die in bestimmten Kombinationen zur Darstellung der Merkmale eines Prozesses eingesetzt werden können (vgl. [20], [23] u. [41]):

- Ereignisse
- Funktionen
- Operatoren

Für die Abbildung der Ablaufstrukturen von Prozessen reichen diese Elementtypen in der Regel aus. Sofern ein EPK-Modell nur diese Elementtypen enthält, wird es auch als „schlankes" EPK-Modell bezeichnet.
Um aussagekräftigere Systemmodelle zu erhalten und alle Sichten auf ein System angemessen zu berücksichtigen, müssen diese Inhalte aber durch zusätzliche Elementtypen ergänzt werden. Es hat sich als vorteilhaft erwiesen, bei Bedarf die folgenden Elementtypen zusätzlich zur Modellierung zu nutzen:

- Datenobjekte
- Organisationsobjekte
- Anwendungsobjekte
- Sachmittel

Für alle genannten Elementtypen existiert eine gebräuchliche grafische Symbolik. Die einzelnen Symbole werden durch Pfeile und Linien grafisch miteinander in Beziehung gesetzt, so dass zusammenhängende Modelle entstehen. Beginnend mit den Elementtypen für schlanke EPK-Modelle werden im Folgenden alle genannten Elementtypen vorgestellt.

5.1.1 Ereignisse

Ereignisse bilden den Zeitpunkt ab, zu dem ein bestimmter Zustand im System eingetreten ist. Dabei kann es sich um das Erreichen einer Eigenschaft eines Objektes (z.B. Rechnung ist geprüft) oder aber um den Abschluss einer Aktivität handeln. Ereignisse werden in den Modellen als benanntes Sechseck dargestellt (**Bild 5-1**):

Bild 5-1 EPK-Symbol für Ereignis

Die Benennung der Ereignisse soll den Zustand beschreiben, für dessen Eintreten dieses Ereignis steht. Mit dieser Vermischung von Ereignissen und Zuständen weicht die EPK-Modellierung von der in der Informatik sonst üblichen klaren Trennung von Ereignissen und Zuständen ab (vgl. [39]).
Ereignisse können je nach angestrebtem Detaillierungsgrad im weiteren Verlauf der Modellierung evtl. weiter zerlegt werden, sofern es sich um komplexe Ereignisse handelt. In den Modellen der ereignisgesteuerten Prozessketten aktivieren Ereignisse Funktionen und werden wiederum als Abschluss der Funktionen von Funktionen erzeugt. Weil die von einer Funktion erzeugten Ereignisse wieder zur Aktivierung (anderer) Funktionen führen können, dienen die Ereignisse im Wesentlichen der Verknüpfung von Funktionen in einer Abfolge.

5.1.2 Funktionen

Funktionen verändern den Zustand des Systems. Sie fassen Aktivitäten zusammen, die ein im Ablauf des Prozesses notwendiges (Teil-)Ergebnis erzielen. Eine Orientierung zur Abgrenzung von Funktionen bietet dabei eine betriebswirtschaftlich orientierte Sichtweise auf die Abläufe eines Unternehmens. Im Mittelpunkt steht die Frage, welche Arbeitsschritte zu gehen sind, um einen Geschäftsprozess vollständig abzuarbeiten.
Funktionen sind generell als Bearbeitung von Objekten aufzufassen; es werden Verrichtungen an dem bearbeiteten Objekt vorgenommen. Diese Sichtweise prägt

auch die Benennung der Funktionen, die sich in der Regel aus einem Substantiv zur Bezeichnung des bearbeiteten Objektes und einem Verb für die Verrichtung zusammensetzt. Die Benennung wird in das Symbol zur Darstellung von Funktionen eingefügt (**Bild 5-2**):

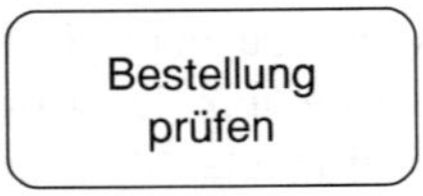

Bild 5-2 EPK-Symbol für Funktion

Die Funktionen werden durch Ereignisse aktiviert und erzeugen als Ergebnis (u.a.) auch Ereignisse.
Die Funktionen, die in den Modellen der ereignisgesteuerten Prozessketten abgebildet werden, können einen sehr unterschiedlichen Detaillierungsgrad aufweisen. Je nach gewünschtem Detaillierungsgrad der Modelle können Funktionen wiederum als Prozesse einer detaillierteren Ebene betrachtet werden und durch ein eigenes Prozessmodell aufgelöst und dargestellt werden (vgl. Abschnitt 5.2).

5.1.3 Verbindung von Funktionen und Ereignissen

Durch die Verbindung mit Pfeilen werden Ereignisse mit den von ihnen ausgelösten Funktionen bzw. mit den sie erzeugenden Funktionen in Beziehung gesetzt. In **Bild 5-3** löst Ereignis 1 die Funktion aus. Diese erzeugt als Ergebnis das Ereignis 2.

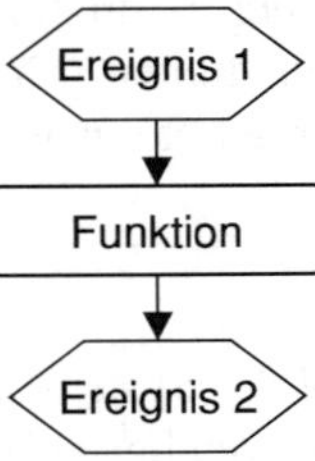

Bild 5-3 Verbindung von Ereignissen und Funktionen

In den Modellen der ereignisgesteuerten Prozessketten gilt die Regel, dass jedes Ereignis und jede Funktion genau einen Eingang und einen Ausgang (jeweils symbolisiert durch einen Pfeil) aufweisen dürfen. Abgesehen von zwischengeschalteten Operatoren (s.u.) ist jedes Modell ereignisorientierter Prozessketten dadurch gekennzeichnet, dass sich entlang jedes Pfades durch das Modell Ereigniselemente mit Funktionselementen konsequent abwechseln.

5.1.4 Operatoren

Viele Prozesse sind durch eine alternative oder eine parallele Ausführung von Bearbeitungsschritten gekennzeichnet. Ausgehend von der oben genannten Restriktion, dass sowohl Ereignisse als auch Funktionen nur jeweils einen Ein- und einen Ausgang aufweisen dürfen, werden die Operatoren eingesetzt, um alternative oder parallele Pfade in den Prozessmodellen abbilden zu können. Operatoren dienen dazu, alternative/parallele Pfade in den ereignisgesteuerten Prozessketten entweder zu erzeugen (Auftrennung eines Pfades in mehrere) oder zusammenzuführen. Die Anzahl der ein-/ausgehenden Pfade an einem Operator ist nicht begrenzt.
Operatoren dienen darüber hinaus der Abbildung der logischen Abhängigkeiten zwischen Ereignissen und Funktionen bezogen auf den Ablauf und die Reihenfolge. Sie bestimmen damit die Möglichkeiten, im Prozessablauf die verschiedenen Pfade zu durchlaufen.
Als Operatoren stehen das logische Und, das logische Oder und das logische Exklusiv-Oder zur Verfügung. Die Operatoren werden in den Modellen gemäß **Bild 5-4** dargestellt.

Bild 5-4 EPK-Symbole für Operatoren

Die Operatoren können mit geringen Einschränkungen (s.u.) sowohl hinter oder vor Ereignissen als auch hinter oder vor Funktionen zur Zusammenführung bzw. Verteilung eingesetzt werden.
Werden sie hinter mehreren Ereignissen zur Zusammenführung ihrer Ausgänge eingesetzt, bestimmen sie, in welcher Konstellation die Ereignisse auftreten müssen, um die den Ereignissen folgende Funktion auszulösen. Alle drei Operatoren können in diesem Zusammenhang zum Einsatz kommen (**Bild 5-5**).

<table>
<tr><td>Alle Ereignisse müssen eintreten, damit die Funktion ausgeführt wird.</td><td>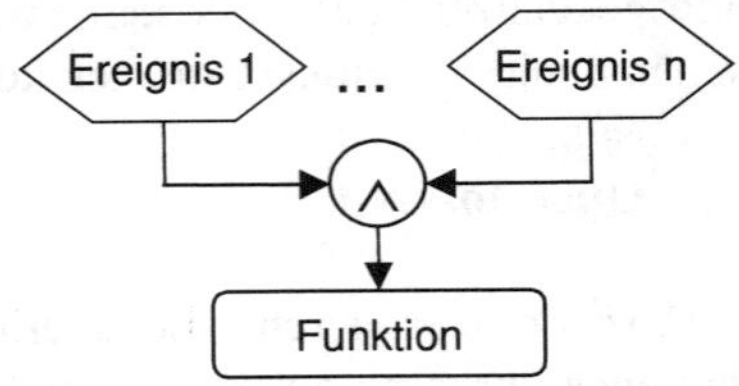
</td></tr>
<tr><td>Mindestens eines der Ereignisse muss eintreten, damit die Funktion ausgeführt wird.</td><td>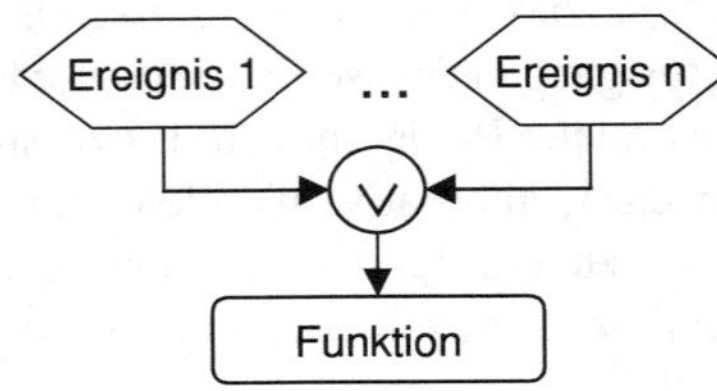
</td></tr>
<tr><td>Genau eines der Ereignisse muss eintreten, damit die Funktion ausgeführt wird.</td><td>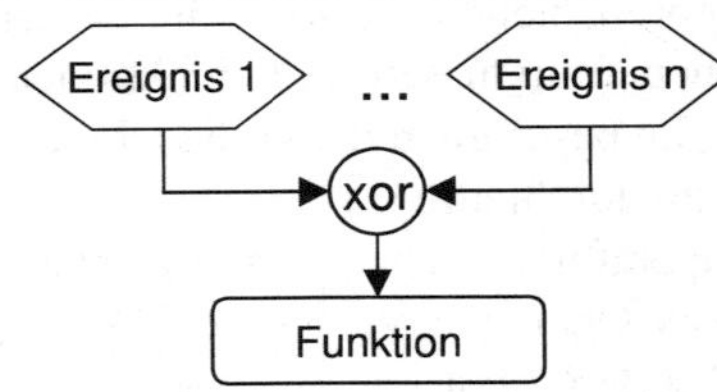
</td></tr>
</table>

Bild 5-5 Zusammenführung von Pfaden ausgehend von Ereignissen

Bei der Auftrennung in mehrere Pfade besteht ausgehend von einem Ereignis nur die Möglichkeit, den UND-Operator einzusetzen (**Bild 5-6**).

<table>
<tr><td>Wenn das Ereignis eintritt, werden alle folgenden Funktionen ausgeführt</td><td>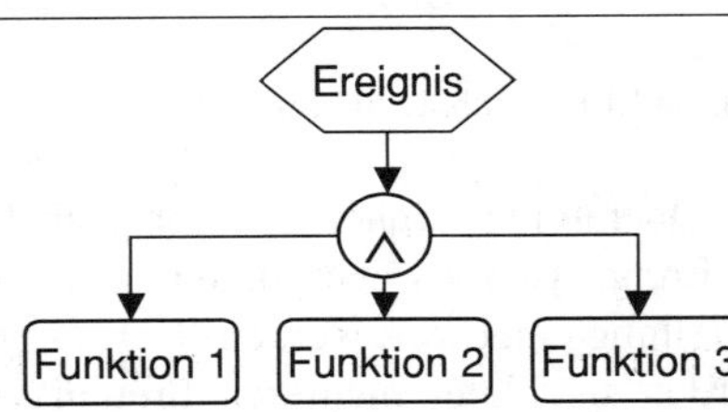
</td></tr>
</table>

Bild 5-6 Auftrennung von Pfaden ausgehend von einem Ereignis

Dieser Einsatz des UND-Operators zur Auftrennung führt also zu parallel durchlaufenen Pfaden im Prozessmodell. Der Einsatz eines ODER- und eines Exklusiv-ODER-Operators ist ausgehend von einem Ereignis nicht zulässig, da ein Ereignis

keine Entscheidungslogik zur Auswahl zwischen verschiedenen Pfaden enthalten darf.
Werden die Operatoren hinter mehreren Funktionen zur Zusammenführung der Funktionsausgänge eingesetzt, bestimmen sie, welche Funktionsergebnisse vorliegen müssen, damit das eine folgende Ereignis auftritt (**Bild 5-7**).

Alle Funktionsergebnisse müssen vorliegen, damit das Ereignis eintritt.	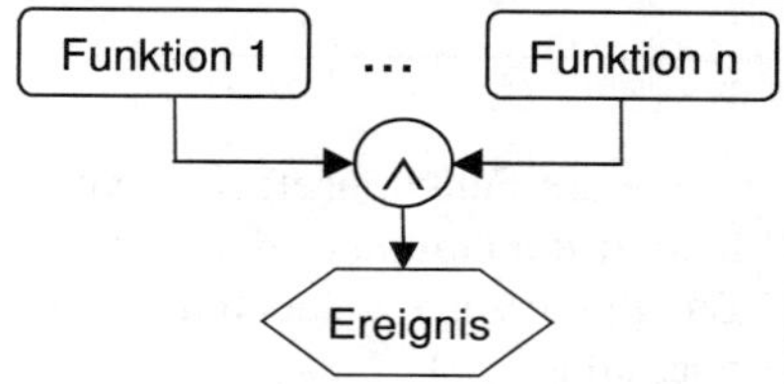
Mindestens eines der Funktionsergebnisse muss vorliegen, damit das Ereignis eintritt.	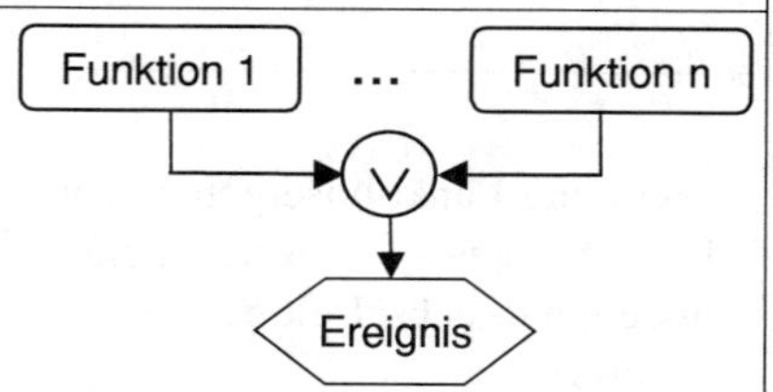
Genau eines der Funktionsergebnisse muss vorliegen, damit das Ereignis eintritt.	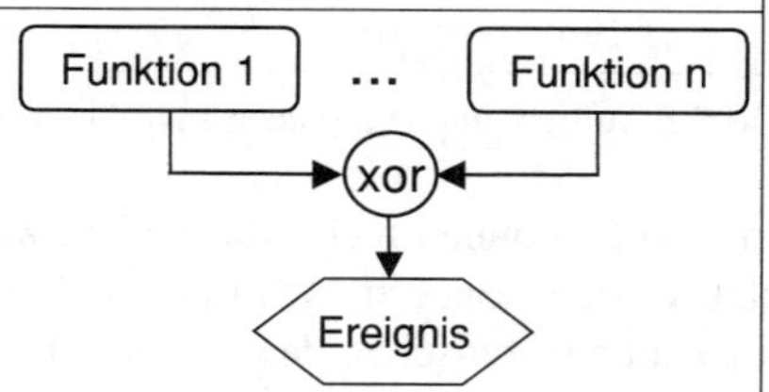

Bild 5-7 Zusammenführung von Pfaden nach Funktionen

Ausgehend von einer Funktion können drei Konstellationen zur Auftrennung der Pfade auftreten. Diese ergeben sich durch den Einsatz der drei unterschiedlichen Operatoren zur Aufteilung auf mehrere Ereignisse (**Bild 5-8**).

Wenn das Funktionsergebnis vorliegt, treten *alle* Ereignisse ein	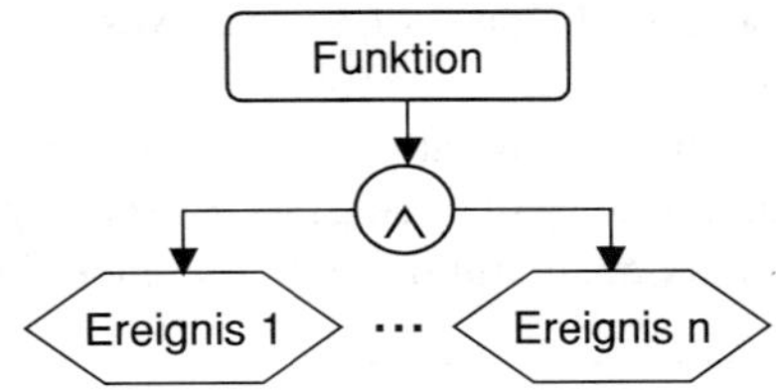
Wenn das Funktionsergebnis vorliegt, tritt *mindestens eines* der Ereignisse ein, evtl. auch mehrere oder alle	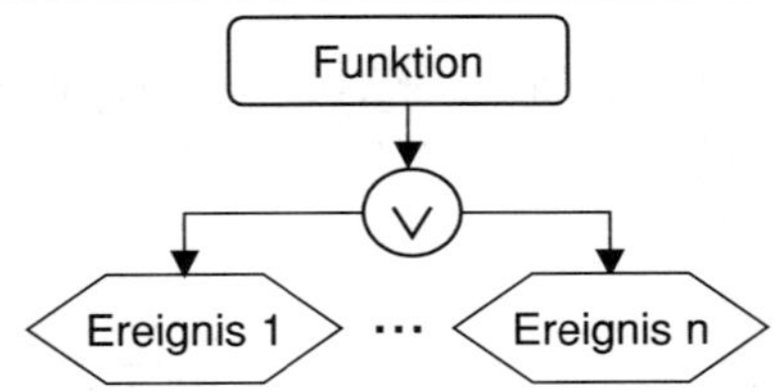
Wenn das Funktionsergebnis vorliegt, tritt *genau eines* der Ereignisse ein (wechselseitiger Ausschluss)	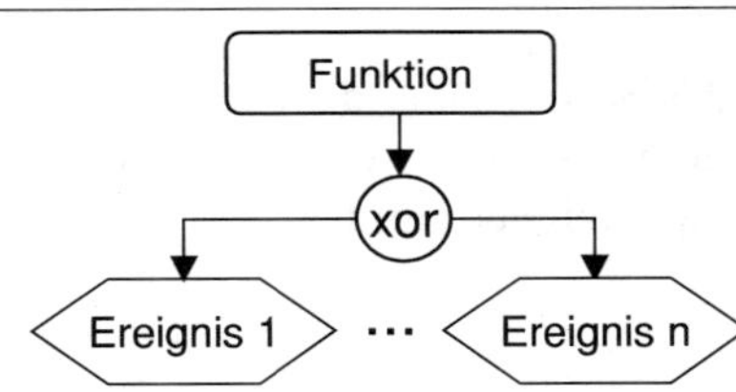

Bild 5-8 Auftrennung von Pfaden ausgehend von einer Funktion

Operatoren können nicht nur einzeln zwischen Ereignissen und Funktionen eingesetzt werden, sondern auch in beliebigen Kombinationen, um komplexere logische Beziehungen zwischen den Ereignissen und Funktionen abzubilden. Die Ausgänge von mehreren Operatoren werden dann in einem folgenden Operator zusammengeführt und durch dessen Logik verknüpft. **Bild 5-9** zeigt ein Beispiel.

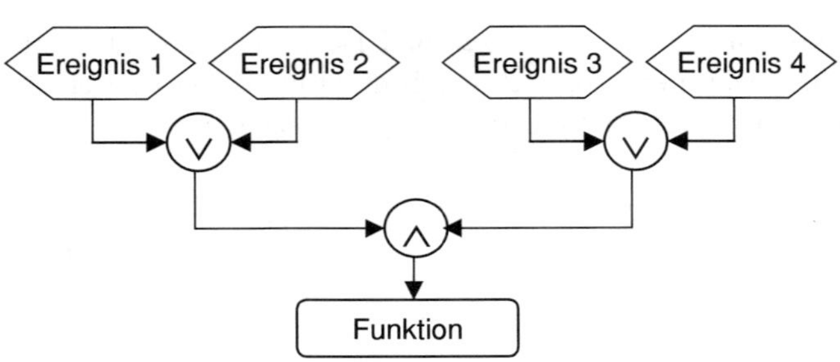

Bild 5-9 Kombination von EPK-Operatoren

Damit die Funktion ausgeführt werden kann, muss mindestens eines der Ereignisse 1 und 2 aufgetreten sein, außerdem mindestens eines der Ereignisse 3 und 4.
Die Kombination von aufeinander folgenden Operatoren kann auch genutzt werden, um die Zusammenführung und das Verteilen von Pfaden zwischen Ereignissen und Funktionen (und umgekehrt) zu kombinieren. In dem Beispiel gemäß **Bild 5-10** werden alle Funktionen ausgeführt, wenn mindestens eines der Ereignisse aufgetreten ist.

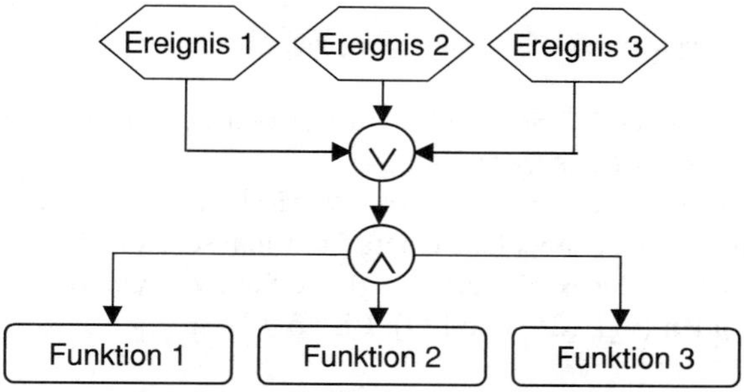

Bild 5-10 Kombination von EPK-Operatoren zur Zusammenführung und Verteilung

Diese unterschiedliche Logik hinsichtlich Zusammenführung und Verteilung kann auch in einem Operatorsymbol vereinigt werden (**Bild 5-11**).

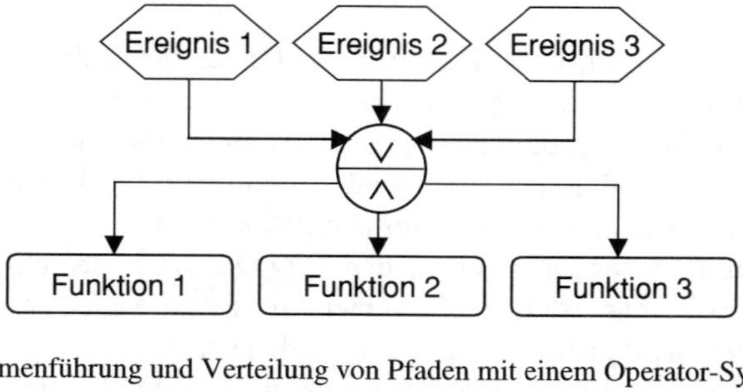

Bild 5-11 Zusammenführung und Verteilung von Pfaden mit einem Operator-Symbol

Der obere Halbkreis enthält die Logik für die Zusammenführung der Eingänge des Operators, der untere Halbkreis die Logik für die Verteilung der Ausgänge. Liegt nur ein Eingang bzw. ein Ausgang vor, wird der jeweilige Halbkreis leer gelassen (**Bild 5-12**).

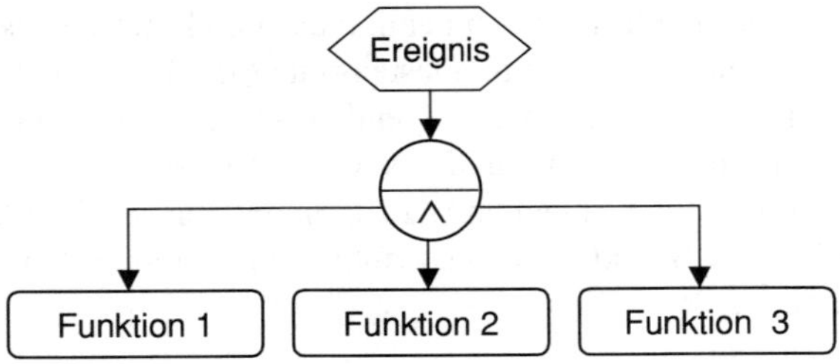

Bild 5-12 Geteiltes Operatorsymbol mit einem Eingang

Bild 5-14 auf der folgenden Seite zeigt ein Beispiel eines schlanken EPK-Modells für den Bereich der Auftragsbearbeitung.

Einige Konstellationen, die in der Praxis der Modellierung gelegentlich auftreten, können mit den bisher behandelten Operatoren nur sehr umständlich in Modellen abgebildet werden. Daher ist der ursprüngliche Satz von Operatoren durch zusätzliche ergänzt worden (vgl. [21] und [39], **Bild 5-13**).

Bild 5-13 Zusätzliche spezielle EPK-Operatoren

Der *ET-Operator* gibt an, dass die logischen Beziehungen durch eine Entscheidungstabelle spezifiziert sind (vgl. Abschnitt 4.3.2.4). Aufgrund der Semantik von Entscheidungstabellen ist der ET-Operator somit insbesondere zur Auswahl zwischen mehreren Funktionen ausgehend von einem (evtl. komplexen) Systemzustand geeignet, also zur Verteilung auf alternative Pfade.

Ein weiterer zusätzlicher Operator ist der *SEQ-Operator*, der eingesetzt werden kann, um kompakt darzustellen, dass mehrere Funktionen zwar in beliebiger Reihenfolge, aber nicht parallel ausgeführt werden sollen.

Als weiterer Operator ist der *OR_1-Operator* zu nennen. Dieser Operator sorgt dafür, dass in einer ODER-Verknüpfung ein bestimmter, gesondert gekennzeichneter Pfad immer durchlaufen wird.

Alle genannten erweiterten Operatoren stellen keine semantische Ergänzung des Konzeptes der EPK-Modelle dar und lassen sich in eine Darstellung mit den üblichen Operatoren transformieren.

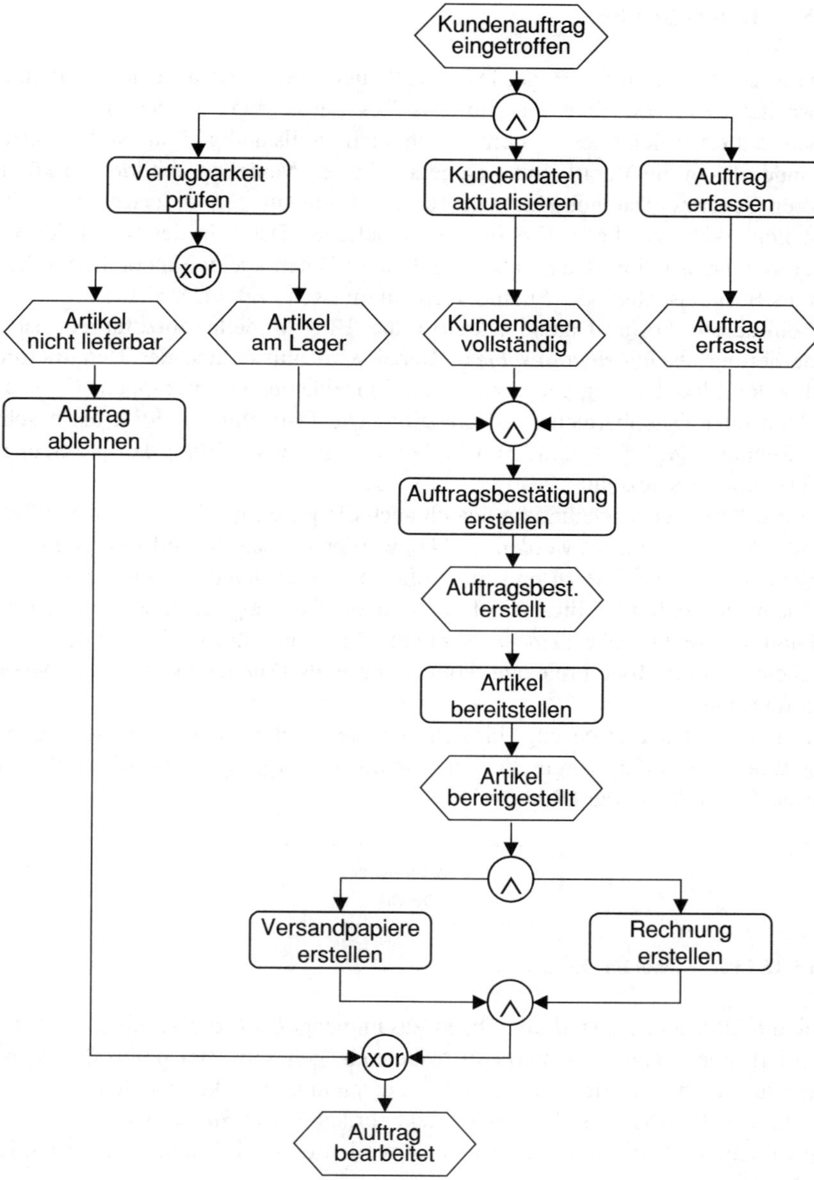

Bild 5-14 Beispiel für schlankes EPK-Modell (Auftragsbearbeitung)

5.1.5 Datenobjekte

Obwohl Ereignisse in der Regel Daten enthalten, die in der ausgelösten Funktion verarbeitet bzw. von einer Funktion als Resultat erzeugt werden, ist damit die datenorientierte Sicht des Systems noch nicht vollständig. Um weitere Datenbestände, die in die Verarbeitung eingehen, in den Modellen abbilden zu können, gehören separate Datenobjekte mit zu den Elementtypen in erweiterten EPK-Modellen. Während die in Ereignissen enthaltenen Daten in der Regel den Charakter von Transaktionsdaten haben, sind die in Datenobjekten modellierten Daten eher als Bestandsdaten oder Stammdaten aufzufassen (vgl. [41], S. 13).

Die einfachste Form, Datenobjekte in die EPK-Modelle einzuführen, ist die Modellierung als *Informationsobjekt*. Dabei wird hinsichtlich des Detaillierungsgrades der Modellierung nicht zwischen Einzeldaten, Datengruppen, Geschäftsobjekten oder Datenbereichen differenziert. Die Darstellung erfolgt als beschriftetes Rechteck (vgl. [39] und [21]), wobei sich die Beschriftung auf die Semantik des Datenobjekts bezieht.

Häufig soll bei der Modellierung jedoch auch die jeweilige Granularität der Datenobjekte deutlich gemacht werden. In [41] werden deshalb die Informationsobjekte in Form von *Datenclustern* und die einfachen *Datenelemente* unterschieden. Als Datencluster werden bei dieser Sichtweise thematisch abgrenzbare, typischerweise umfangreichere Datenbestände bezeichnet. Sind nur einzelne Attribute aus den Datenclustern im Modell relevant, können diese als Datenelemente in die Modelle eingeführt werden.

Eine feinere Differenzierung hinsichtlich der Detaillierungs- bzw. Aggregationsstufe wird in [23] vorgeschlagen. Die höchste Aggregationsstufe stellen auch hier die *Datencluster* dar (**Bild 5-15**).

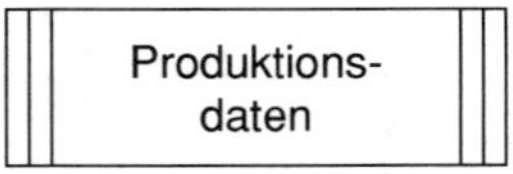

Bild 5-15 EPK-Symbol für Datencluster

In einem Datencluster sind alle Daten zusammengefasst, die zu einem aufgabenorientiert abgrenzbaren Unternehmensbereich gehören. Beispiele für typische Datencluster sind Vertriebsdaten, Einkaufsdaten und Produktionsdaten.

Eine feinere Unterteilung der Datenobjekte erlauben die *Business Objects*, die zur Darstellung von betriebswirtschaftlich sinnvollen Dateneinheiten dienen (vgl. [23]) (**Bild 5-16**)

Bild 5-16 EPK-Symbol für Business Objects

Beispiele sind Rechnung, Auftrag, Mahnung. Eine weitere Stufe der Detaillierung stellen die *Entity-Typen* dar, welche die Struktur einzelner im Anwendungsbereich relevanter Objekte unabhängig von ihren diversen Zuordnungen zu betriebswirtschaftlichen Dateneinheiten beschreiben (z.B. Kunde, Produkt, Mitarbeiter, Lieferant). Ein Business Object besteht also häufig aus mehreren in Verbindung stehenden Entity-Typen. Das Symbol für Entity-Typen entspricht dem in Entity-Relationship-Diagrammen gebräuchlichen Symbol (vgl. [40], [18] und Abschnitt 6.2.4, **Bild 5-17**).

Bild 5-17 EPK-Symbol für Entity-Typen

Die vorhandenen Beziehungen zwischen den verschiedenen Entity-Typen können in separaten Entity-Relationship-Modellen abgebildet werden, die dann auch die entsprechenden Beziehungstypen enthalten. In Entity-Typen sind *Attribute* zusammengefasst. Diese stellen die detaillierteste Ebene der Abbildung von Datenobjekten in den EPK-Modellen dar (vgl. [23], **Bild 5-18**).

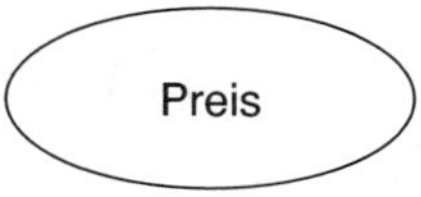

Bild 5-18 EPK-Symbol für Attribute

Beispiele für typische Attribute sind Identifikationsnummer, Stückzahl oder Farbe. Wenn separate Entity-Relationship-Modelle erstellt werden, werden die Attribute der Entitytypen in der Regel in diesen ER-Modellen und nicht in den EPK-Modellen dargestellt. Sofern alle Attribute von Entitytypen relevant sind, kann die Auflösung von Entitytypen in Attribute auch in separaten Attributzuordnungsdiagrammen abgebildet werden (vgl. [23]).
Die Nutzung der Datenobjekte wird durch Pfeilverbindungen zwischen genutztem/erzeugtem Datenobjekt und der nutzenden/erzeugenden Funktion in den

Modellen abgebildet. **Bild 5-19** zeigt eine Ergänzung des in **Bild 5-14** dargestellten Modells um betroffene Datenobjekte.

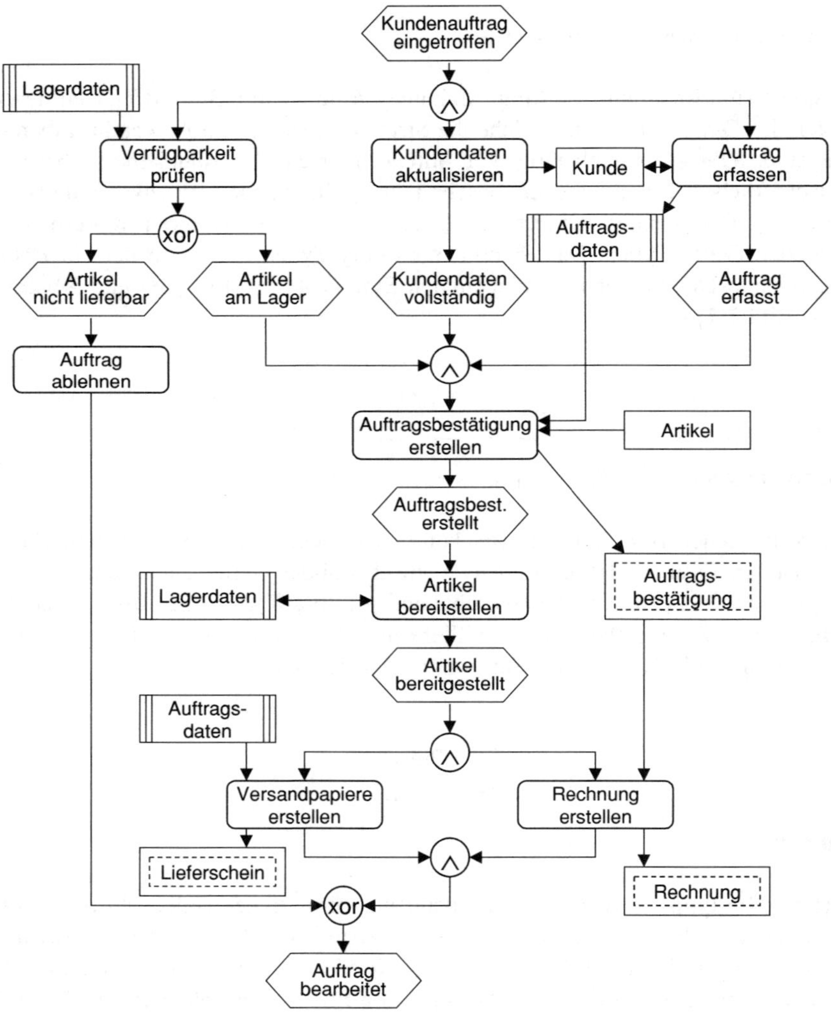

Bild 5-19 EPK-Modell mit dargestellten Datenobjekten

5.1.6 Organisationsobjekte

Organisationsobjekte gestatten die Zuordnung von Einheiten der Aufbauorganisation zu den Funktionen eines Prozesses. In der Regel bedeutet die Zuordnung, dass die organisatorische Einheit für die Ausführung der in der Funktion zusammengefassten Aufgaben zuständig ist. Es sind jedoch auch andere Bezüge, insbesondere die Verantwortlichkeit für die Ausführung einer Funktion, darstellbar.
Auch für die Modellierung der organisatorischen Einheiten sind drei Aggregationsebenen von möglichen Modellelementen vorgesehen, unter denen je nach gewünschtem Detaillierungsgrad ausgewählt werden kann (vgl. [23]). Die detaillierteste Ebene besteht aus der Benennung von konkreten *Personen* (dargestellt durch ein Rechteck mit dem Namen der Person). Ein solcher Konkretisierungsgrad ist für die Systemanalyse im allgemeinen nicht angemessen (Personen können sehr schnell wechseln) und nur in Ausnahmefällen (z.B. in Zwischenzuständen der Modelle) sinnvoll. Bei immer noch hohem Detaillierungsgrad aber doch deutlich größerer Abstraktion können sinnvoll *Stellen* oder *Rollen* angegeben werden (**Bild 5-20**).

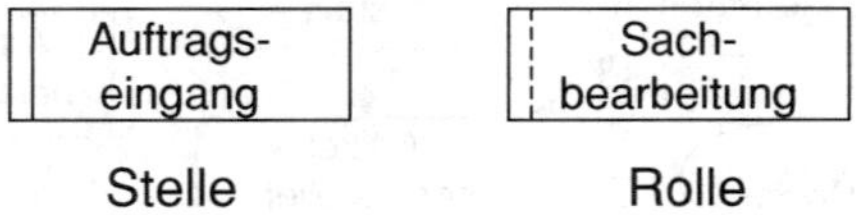

Bild 5-20 EPK-Symbole für Stellen und Rollen

In beiden Fällen wird von konkreten Personen abstrahiert, wobei die Stelle sich durch ihre klare organisatorische Einbindung in die Aufbauorganisation von der Rolle unterscheidet, bei der es nur um eine Charakterisierung der Tätigkeit geht.
Alle höheren Aggregationsebenen werden als *Organisationseinheit* in die Modelle eingefügt (**Bild 5-21**).

Bild 5-21 EPK-Symbol für Organisationseinheit

Bei einheitlichem Symbol können hiermit organisatorische Einheiten sehr unterschiedlicher Ausmaße (von Arbeitsgruppen bis hin zu Konzernteilen) dargestellt werden (vgl. **Bild 5-22**).

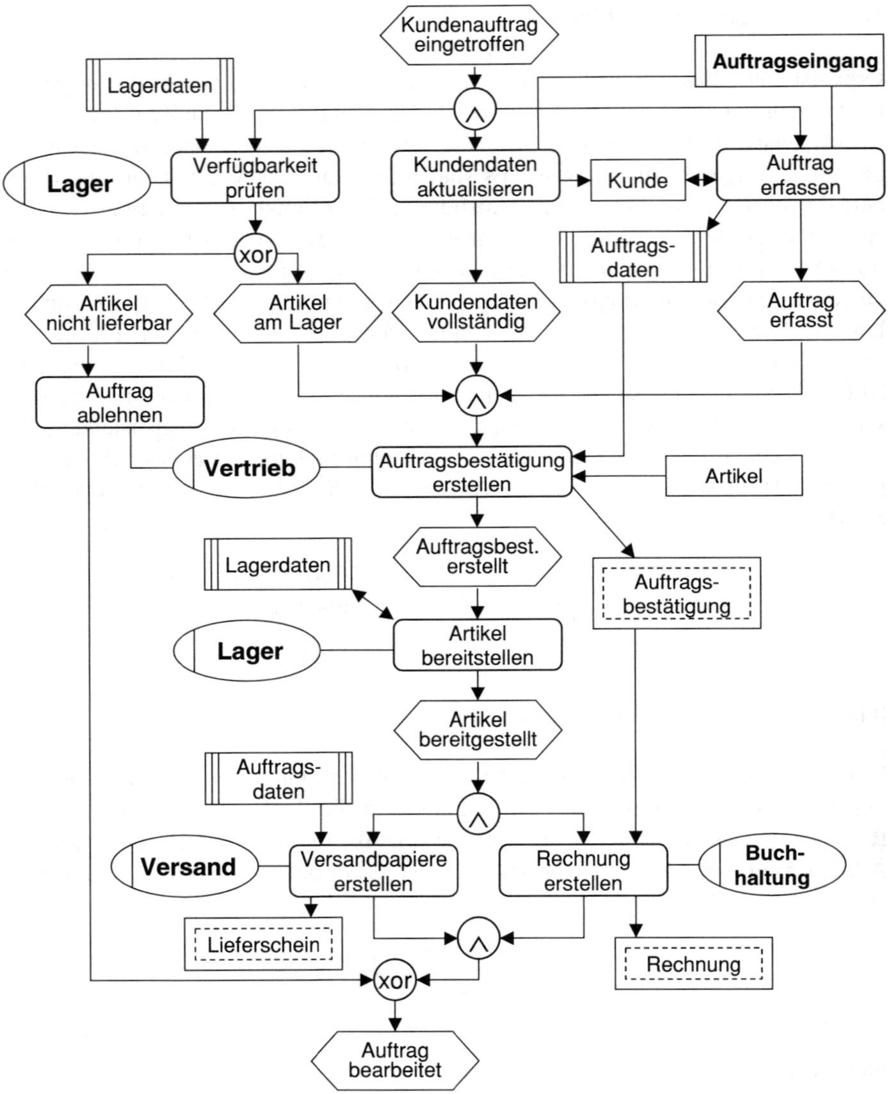

Bild 5-22 EPK-Modell mit dargestellten Datenobjekten und Organisationseinheiten

5.1.7 Anwendungsobjekte

Die Anwendungsobjekte dienen zur Repräsentation von Software-Komponenten, die bei der Ausführung einer Funktion zum Einsatz kommen. Das Spektrum der abbildbaren Software-Komponenten reicht hinsichtlich des Aggregationsgrades von vollständigen *Software-Systemen* (z.B. SAP R/3), über funktional abgrenzbare *Software-Module* bis hinunter zu einzelnen *DV-Funktionen*, die als nicht weiter unterteilbar betrachtet werden. Die DV-Funktionen werden dabei weniger aus implementationstechnischer Sicht sondern allgemeiner als Grundfunktionen der Informationsverarbeitung gebildet. **Bild 5-23** zeigt eine Symbolik für die Anwendungsobjekte auf den unterschiedlichen Aggregationsebenen (vgl. [23]).

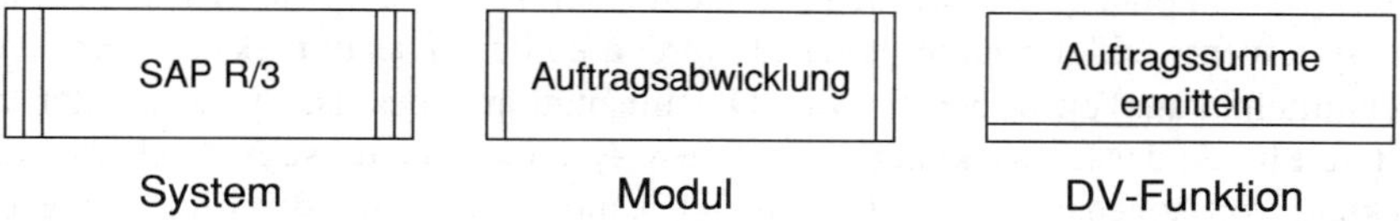

Bild 5-23 EPK-Symbole für Anwendungsobjekte

Die Anwendungsobjekte werden durch einfache Linien den Funktionen zugeordnet, zu deren Ausführung sie eingesetzt werden.
Sofern eine Systemanalyse nicht mit dem Ziel einer umfassenden Ist-Analyse durchgeführt wird, ist die Dokumentation der Anwendungsobjekte nur erforderlich, wenn ihre Nutzung auch im neuen Systems fest vorgesehen ist. Ansonsten kann auf die Abbildung der Anwendungsobjekte besser verzichtet werden, um einen höheren Grad an Implementationsunabhängigkeit zu erzielen.

5.1.8 Sachmittel

Auch die Abbildung von eingesetzten Sachmitteln in den EPK-Modellen führt zu einem sehr großen Konkretisierungs- und Detaillierungsgrad der Modelle (vgl. [23]). Die Sachmittel werden den Funktionen zugeordnet, zu deren Ausführung sie eingesetzt werden. Typische Sachmittel, die in die EPK-Modelle einbezogen werden, werden in **Bild 5-24** gezeigt.

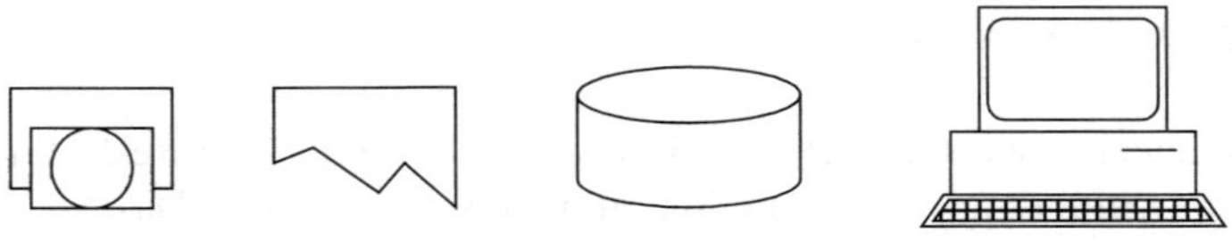

Bild 5-24 EPK-Symbole für Sachmittel

Die Berücksichtigung der eingesetzten Sachmittel in den EPK-Modellen führt einen Bezug zur technischen Realisierung des betrachteten Systems ein, der bei einer Systemanalyse nicht immer sinnvoll ist. Gerade für die Modellierung eines Soll-Systems können darin Festlegungen enthalten sein, die zu dieser frühen Phase der Systementwicklung nicht gemacht werden sollten. Die Berücksichtigung von Sachmitteln kann entweder für die Dokumentation eines Ist-Systems oder für spätere Phasen der Entwicklung eines neuen Systems sinnvoll sein. Auch die Aufdeckung von sogenannten *Medienbrüchen* kann als Ziel für die Einführung der Sachmittel in die Modelle sprechen. Als Medienbruch bezeichnet man die Übertragung von einem Medium (z.B. Papier) auf ein anderes Medium (z.B. PC). Medienbrüche erzeugen Aufwand (für die Übertragung) und sind fehleranfällig, leisten aber keinen Beitrag zur zielorientierten Verarbeitung der Daten.

5.2 Vorgehensweise zur Erstellung von EPK-Modellen

Der Ansatz der EPK-Modellierung eröffnet bezogen auf ein System ein breites Spektrum an möglichen Modellen. Es sind daher vor Beginn der Modellierung Festlegungen zu treffen, die das Entstehen sinnvoller Modelle gewährleisten.
So ist eine geeignete Einstiegsebene für die Modellierung zu wählen. Die Einstiegsebene ist die oberste Ebene einer Hierarchie von Modellebenen, wobei der Detaillierungs- und Auflösungsgrad der Prozesse und Funktionen von Ebene zu Ebene zunimmt. Die entscheidende Frage ist, welche Prozesse sich auf dieser Ebene abgrenzen lassen. Bei einer umfassenden Modellierung werden häufig die Prozesse einer Wertschöpfungskette des Unternehmens als Einstieg gewählt. Diese können in einem Wertschöpfungskettendiagramm zusammengefasst werden, das auch als Überblicksmodell dienen kann (vgl. [23]). Zu jedem Prozess der Wertschöpfungskette wird dann ein EPK-Modell erstellt. Da in dieser ersten Ebene von EPK-Modellen die Funktionen sinnvollerweise relativ hoch aggregiert sind, folgen davon ausgehend weitere EPK-Modelle, von denen jedes eine Funktion aus der jeweils höheren Ebene zum Inhalt hat (**Bild 5-25**).

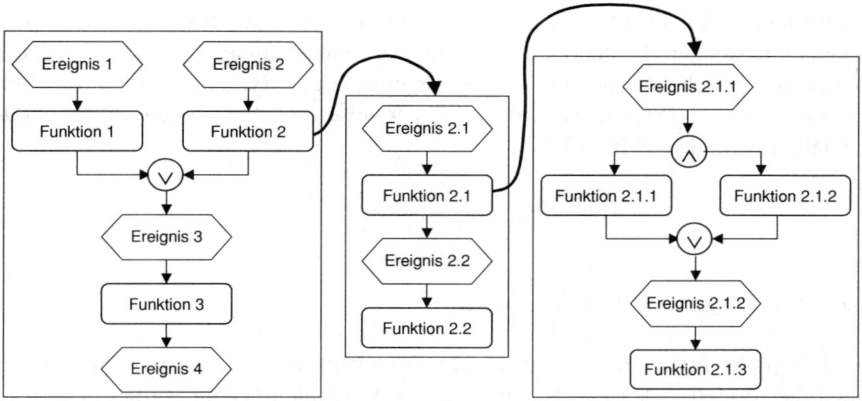

Bild 5-25 Hierarchie von EPK-Modellen

Im Rahmen dieser Vorgehensweise ist auch festzulegen, auf welchem Detaillierungsgrad die zunehmende Verfeinerung enden soll. Ebenso ist auszuwählen, welche Elementtypen auf den verschiedenen Detaillierungsebenen eingesetzt werden sollen. **Bild 5-26** gibt Anhaltspunkte hinsichtlich der angemessenen Nutzung von Elementtypen (vgl. [23]).

	Prozess	Organisation	Daten	Anwendung	Sachmittel
Grob	Ereignis, Funktion, ∧, ∨, xor	OrgEinheit	Datencluster	System	
Fein	Ereignis, Funktion, ∧, ∨, xor	OrgEinheit, Stelle, Rolle	Business Obj., Entitytyp	System, Modul	
Detail	Ereignis, Funktion, ∧, ∨, xor	Stelle, Rolle	Business Obj., Entitytyp, Attribut	System, DV-Funktion	Datei, PC, Liste, Telefon

Bild 5-26 Nutzung von Elementtypen auf den Hierarchieebenen

Ein Systemmodell auf EPK-Basis besteht typischerweise aus einer Vielzahl nebeneinander stehender Teilmodelle. Um die Zusammenhänge zwischen den Teilmodellen deutlich zu machen, können als zusätzliche Symbole sogenannte *Prozesswegweiser* eingesetzt werden, die Verweise auf ein andere Teilmodelle darstellen (vgl. [21], **Bild 5-27**).

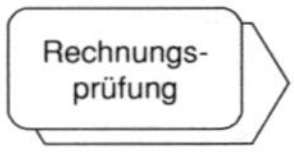

Bild 5-27 EPK-Symbol für Prozesswegweiser

Die Interpretierbarkeit der zahlreichen Modelle kann wesentlich gesteigert werden, wenn die Modelle nach einheitlichen Layout-Prinzipien erstellt werden. Dabei ist auch zu entscheiden, ob die Modelle in Form eines Ablaufdiagramms mit relativ freier Positionierung der Symbole oder in einer Kombination aus grafischer und tabellarische Darstellung aufgebaut werden sollen, bei der die verschiedenen Sichten der Modellierung spaltenweise angeordnet sind (**Bild 5-28**).

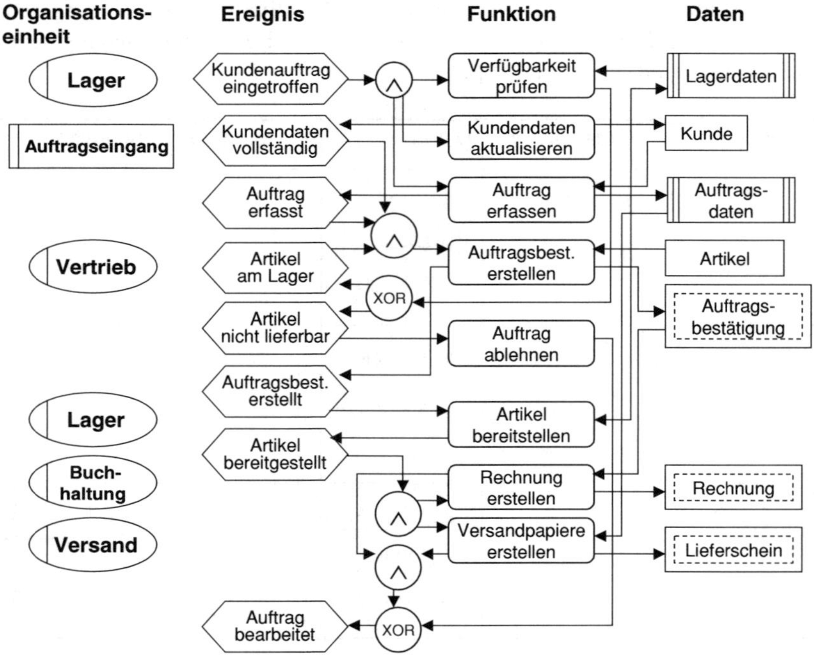

Bild 5-28 EPK-Modell in tabellarischer Darstellung

6 Strukturierte Analyse

Die Bezeichnung „Strukturierte Analyse" fasst eine Reihe von Ansätzen zur Systemanalyse zusammen, denen ein gemeinsamer methodischer Kern zugrunde liegt. Im Laufe der Zeit wurden von verschiedenen Wissenschaftlern Variationen und Ergänzungen um diesen Kern herum entwickelt, so dass man bei der strukturierten Analyse eher von einer *Methodenklasse* als von einer einheitlichen Methode sprechen kann (vgl. [3]). Unabhängig von den diversen Variationen gilt die strukturierte Analyse in ihrer Gesamtheit als eine der Standardmethoden der Systemanalyse. Teilweise wird im Zusammenhang mit der strukturierten Analyse auch von einem Industriestandard gesprochen (vgl. [3] u. [35]), was allerdings aufgrund der Vielfalt, die sich unter dieser Bezeichnung sammelt, nur bezogen auf den methodischen Kern angemessen erscheint. Trotz ihrer relativ langen Historie (vgl. Abschnitt 6.1) werden auch heute zahlreiche Systemanalysen mit diesem bewährten methodischen Rüstzeug durchgeführt. Allerdings geht die Einsatzhäufigkeit der strukturierten Analyse mit der zunehmenden Verbreitung objektorientierter Analysemethoden tendenziell zurück, ohne dass sie jedoch ihre grundsätzliche Bedeutung verliert (vgl. Kapitel 7).
In den folgenden Abschnitten wird ausgehend von einem kurzen historischen Abriss über die Entwicklungsgeschichte der Strukturierten Analyse zunächst ihr methodischer Kern beschrieben. Daran schließt sich eine Darstellung der sogenannten *essenziellen Modellierung* an, die eine in der praktischen Anwendung besonders wichtige methodische Variation und Ergänzung darstellt (vgl. Abschnitt 6.3).

6.1 Die Entwicklung der Strukturierten Analyse

Mitte der 1970er Jahre lag die Motivation zur Entwicklung der strukturierten Analyse in der Unzufriedenheit mit den Ergebnissen der bis dahin durchgeführten Systemanalysen. Die Systemspezifikationen bestanden zum großen Teil aus umfangreichen Fließtexten, in denen die Systemeigenschaften mit natürlicher Sprache beschrieben wurden. Diese weitestgehend textuellen Systemspezifikationen wiesen eine Reihe von gravierenden Mängeln auf, die eine weitere Systementwicklung auf dieser Basis behinderten. Diese Mängel sind Merkmale, die für natürlichsprachliche Texte unvermeidlich sind. Dazu gehören insbesondere zahlreiche Redundanzen und Mehrdeutigkeiten (vgl. [9]). Die Redundanzen vergrößern unnötigerweise den Umfang der Spezifikation, was ihre Gebrauchstüchtigkeit verringert. Zudem sind sie der Ausgangspunkt für Inkonsistenzen in der Spezifikation, wenn bei Veränderungen nicht alle redundanten Stellen des Dokumentes berücksichtigt werden. Bei Inkonsistenzen und insbesondere bei Mehrdeutigkeiten besteht die Gefahr, dass das entstehende System nicht das leistet, was ursprünglich gewollt war.

Über die Redundanzen und Mehrdeutigkeiten hinaus ist ein weiteres Hindernis der nahezu monolithische Aufbau derartiger Texte, der eine selektive, auszugsweise Aufnahme von darin enthaltenen Informationen nicht gestattet. Selbst wenn es nur um das Verständnis von Systemteilen geht, muss der Spezifikationstext von Anfang bis Ende gelesen werden (vgl. [51]). Eine Modularisierung ist weder in den Texten selbst gegeben, noch liefern diese Anhaltspunkte für eine Modularisierung des später entwickelten Systems. Dies führt auch zu einer sehr eingeschränkten Wartbarkeit der Systemspezifikationen. Jede Änderung an den Anforderungen und damit am System muss an zahlreichen, verteilt über das Spezifikationsdokument vorliegenden Textteilen nachgeführt werden. Dies ist eine Aufgabe, die bei den zahlreichen zu erwartenden Änderungen kaum mit vertretbarem Aufwand durchführbar erscheint. Die häufige Konsequenz sind Spezifikationsdokumente, die das System nicht mehr korrekt wiedergeben (vgl. [9]).

Ein Mangel, der ebenfalls die frühen Systemanalysen vor der strukturierten Analyse kennzeichnete, war die Vermischung von fachbezogenen Anforderungen mit Anforderungen, die sich aus einer bestimmten, gerade aktuellen Implementationstechnik ergaben (vgl. [9]). Dies führte dazu, dass die Systemspezifikationen auch dann geändert werden mussten, wenn sich die eingesetzte technische Grundlage änderte. Solche Änderungen finden bei der Geschwindigkeit der technischen Weiterentwicklung sehr viel häufiger als Veränderungen auf der Ebene der fachlichen Logik statt. Somit gelang es nicht, längerfristig gültige Systemspezifikationen zu erstellen und damit einen stetigen hohen Aufwand für die Pflege der Systemspezifikationen zu vermeiden.

Die genannten Mängel der entstehenden Systemspezifikationen fielen umso gravierender ins Gewicht, als der Entstehungsprozess dieser Spezifikationen in der Regel nicht klar nachvollziehbar war. Die Vorgehensweise wurde allein vom durchführenden Systemanalytiker, seinen Kenntnissen, Erfahrungen und Intuitionen geprägt. Damit ergab sich auch eine große Abhängigkeit der Analyseergebnisse von den individuellen Eigenschaften des Analytikers. Methodische Werkzeuge, die eine zumindest gewisse Unabhängigkeit der Ergebnisse und ihrer Qualität von der Qualifikation des Analytikers gesichert und auch Vergleichbarkeit von Ergebnissen gewährleistet hätten, gab es nicht (vgl. [9]).

Die genannten Probleme wurden mit dem zunehmenden Umfang der Systementwicklungen und den damit verbundenen gravierenden Qualitätsproblemen der Software immer deutlicher. Dies war für eine Reihe von Wissenschaftlern der Anlass, sich mit einer methodischen Weiterentwicklung der Systemanalyse zu beschäftigen (vgl. [26]). Die gesamte Entwicklung der strukturierten Analyse geht auf die frühen Arbeiten von Tom DeMarco zurück (vgl. [9]). In seiner grundlegenden Publikation stellt er unter der Bezeichnung „Structured Analysis" eine Sammlung von methodischen Werkzeugen vor, die für eine bessere Qualität der entstehenden Systemspezifikationen sorgen sollen. Ein Kernpunkt ist dabei, dass die vorgeschlagenen Modellierungswerkzeuge eine Systembeschreibung bei weitgehendem Verzicht auf natürliche Sprache erlauben. Damit können zahlreiche Mängel der bisherigen Systemspezifikationen vermieden werden. Die Darstellung des Systems wird teilweise formalisiert, sie ist in klar abgrenzbare Bestandteile untergliedert und zeigt das System aus unterschiedlichen Perspektiven. DeMarco bezeichnet dementsprechend die entstehende Spezifikation als „Strukturierte Spezifikation" (vgl. [9]). Die eingesetzten Darstellungsmittel basieren auf leicht erlernbaren Notationen, so dass die Darstellungen auch als Kommunikationsmittel zwischen Analytiker und Benutzer bzw. Auftraggeber eingesetzt werden können.

Ein wesentlicher Vorteil dieser Art von Spezifikation ist die Darstellung des Systems auf unterschiedlichen Detaillierungsebenen, so dass die Spezifikation sowohl einen Überblick über das Gesamtsystem bietet als auch Detailangaben zu Systembestandteilen umfasst. Hinsichtlich der Vorgehensweise werden in dieser frühen Form der strukturierten Analyse nur wenige Vorgaben gemacht. Grundlegend war die *funktionsorientierte Zerlegung* des Systems, die in einem strengen Top-Down-Ansatz das System schrittweise in immer feinere Funktionalitäten aufteilt. Darüber hinaus wurde jedoch von DeMarco kein übergeordnetes Vorgehensmodell oder Modellierungsstrategie formuliert.

Die weitere Entwicklung der strukturierten Analyse ist durch eine geringfügig veränderte Auswahl an einzusetzenden Darstellungstechniken und eine Ergänzung um Vorgehensmodelle gekennzeichnet. Hervorzuheben ist dabei insbesondere die Arbeit von Stephen M. McMenamin und John F. Palmer (vgl. [26]), die mit ihren Ausführungen den Modellierungsansatz der essenziellen Modellierung begründen und damit ein vollständiges Vorgehensmodell zur Durchführung einer strukturierten Analyse einführen (vgl. Abschnitt 6.3). Aber auch andere Autoren, wie beispielsweise Edward Yourdon (vgl. [51]), liefern Ergänzungen zum methodischen Instrumentarium und leisten einen Beitrag zu dem, was heute unter dem Begriff der strukturierten Analyse verstanden wird.

Der aktuelle methodische Stand der strukturierten Analyse wird in den folgenden Abschnitten vorgestellt.

6.2 Darstellungsformen

Ein Analysemodell der strukturierten Analyse setzt sich aus einer Reihe von Teilmodellen zusammen. Jedes Teilmodell gibt das System aus einer spezifischen Perspektive wieder. Das Gesamtmodell des Systems wird nur durch das Zusammenspiel der Teilmodelle wiedergegeben, wobei die Teilmodelle in geeigneter Weise zusammenpassen müssen (vgl. Abschnitt 6.2.5). Damit die unterschiedlichen Aspekte des Systems in den Teilmodellen klar hervortreten, ist in der strukturierten Analyse für jede Art von Teilmodell eine spezifische Darstellungsform festgelegt. In der Grundform der strukturierten Analyse werden die folgenden vier Darstellungsformen unterschieden:

- Datenflussdiagramme
- Datenkataloge
- Prozessspezifikationen
- Entity-Relationship-Diagramme

Ein Systemmodell der strukturierten Analyse muss nicht zwingend aus allen diesen Teilmodellen bestehen. Andererseits werden diese Darstellungsformen in Abhängigkeit von den Eigenschaften des untersuchten Systems und entsprechend bestimmter Vorgehensweisen um weitere ergänzt (z.B. Ereignistabellen, vgl. Abschnitt 6.3.4.2 und Zustandsübergangsdiagramme, vgl. Abschnitt 6.4.2). Generell gilt, dass auf alle Darstellungsformen und die entsprechenden Teilmodelle verzichtet werden kann, wenn deren Aussage für das jeweils untersuchte System und den Untersuchungszweck nicht relevant ist. Ein weiterer Grund für den Verzicht auf ein Teilmodell kann auch das Fehlen der dazu benötigten Informationen sein. Letzteres betrifft vor allem die Prozessspezifikationen (vgl. Abschnitt 6.2.3). Lediglich ein oder mehrere Datenflussdiagramme werden generell zu jedem Systemmodell der strukturierten Analyse gehören, da dies ihre zentrale Darstellungsform ist (vgl. Abschn. 6.2.1).
In den folgenden Abschnitten werden die verschiedenen Darstellungsformen nacheinander vorgestellt. In Abschnitt 6.2.5 wird dann auf die Konsistenzbedingungen eingegangen, die zwischen den verschiedenen Teilmodellen gelten müssen.

6.2.1 Datenflussdiagramme

Datenflussdiagramme (häufig abgekürzt als DFD) sind die wichtigste Darstellungsform der strukturierten Analyse. Sie bilden den Kern der Systemmodelle, auf den sich die meisten anderen Teilmodelle direkt beziehen und werden je nach Vorgehensweise bei der Modellierung auch als erste oder jedenfalls in einer sehr frühen Phase erstellt (vgl. Abschnitt 6.3).

Datenflussdiagramme sind eine grafische Darstellung der Systemzusammenhänge, wobei, wie der Name dieser Darstellungsform schon deutlich macht, der Fluss von Daten zwischen Systemkomponenten im Mittelpunkt steht. Jeglicher Kontrollfluss, der zur Erzeugung des Datenflusses evtl. notwendig ist, wird in der Regel ausgeblendet (vgl. [9] u. Abschnitt 6.4.1)

Als Systemkomponenten treten in Datenflussdiagrammen vor allem *Prozesse* auf, die mit Daten versorgt werden, diese umwandeln und dann die (veränderten) Daten wieder ausgeben (vgl. [37]). Ergänzt wird diese Art von Systemkomponenten um *Speicher*, die Daten verfügbar machen, die über einen gewissen Zeitraum unveränderlich sein sollen und im System selbst festgehalten werden müssen.

Prozesse, Speicher und die Datenflüsse bilden dementsprechend den Kern der Symbolik der Datenflussdiagramme (vgl. [9]).

6.2.1.1 Prozesse

Ein Prozess beschreibt in Datenflussdiagrammen eine Umwandlung von Daten. Ein Prozess ist dabei als Modellelement unter inhaltlichen/fachlichen Aspekten abzugrenzen, fasst also Funktionen der Datenumwandlung zusammen, die aus fachlicher Perspektive zusammengehören. Umgewandelt werden Daten, die der Prozess in Form von Eingangsdatenflüssen aus seiner Umgebung erhält (von anderen Prozessen oder aus Speichern). Das Ergebnis der Umwandlung steht der Umgebung des Prozesses in Form von Ausgangsdatenflüssen wiederum zur Verfügung. Von den Details des Umwandlungsvorganges wird in Datenflussdiagrammen abstrahiert.

Jeder Prozess wird als Kreis dargestellt. Der Kreis ist mit einer Prozessbezeichnung und einer Prozessnummer beschriftet. Die Prozessbezeichnung soll den Bearbeitungsvorgang, der vom Prozess realisiert wird, zusammenfassend beschreiben. In der Regel soll eine Prozessbeschreibung aus einer Phrase von Objekt und Verb im Infinitiv bestehen. Die Prozessnummer dient als eindeutiges Kennzeichen des Prozesses, das immer dann eingesetzt wird, wenn von anderen Teilmodellen oder bei der verbalen Beschreibung auf diesen Prozess Bezug genommen wird. Die Nummer dient keinesfalls der Festlegung einer Bearbeitungsreihenfolge. **Bild 6-1** zeigt ein Beispiel für ein vollständiges Prozesssymbol (noch ohne ein- und abgehende Datenflüsse).

Bild 6-1 Prozesssymbol in Datenflussdiagrammen

6.2.1.2 Speicher

Speicher sind passive Modellelemente, die Daten über einen beliebigen Zeitraum festhalten. Ein Speicher ist dabei jeweils für Daten gleicher Struktur vorzusehen, d.h. in einem Speicher können beliebig viele Datensätze mit einheitlichem Aufbau (jedoch unterschiedlichen Werten) festgehalten werden.

In Speichern werden die Daten festgehalten, die von den Prozessen für die Verarbeitung von anderen Daten benötigt werden, aber nicht für jede vom Prozess durchzuführende Verarbeitung erneut von der Systemumgebung zur Verfügung gestellt werden. Generell sind Speicher immer dann in den Modellen vorzusehen, wenn der Entstehungszeitpunkt von Daten nicht mit ihrem Nutzungszeitpunkt zusammenfällt. Dabei wird vollkommen von der physikalischen Realisierung der Speicher abstrahiert. So ist es nicht von Belang, ob die Daten im realen System in einer Kartei, auf einer Festplatte oder CD oder in einer Datenbank festgehalten werden (vgl. [9]).

Da Speicher passive Modellelemente sind, müssen sie durch Datenflüsse mit Prozessen verknüpft sein. Prozesse können einerseits lesend auf die Inhalte der Speicher zugreifen (Datenfluss vom Speicher zum Prozess) und andererseits neue Daten in den Speicher schreiben. Beim lesenden Zugriff bleiben die gelesenen Daten im Speicher erhalten. Beim schreibenden Zugriff können entweder neue Datensätze in den Speicher eingetragen oder existierende (teilweise) verändert werden.

Speicher werden in Datenflussdiagrammen in der Regel durch zwei waagerechte Striche dargestellt, zwischen denen dessen Bezeichnung eingetragen ist (vgl. **Bild 6-2**). Die Beschriftung besteht aus einem Substantiv im Singular, das den Inhalt des Speichers als Bezeichnung eines Datensatzes beschreibt. Vereinzelt findet man auch eine Symbolik, in der Speicher als geschlossene längliche Figur dargestellt werden (vgl. **Bild 6-2**).

Bild 6-2 Speichersymbole in Datenflussdiagrammen

6.2.1.3 Datenflüsse

Datenflüsse beschreiben den Datenaustausch zwischen den anderen Modellelementen (Prozesse untereinander oder Prozesse mit Speichern) oder mit der Systemumgebung. Jeder Datenfluss repräsentiert eine Verbindung, über die Datenpakete einer bestimmten Art und Zusammensetzung ausgetauscht werden. Dabei werden für den Austausch unterschiedlicher Datenpakete immer separate Datenflussverbindungen in den Modellen notiert (vgl. [9]).
Datenflüsse werden als gerichtete Verbindung (Linie mit Pfeilspitze an einem oder beiden Enden) in den Datenflussdiagrammen notiert. Wenn ein Datenfluss mit einem Speicher in Verbindung steht und der Datenfluss immer aus vollständigen Datensätzen des Speichers besteht, kann auf eine zusätzliche Beschriftung verzichtet werden (**Bild 6-3**, vgl. [9]). Datenflüsse zwischen Prozessen und solche, deren Aufbau von dem der betroffenen Speicher abweicht, erhalten eine Beschriftung, welche die inhaltliche Bedeutung der Datenpakete wiedergibt (**Bild 6-4**).

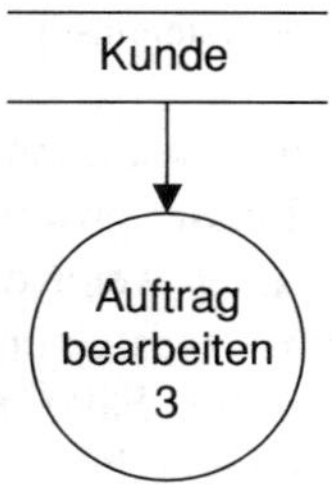

Bild 6-3 Unbeschrifteter Datenfluss zwischen Prozess und Speicher

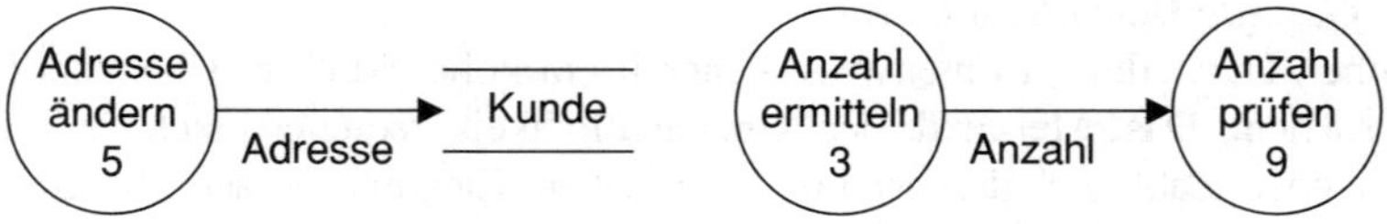

Bild 6-4 Beschriftete Datenflüsse zwischen Prozessen und zwischen Prozess und Speicher

In der Konstellation, die in **Bild 6-4** dargestellt ist, wird deutlich, dass nur die Datenflüsse abgebildet werden, die den Kern der Prozessoperation betreffen. So wird beispielsweise in **Bild 6-4** vor dem Schreiben der neuen Adresse in den Speicher sicher im Speicher gelesen, schon um den richtigen, zu verändernden Datensatz aufzufinden. Wenn solche Leseoperationen nur stattfinden, um eine Schreiboperation auszuführen (und umgekehrt), werden die entsprechenden Daten-

flüsse nicht abgebildet. DeMarco spricht in dieser Situation von „Netto-Fluss“, der um vor-/nachbereitende Datenflüsse bereinigt ist (vgl. [9])
In der Regel sind Prozesse notwendig, wenn Datenflüsse zusammengeführt oder getrennt werden. Wenn bei dieser Zusammenführung oder Trennung keine weitere Verarbeitung erfolgt, kann die Konstellation auch in Form von *konvergierenden* bzw. *divergierenden* Datenflüssen abgebildet werden (**Bild 6-5**)

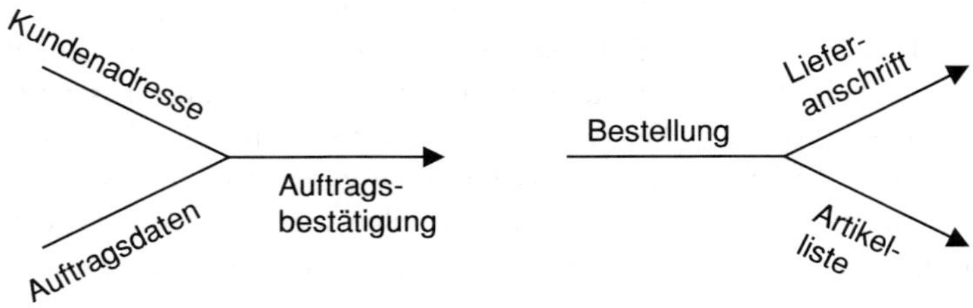

Bild 6-5 Konvergierende und divergierende Datenflüsse

Konvergierende Datenflüsse können immer dann in Datenflussdiagrammen eingesetzt werden, wenn die separaten Flüsse entweder die gleiche Struktur und nur unterschiedlichen Ursprung haben oder wenn die Struktur der separaten Flüsse zwar unterschiedlich ist, diese aber im zusammengeführten Fluss lediglich in einer Struktur aneinander gefügt werden. Beide Fälle sind analog auch für divergierende Flüsse möglich: einerseits die Auftrennung in strukturgleiche Datenflüsse, andererseits die Auftrennung der Ursprungsstruktur in überschneidungsfreie Teilstrukturen in den resultierenden separaten Flüssen.

6.2.1.4 Gestufte Datenflussdiagramme

Grafischen Darstellungsformen wird generell ein hohes Maß an Übersichtlichkeit zugesprochen. Das Merkmal der Übersichtlichkeit reduziert sich jedoch mit zunehmender Zahl der dargestellten grafischen Elemente drastisch. Bei einer großen Zahl von Prozessen, Speichern und Datenflüssen kann in Datenflussdiagrammen von Übersichtlichkeit somit keine Rede mehr sein. Da ein zu analysierendes System in der Regel (und insbesondere wenn eine strukturierte Analyse durchgeführt wird) sehr viele Prozesse, Speicher und Datenflüsse beinhaltet, sind diese als Modellelemente in einem Datenflussdiagramm nicht sinnvoll darstellbar. Die strukturierte Analyse bietet für diese Situation das Konzept der *gestuften Datenflussdiagramme* an.

Das Konzept der gestuften Datenflussdiagramme beruht auf einer Verteilung der Systemkomplexität auf mehrere Hierarchieebenen. Auf jeder Hierarchieebene werden Modellelemente in begrenzter und damit überschaubarer Zahl in Datenflussdiagrammen dargestellt. Die Prozesse einer Hierarchieebene können dann auf der nächst niedrigeren Hierarchieebene in Teilprozesse und deren Beziehungen untereinander bzw. zu Speichern aufgelöst werden. Auch diese Modellelemente werden wiederum in einem Datenflussdiagramm dargestellt. Da auch auf dieser detaillierteren Ebene der Modelldarstellung die Zahl der Modellelemente begrenzt ist, müssen die dort enthaltenen Prozesse evtl. auf weiteren Ebenen schrittweise, d.h. Ebene für Ebene, weiter in Teilprozesse aufgelöst werden, wobei jede der Ebenen wiederum durch separate Datenflussdiagramme dargestellt wird (vgl. **Bild 6-6**).

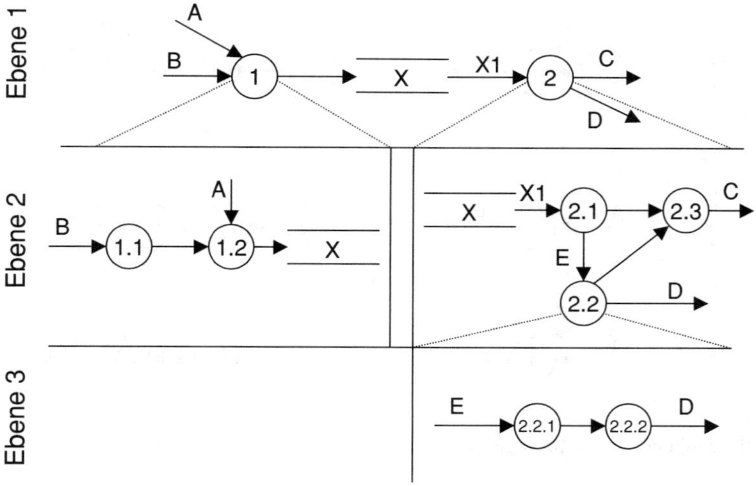

Bild 6-6 Prinzip der gestuften Datenflussdiagramme

Wie in **Bild 6-6** erkennbar ist, muss die Zahl der Hierarchieebenen nicht für alle Prozesse des Systems gleich sein. Sie kann sich an der Komplexität des einzelnen Prozesses orientieren. Je komplexer der Prozess desto mehr Ebenen werden notwendig sein, um bei einer begrenzten Zahl von Prozessen pro Ebene einen gewünschten Detaillierungsgrad der Darstellung zu erreichen (vgl. Abschnitt 6.2.1.6). In **Bild 6-6** ist darüber hinaus erkennbar, dass die Prozesse der jeweils detaillierteren Ebene Nummern erhalten, vor die als Präfix die Nummer des Prozesses gesetzt ist, zu dem sie die Verfeinerung darstellen.

Zwischen den Ebenen ist als Konsistenzbedingung das Prinzip des *Datenfluss-Gleichgewichtes* zu erhalten. Dieses Prinzip besagt, dass in der Auflösung eines Prozesses als separates Datenflussdiagramm der nächst niedrigeren Ebene keine anderen Datenflüsse auftreten dürfen als am Ausgangsprozess selbst. **Bild 6-7** stellt zulässige und unzulässige Konstellationen an einem abstrakten Beispiel dar.

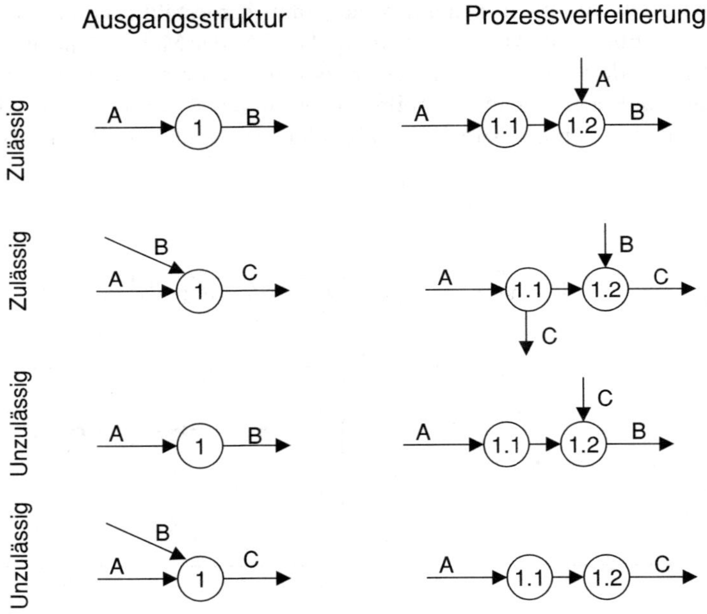

Bild 6-7 Regeln des Datenfluss-Gleichgewichtes

Zudem müssen die Speicher, die mit dem aggregierten Prozess in Verbindung stehen, auch in die Darstellung der Prozessverfeinerung mit aufgenommen werden. Findet die Analyse nach den Regularien der essenziellen Modellierung statt, dürfen in den Verfeinerungen auch keine zusätzlichen Speicher auftreten (vgl. Abschnitt 6.3.4.9). Diese Bedingung muss bei anderen Vorgehensweisen nicht unbedingt beachtet werden.

6.2.1.5 Kontextdiagramme

Die oberste Ebene der Hierarchie von Datenflussdiagrammen wird durch ein Kontextdiagramm gebildet. Es dient dem Zweck, die Außenbeziehungen des Systems darzustellen. In einem solchen Diagramm wird das gesamte System in einem Prozess zusammengefasst. Dieser Prozess wird dann vom Kontextdiagramm ausgehend schrittweise auf den tieferen Ebenen der Hierarchie von Datenflussdiagrammen in seine Bestandteile (insbesondere Teilprozesse) aufgelöst. Über den einen Systemprozess hinaus enthält das Kontextdiagramm die Datenflüsse, die vom System zu Nachbarsystemen bestehen. Diese Nachbarsysteme werden in Form von sogenannten *Terminatoren* im Kontextdiagramm dargestellt. Wie auch in **Bild 6-8** erkennbar ist, ist das Symbol für einen Terminator ein beschriftetes Rechteck.

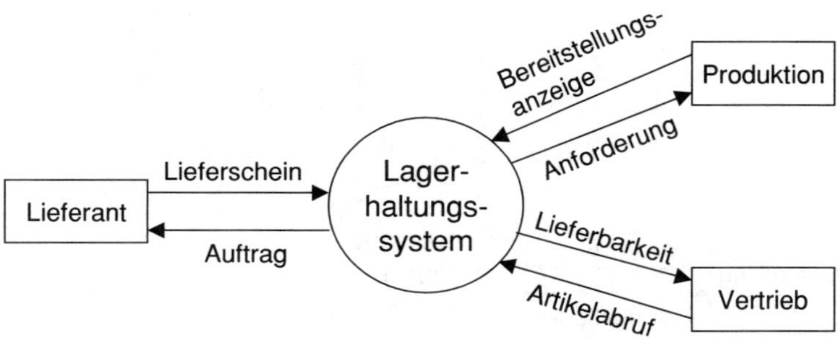

Bild 6-8 Beispiel für ein Kontextdiagramm

Die durch Terminatoren dargestellten Nachbarsysteme können zwar das System beeinflussen, ihrerseits aber vom System nicht beeinflusst werden. Die Terminatoren treten ausschließlich in Kontextdiagrammen auf. Die durch sie dargestellten Systeme können ganz unterschiedlicher Art sein. Es kann sich beispielsweise um einzelne Personen, Personengruppen, Institutionen, Unternehmen oder auch technische Systeme handeln. Von diesen Unterschieden wird in Kontextdiagrammen abstrahiert. Beziehungen zwischen Terminatoren (z.B. in Form von Datenflüssen) werden in Kontextdiagrammen nicht dargestellt. Auch Speicher dürfen in Kontextdiagrammen nicht auftreten.

Wenn ein untersuchtes System ein Teilsystem eines umfassenderen Systems ist und andere Teilsysteme in separaten Systemanalysen ebenfalls mit den Mitteln der strukturierten Analyse untersucht und modelliert werden, können die Modelle der Teilsysteme nachträglich durch einen *Superkontext* zusammengefügt werden (vgl. [35]). In diesem Superkontext, der als spezielle Form von Kontextdiagramm dargestellt wird, ist für jedes der Teilsysteme genau ein Prozess enthalten, der die Leistung des jeweiligen Teilsystems zusammenfasst. Außerdem sind die Terminatoren der Teilsysteme enthalten. Während jedoch in den separaten Kontextdiagrammen benachbarte (Teil-)Systeme als Terminatoren enthalten sind, werden diese im Superkontextdiagramm jeweils durch den Systemprozess abgebildet, so dass ein entsprechender Datenfluss zwischen den Systemprozessen der beiden benachbarten Teilsysteme eingeführt wird (**Bild 6-9**).

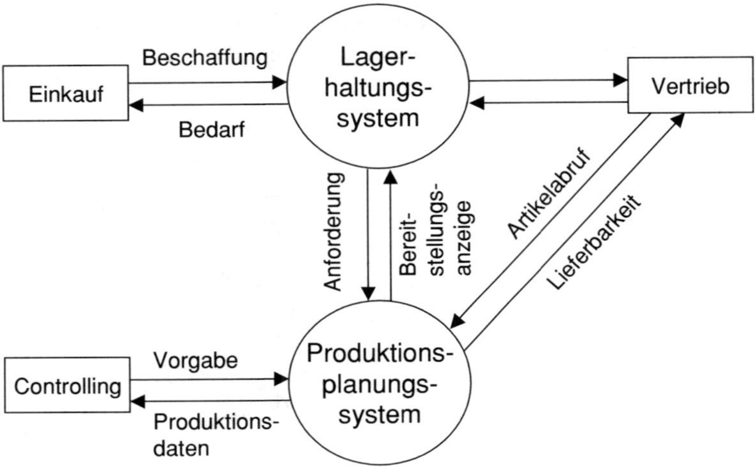

Bild 6-9 Übergang von separaten Kontextdiagrammen zu Superkontextdiagrammen

6.2.1.6 Regeln zum Aufbau von Datenflussdiagrammen

Unabhängig vom modellierten System sind beim Aufbau von Datenflussdiagrammen einige Grundregeln zu beachten. Diese können nach syntaktischen, semantischen und pragmatischen Aspekten der Datenflussdiagramme gegliedert werden.

Zu den *syntaktischen Regeln* gehört, dass jeder Datenfluss in einem Datenflussdiagramm mit mindestens einem Prozess in Verbindung stehen muss. Nur über die Dynamik eines Prozesses kann überhaupt ein Datenfluss zustande kommen. Des Weiteren ist zu beachten, dass jeder Prozess eine Beschriftung und eine ihn eindeutig identifizierende Nummer aufweisen muss. Datenflüsse müssen beschriftet sein, sofern sie nicht vollständige Datensätze eines Speichers transportieren. Speicher, die entweder nur gelesen oder nur beschrieben werden, sind nicht zulässig. Die Daten, die von Prozessen in Form von Datenflüssen ausgegeben werden, müssen vollständig aus den Daten der Eingangsflüsse zu ermitteln sein. Dabei dürfen lediglich prozessinterne Konstanten zusätzlich einfließen. Terminatoren

dürfen nur in Kontextdiagrammen auftreten. In diesen dürfen sich dagegen keine Datenflüsse zwischen Terminatoren und keine Speicher befinden.
Die wichtigste *semantische Regel* betrifft die Bezeichnung der Modellelemente. Die Bezeichnung gilt als Festlegung der Semantik des Modellelementes, so dass Elemente mit gleicher Bezeichnung auch inhaltlich als gleich zu betrachten sind. Eine weitere semantische Regel ist, dass ein Datenfluss, der mit einem Speicher verbunden ist, in seiner Struktur durch die des Speichers determiniert ist. Entweder sind die Strukturen identisch (dann kann auf die Bezeichnung des Datenflusses verzichtet werden, s.o.), oder es werden nur Ausschnitte der Struktur durch den Datenfluss übertragen. Eine Veränderung der Struktur ist ausgehend von einem Speicher in den Datenflüssen nicht zulässig. Eine Datenflussverbindung kann dabei die Übertragung nur eines Datenpaketes symbolisieren, kann jedoch auch für beliebig viele solcher Datenpakete stehen.
Die *pragmatischen Regeln* dienen der einfachen Lesbarkeit und Interpretierbarkeit der Datenflussdiagramme. So ist es von fundamentaler Wichtigkeit, dass aussagekräftige Bezeichner gewählt werden, die das vom jeweiligen Modellelement abgebildete fachliche Konzept zweifelsfrei erkennbar machen. Um die Lesbarkeit für Experten des jeweiligen Fachgebietes, dem das System zuzurechnen ist, zu gewährleisten, sollte dabei die Fachterminologie der (zukünftigen) Benutzer zugrunde gelegt werden. Es sollte sich auch um Bezeichner handeln, die eine längerfristige Gültigkeit haben, so dass die Gültigkeit der Datenflussdiagramme ebenfalls über einen angemessen langen Zeitraum gewährleistet ist.
Für die Lesbarkeit der Diagramme ist eine ausreichende Übersichtlichkeit zu erhalten. Dies führt zu der Regel, dass ein einzelnes Datenflussdiagramm auf einer DIN A4-Seite untergebracht werden muss. Ein solches Datenflussdiagramm soll dann in der Regel nicht mehr als zehn Prozesse beinhalten, um auch unter diesem Aspekt die Übersichtlichkeit zu gewährleisten. Diese Regel ist ein wichtiges Kriterium für die Aufteilung der Datenflussdiagramm auf mehrere Hierarchieebenen. Ist die Zahl von Prozessen auf einer Ebene zu groß, ist eine Anzahl dieser Prozesse zusammengefasst als ein Prozess darzustellen und erst eine Hierarchieebene tiefer als dessen Teilprozesse aufzulösen. Abschließend zu den pragmatischen Aspekten der Erstellung von Datenflussdiagrammen sei noch darauf hingewiesen, dass gerade für die Präsentation derartiger Diagramme gegenüber dem Auftraggeber auch ästhetische Aspekte zu berücksichtigen sind und für eine ansprechende, leicht interpretierbar Gestaltung zu sorgen ist. Das beinhaltet auch, dass bei Änderungen der Diagramminhalte in der Regel eine neue Diagrammversion zu erstellen ist.

6.2.2 Datenkataloge

Datenkataloge sind das zweitwichtigste Modellierungsmittel im Rahmen der strukturierten Analyse. Sie erlauben eine detaillierte Beschreibung der im System auftretenden Datenelemente und sind damit der gemeinsame Bezugspunkt für alle anderen Darstellungsformen hinsichtlich der Datenelemente. Beispielweise werden die Datenelemente, die in den Speichern eines Datenflussdiagramms festgehalten werden, im Datenkatalog ebenso beschrieben wie die Datenelemente, die entlang der Datenflussverbindungen im Datenflussdiagramm zwischen den Modellelementen ausgetauscht werden (vgl. Abschnitt 6.2.1).
Die folgenden Angaben können im Datenkatalog zu den Datenelementen gemacht werden:

- Struktur der Datenelemente (Aufbau aus anderen Elementen)
- Wertebereich der (elementaren) Datenelemente, evtl. mit Einheiten
- Fachliche Bedeutung der Datenelemente

Zu jedem auftretenden Datenelement ist im Datenkatalog eine Definition enthalten. In jeder Definition wird links von einem Gleichheitszeichen das zu definierende Datenelement genannt, während auf der rechten Seite der Inhalt der Definition aufgeführt ist (**Bild 6-10**, die Angaben in spitzen Klammern sind durch die konkreten Angaben zu ersetzen).

```
<Zu definierendes Datenelement> = <Inhalt der Definition>
```

Bild 6-10 Aufbau der Definitionen im Datenkatalog

Im Vordergrund steht in Modellen der strukturierten Analyse dabei in der Regel die Angabe der Struktur von Datenelementen. Dazu ist für die Datenkataloge eine textuelle Notation festgelegt, welche die verschiedenen strukturellen Konstellationen wiedergeben kann. Die Notation basiert auf der folgenden Symbolik (Beispiele siehe **Bild 6-11** bis **Bild 6-14**):

- Zusammensetzung aus mehreren Strukturelementen: +
- Alternative zwischen unterschiedlichen Strukturvarianten: [|]
- Optionales Strukturelement: ( )
- Wiederholung von Strukturelementen: { }, bei Bedarf mit Angaben zur minimalen und maximalen Zahl der Wiederholungen

Hinzu kommt das Zeichen * als Begrenzungszeichen für Kommentare. Derartige Kommentare werden genutzt, um Angaben zu Datenelementen zu machen, die über die Struktur hinausgehen (Werte/Einheiten und Bedeutung).
In Definitionen, die den Aufbau eines Speichers beschreiben, kommt in der Regel noch das Symbol @ zur Kennzeichnung eines oder mehrerer *Schlüsselattribute* zum Einsatz. Ein Schlüsselattribut ist dadurch gekennzeichnet, dass jeder Wert dieses Attributs einen Datensatz im Speicher eindeutig identifiziert. Gibt es mehrere derartige Schlüsselattribute in der Datenstruktur des Speichers, muss eines dieser Attribute als *Primärschlüssel* mit dem Zeichen @ gekennzeichnet werden. Wie in **Bild 6-11** dargestellt, ist beispielsweise das Attribut ISBN für Bücher das einzige Schlüsselattribut und damit Primärschlüssel:

```
Buch = @ISBN + Autor + Titel + Erscheinungsjahr
```

Bild 6-11 Beispiel für ein einfaches Schlüsselattribut

Unter Umständen haben nur Attribute durch die Kombination ihrer Werte einen identifizierenden Charakter und können daher nur zusammen als Primärschlüssel dienen. In diesem Fall müssen alle Attribute, die zusammen den Primärschlüssel bilden, durch das @-Zeichen gekennzeichnet werden. In **Bild 6-12** wird ein Beispiel angegeben, in dem die eindeutige Identifizierbarkeit eines einzelnen Datensatzes nur durch die Kombination der Attributwerte für Tag, Monat und Jahr gegeben ist.

```
Termin = @Tag + @Monat + @Jahr + Thema
```

Bild 6-12 Beispiel für zusammengesetzten Primärschlüssel

Für alle Datenelemente, die als Bestandteil der Struktur eines definierten Datenelementes auftreten, ist ebenfalls eine Definition im Datenkatalog vorzusehen. Die Prüfung hinsichtlich dieser Definitionen ist eine der grundlegenden Prüfungen zur Feststellung der Korrektheit eines Datenkataloges. Die zweite Prüfung gilt der Eindeutigkeit der verwendeten Bezeichnungen für die Datenelemente. Ein Bezeichner darf nicht mehrfach auf der linken Seite einer Definition auftreten.
Für die Reihenfolge der Definitionen innerhalb eines Datenkataloges gibt es keine exakten Festlegungen. In der Praxis hat sich zum einen eine alphabetische Sortierung bewährt (vgl. **Bild 6-13**).

Absage	= Anschrift + Absagetext
Absagetext	= "Wir bedauern Ihnen mitteilen zu müssen, daß das Seminar ausgebucht ist!"
Adresse	= Straße + Hausnummer + PLZ + Wohnort
Anmeldung	= Kundendaten + Seminartitel
Anschrift	= Name + Adresse
Auskunft	= Seminartitel + (Termin) + (Preis) + (Dozentenname) *Auskunft auf eine Seminaranfrage*
Bank	= BLZ + Bankname
Bankname	= Name
Bankverbindung	= Bank + Kontonummer
Betrag	= *Zahlenwert >= 0 mit 2 Nachkommastellen*
BLZ	= 8{Ziffer}8 *8-stellige Kennnummer der Bank*
Buchungsdaten	= Kundennummer + Betrag + Fälligkeitsdatum
Dozenten	= @Dozentenkürzel + Anschrift + Telefonnummer
Dozentenkürzel	= 2{Großbuchstabe}4 *zur Identifikation*
Dozentenname	= Name
Fälligkeitsdatum	= Tag + Monat + Jahr
Großbuchstabe	= *Großbuchstaben A - Z (ohne Umlaute)*
Hausnummer	= 1{Ziffer}3 + (Großbuchstabe)
Jahr	= 4{Ziffer}4 *Jahreszahl*
Kunden	= @Kundennummer + Kundendaten + {Seminarnr} *Gespeicherte Angaben zum Kunden einschließlich der gebuchten Seminare*
Kundendaten	= Anschrift + Bankverbindung
Kundennummer	= 5{Ziffer}5 *Id eines Kunden*
Mitteilung	= [Rechnung | Absage]
Nachname	= *Zeichenkette, max. 50 Zeichen*
Name	= Vorname + Nachname
...	

Bild 6-13 Beispiel für Datenkatalog mit alphabetischer Sortierung (unvollständig)

Zum anderen können die Datenelemente auch gemäß der strukturellen Hierarchie im Datenkatalog aufgeführt werden. Ausgehend von einem definierten Datenelement werden anschließend zunächst alle Datenelemente aufgeführt, die als Bestandteile des ursprünglich definierten Elementes auftreten. Für diese gilt dann wieder die gleiche Regel. Diese Art der Sortierung ist jedoch nur zu empfehlen, wenn die Datenelemente weitgehend unabhängig voneinander aufgebaut sind und keine Überschneidungen hinsichtlich der enthaltenen Strukturen auftreten. Ansonsten ist das Auffinden eines Datenelementes, das in mehreren Datenelementen als Bestandteil auftritt u.U. sehr mühsam. **Bild 6-14** zeigt einen gemäß der Hierarchie sortierten Datenkatalog.

Dozent	= @Dozentenkürzel + Anschrift + Telefonnummer
Dozentenkürzel	= 2{Großbuchstabe}4 *zur Identifikation*
Großbuchstabe	= *Großbuchstaben A - Z (ohne Umlaute)*
Anschrift	= Name + Adresse
Name	= Vorname + Nachname
Vorname	= *Zeichenkette, max. 30 Zeichen*
Nachname	= *Zeichenkette, max. 50 Zeichen*
Adresse	= Straße + Hausnummer + PLZ + Wohnort
Straße	= *Zeichenkette, max. 30 Zeichen*
Hausnummer	= 1{Ziffer}3 + (Großbuchstabe)
PLZ	= 5{Ziffer}5
Wohnort	= *Zeichenkette, max. 30 Zeichen*
Telefonnummer	= Vorwahl + Anschluss
Vorwahl	= {Ziffer} + */*
Anschluss	= {Ziffer}
Seminar	= @Seminarnr + Seminartitel + Dozentenkürzel + Termin + Preis + MaxTeilnehmerzahl + AnzahlTeilnehmer *Gespeicherte Angaben zu Seminaren*
...	

Bild 6-14 Beispiel für einen Datenkatalog mit hierarchiebezogener Sortierung (unvollständig)

Ohne eine entsprechende Software-Unterstützung ist der Aufbau und die Pflege eines umfangreichen Datenkataloges äußerst mühsam und aufwendig, so dass für diesen Bereich der Einsatz einer geeigneten Software dringend anzuraten ist.

6.2.3 Prozessspezifikationen

Die Prozessspezifikationen sind eine textuelle Darstellungsform, die den Zweck hat, die Abläufe in den Prozessen des Systems zu beschreiben. Welche Prozesse dies sind, geht aus den Datenflussdiagrammen hervor. Die zentrale Fragestellung, die in dieser Art von Teilmodell beantwortet wird, ist, auf welche Weise aus den Eingangsdatenflüssen die Ausgangsdatenflüsse des jeweiligen Prozesses erzeugt werden. Eine Prozessspezifikation beinhaltet eine Beschreibung des Verarbeitungsvorganges, der in dem zugehörigen Prozess stattfindet. Dabei wird von allen implementationsbezogenen und planerischen Aspekten abstrahiert und ausschließlich der zugrundeliegende Algorithmus zur Umwandlung der Daten beschrieben. Dabei kommt es darauf an, dass diese Beschreibung auch für den Anwender/Auftraggeber lesbar ist (zumindest mit angemessener Hilfestellung). Prozessspezifikationen werden nicht für alle Prozesse erstellt, die in den Datenflussdiagrammen auftreten, sondern nur für die Prozesse, die auf der untersten Hierarchieebene von Datenflussdiagrammen zu finden sind (elementare Prozesse, **Bild 6-15**).

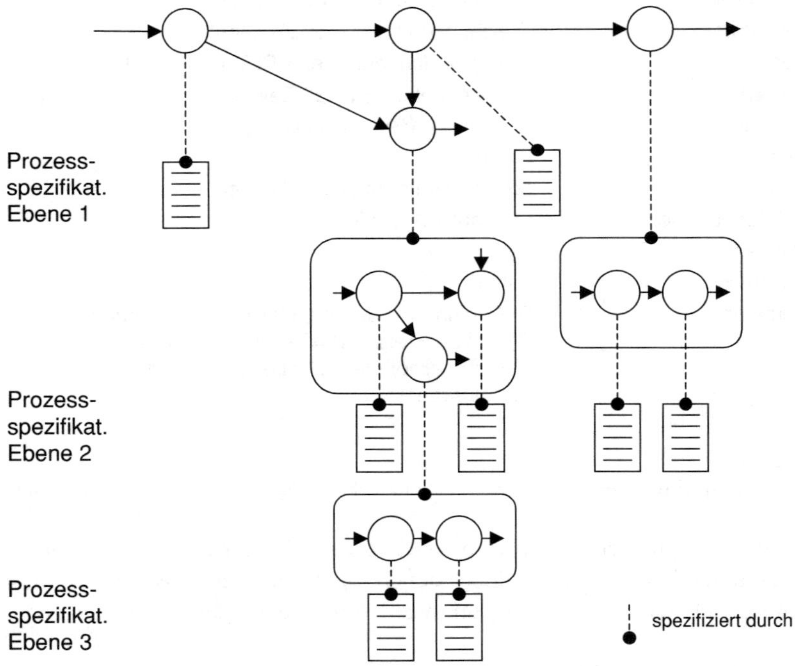

Bild 6-15 Übergang von Datenflussdiagrammen zu Prozessspezifikationen

Sofern also für einen Prozess in einem Datenflussdiagramm keine verfeinerte Darstellung in Form eines separaten Datenflussdiagramms existiert, muss eine Prozessspezifikation für diesen Prozess erstellt werden. Der eindeutige Zusammenhang zwischen einem Prozess und seiner Prozessspezifikation kann über die

Nummer des Prozesses in Verbindung mit seiner Beschriftung hergestellt werden, die als Überschrift zu der Prozessspezifikation genannt wird.
Die Entscheidung, ob ein Prozess durch ein weiteres verfeinerndes Datenflussdiagramm oder durch eine Prozessspezifikation beschrieben wird, wird durch eine pragmatische Leitlinien bestimmt. Primäres Kriterium ist hierbei wiederum die Übersichtlichkeit. Sofern es möglich ist, die Prozessinhalte auf maximal einer DIN A4-Seite als Prozessspezifikation niederzulegen, ist eine Prozessspezifikation zu erstellen. Sollte die Spezifikation länger werden, ist eine nochmalige Verfeinerung in Form eines Datenflussdiagramms zu empfehlen (**Bild 6-15**).
Zur Erstellung von Prozessspezifikationen sind im Prinzip alle Notationen geeignet, die im Kontext der Algorithmenbeschreibung in der Informatik gebräuchlich sind. Dazu gehören Struktogramme ebenso wie einfache Ablaufpläne (vgl. [11]). Im Rahmen der strukturierten Analyse werden Prozessspezifikationen meist mit Hilfe der sogenannten *strukturierten Sprache* schriftlich fixiert (vgl. Abschnitt 6.2.3.1). In bestimmten Konstellationen kommt auch die Beschreibungsform der Vor- und Nachbedingungen zum Einsatz (vgl. Abschnitt 6.2.3.2).

6.2.3.1 Prozessspezifikationen in strukturierter Sprache

Bei der strukturierten Sprache handelt es sich um eine verkürzte Form natürlicher Sprache, die eingesetzt wird, um algorithmische Zusammenhänge zu formulieren. Die Verkürzung soll den logischen Kern der Aussage deutlich hervortreten lassen. Die Verkürzungen betreffen Einschränkungen des Wortschatzes und des Satzaufbaus sowie der Satzverknüpfung. Die strukturierte Sprache soll eine Brückenfunktion zwischen der natürlichen Sprache und den vollständig formalisierten Programmiersprachen übernehmen. Mit ihr verbindet sich der Anspruch, Prozessspezifikationen auch für Nicht-Informatiker verständlich machen zu können. Hierin wird häufig auch der wesentliche Unterschied zum sogenannten Pseudo-Code, der bei der Programmentwicklung zum Einsatz kommt, gesehen. Dieser richtet sich nämlich ausschließlich an Personen, von denen vertiefte Kenntnisse in der Programmierung und dabei auftretenden Strukturen erwartet werden können. Nichtsdestotrotz kann man eine enge Verwandtschaft zwischen strukturierter Sprache und Pseudo-Code feststellen, die vor allem daraus resultiert, dass sich die beschriebenen algorithmischen Grundstrukturen im Kern nicht unterscheiden.
In einer Prozessspezifikation mit strukturierter Sprache werden die Abläufe im Prozess durch eine Folge von Sätzen beschrieben, wobei jeder Satz einen Verarbeitungsschritt beschreibt. Der Aufbau eines einzelnen Satzes besteht in der Regel aus einem Verb im Imperativ und einem Objekt.
Die Verben geben in der Regel eine informationstechnische Aktivität an. Typische Beispiele sind „Lese“, „Schreibe“, „Suche“, „Berechne“, „Lösche“, „Ersetze“,

„Sortiere". Bei den Objekten handelt es sich um Datenelemente, die im Datenkatalog enthalten sein müssen. Bei Bedarf können auch prozesslokale Bezeichnungen erscheinen, wenn es sich um Datenelemente handelt, die ausschließlich im Kontext des jeweiligen Prozesses auftreten (z.B. Zwischenergebnisse von Berechnungen). Derartige lokale Größen sollten nicht in den Datenkatalog aufgenommen werden, sofern ihre Struktur einfach ist und sich aus dem Prozesszusammenhang problemlos erschließen lässt.

Abgesehen von der reinen Sequenz von Sätzen können diese auch in algorithmische Strukturen eingebettet werden, die denen der strukturierten Programmierung entsprechen. Jede Struktur wird durch entsprechende Schlüsselworte kenntlich gemacht.

Eine solche Struktur ist die *bedingte Aktion* oder die *Alternative*, die durch die Wortkombinationen „Wenn – dann" (bedingte Aktion) bzw. „Wenn – dann – sonst" (Alternative) gekennzeichnet ist. Hinter dem Wort „Wenn" ist eine Bedingung zu formulieren. Ist diese Bedingung erfüllt, wird die Aktion hinter dem Wort „dann" ausgeführt. Ist die Bedingung nicht erfüllt, wird entweder Nichts gemacht (bedingte Aktion), oder es wird die Aktion hinter dem Wort „sonst" ausgeführt. Statt der deutschen Worte werden häufig auch die englischen Worte „if – then – else" eingesetzt, was wiederum ein Stück näher an gebräuchlichen Pseudo-Code-Formulierungen ist.

Wenn zwischen mehr als zwei Konstellationen zu unterscheiden ist, kann eine *Fallunterscheidung* eingesetzt werden. Diese wird durch die Phrase „Falls <Prüfgröße> <Wert1>: <Aktion1>, <Wert2>: <Aktion2>..." formuliert, wobei die Worte in spitzen Klammern durch die konkreten Formulierungen ersetzt werden. Anstelle des Wortes „Falls" wird auch das Schlüsselwort „Case" eingesetzt. Es wird in dieser Struktur jeweils die Aktion ausgeführt, deren zugeordneter Wert (vor dem Doppelpunkt) mit dem Wert der Prüfgröße übereinstimmt.

Eine weitere gebräuchliche Struktur ist die zur *Wiederholung* von Aktivitäten, wobei zwei Varianten unterschieden werden. Die eine Art von Wiederholung beruht auf der einleitenden Prüfung einer Bedingung. Nur wenn diese Bedingung zutrifft, werden die zu wiederholenden Aktionen ausgeführt. Nach einmaliger Ausführung wird zunächst wiederum die Bedingung geprüft. Gilt diese immer noch, erfolgt eine weitere Ausführung der zu wiederholenden Aktionen, bevor abermals die Bedingung geprüft wird usw. Die Wiederholung wird beendet, wenn die Prüfung der Bedingung ergibt, dass diese nicht mehr gilt (Wiederholung mit Eintrittsbedingung). Diese Wiederholungsart wird in strukturierter Sprache durch die Phrase „Solange <Bedingung> führe aus <Aktionen>" formuliert (englische Phrase „While <Bedingung> do <Aktionen>").

Die andere Art der Wiederholung führt zunächst unabhängig von einer Bedingung alle evtl. zu wiederholenden Aktionen einmal aus und prüft erst danach, ob die nach den Aktionen angegebene Bedingung gilt. Ist das nicht der Fall, werden die Aktionen abermals ausgeführt und danach die Bedingung erneut geprüft usw. Erst wenn die Prüfung der Bedingung ergibt, dass diese gilt, wird die Wiederholung beendet (Wiederholung mit Abbruchbedingung). Diese Art von Wiederholung wird in strukturierter Sprache durch die Phrase „Wiederhole <Aktionen> bis <Bedingung>“ gekennzeichnet (engl. Phrase „Repeat <Aktionen> until <Bedingung>“).

Prozessspezifikation 1.1: Teilnahmemöglichkeit prüfen

```
Finde Seminartitel aus Anmeldung in Seminare
Wenn gefunden
        Lese MaxTeilnehmerzahl
        Lese AnzahlTeilnehmer
        wenn MaxTeilnehmerzahl > AnzahlTeilnehmer
                oder MaxTeilnehmerzahl = -1
                        Erhöhe AnzahlTeilnehmer um 1
                        Schreibe AnzahlTeilnehmer in Seminare
                        Erzeuge Kundendaten
        sonst
                        Erzeuge Absage
sonst
        Ausgeben "Seminar nicht im Angebot"
```

Bild 6-16 Beispiel zu Prozessspezifikation mit strukturierter Sprache

6.2.3.2 Prozessspezifikationen durch Vor- und Nachbedingungen

Bei den Prozessspezifikationen durch Vor- und Nachbedingungen wird bewusst auf eine Beschreibung der einzelnen Verarbeitungsschritte des Prozesses verzichtet. Es wird lediglich die Ausgangssituation beschrieben, die zur Aktivierung des Prozesses führt (Vorbedingung), und die Situation, die sich nach Ablauf des Prozesses ergibt (Nachbedingung). Eine solche Prozessbeschreibung ist wesentlich abstrakter als eine mit strukturierter Sprache. Diese Abstraktion ist einerseits nicht immer wünschenswert, da es in den Prozessen ja gerade darum geht, mehr über die inneren Abläufe der Prozesse zu erfahren. Andererseits kann es jedoch in bestimmten Konstellationen durchaus sinnvoll sein, nur die Wirkungen eines Prozesses zu betrachten, ohne sich hinsichtlich der Interna festlegen zu müssen. Typischerweise wird von dieser Abstraktion in zwei Situationen Gebrauch gemacht. Zum einen wird man so vorgehen, wenn im Rahmen der Analyse die Prozessinterna (zunächst) nicht mit vertretbarem Aufwand zu ermitteln sind. Zum anderen bietet sich eine solche Modellierung an, wenn mehrere Algorithmen zur Erzielung des gewünschten Ergebnisses eingesetzt werden könnten und im Rahmen der Analyse noch keine Festlegung auf einen speziellen dieser Algorithmen erfolgen soll.

In den Vorbedingungen werden häufig Eingaben für den Prozess beschrieben, die für seinen Ablauf notwendig sind. Ebenso sind logische Beziehungen zwischen verschiedenen Eingaben, die zur Aktivierung des Prozesses gegeben sein müssen, häufig Inhalt von Vorbedingungen. Doch auch Beziehungen zwischen den Eingaben und Speicherinhalten sowie bestimmte Bezüge zwischen unterschiedlichen Speichern oder innerhalb eines Speichers können sinnvolle Vorbedingungen ergeben. **Tabelle 6-1** gibt einige Beispiele für die genannten Inhalte von Vorbedingungen.

Notwendige Eingaben	Artikelmenge und Einzelpreis
Beziehungen zwischen Eingaben	Bestellung mit mindestens 1 Artikel
Beziehungen zwischen Eingaben und Speicherinhalten	Kundennummer auf eingehender Bestellung in Speicher „Kunde“ vorhanden
Beziehungen zwischen/innerhalb von Speichern	Kundennummer in Speicher „Bestellung“ und in Speicher „Rechnung“

Tabelle 6-1 Beispiele für Prozessspezifikationen durch Vorbedingungen

In den Nachbedingungen werden häufig einfach die vom Prozess zu erzeugenden Ausgaben benannt. Aber auch Beziehungen zwischen den Ausgabewerten und Werten in den Speichern sowie Veränderungen in den Speicherinhalten, die durch den Prozess verursacht werden, können in Nachbedingungen beschrieben werden. Besonders aussagekräftig sind Nachbedingungen, wenn es gelingt, logische Bezüge zwischen Ein- und Ausgabedaten zu formulieren. In diesem Fall wird die Prozessfunktion auf besonders klare Weise spezifiziert, ohne dass auf die einzelnen Schritte zur Berechnung dieser Funktion eingegangen werden muss. **Tabelle 6-2** zeigt einige Beispiele für Nachbedingungen der genannten Arten.

Erzeugte Ausgaben	Gesamtwert der Bestellung und MwSt-Betrag
Beziehungen zwischen Ausgabe-werten und Speichern	Kundennummer auf ausgehender Rechnung in Speicher „Kunde“
Veränderungen in den Speicher-inhalten	Bestellmenge in Speicher „Bestellung“ in Speicher „Auslieferung“ als Liefermenge eingetragen
Beziehungen zwischen Eingaben und Ausgaben	Summe der Einzelposten in Bestellung vermindert um Rabattbetrag ergibt Rechnungssumme

Tabelle 6-2 Beispiele für Prozessspezifikationen durch Nachbedingungen

Die Prozessspezifikation durch Vor- und Nachbedingungen sind für Benutzer und Auftraggeber aufgrund der zusätzlichen Abstraktion besonders schwer nachvollziehbar. Hier liegt der gravierendste Nachteil dieser Art von Prozessspezifikation. Verursacht wird dieses Problem zum einen durch das Fehlen von Angaben zum WIE, zum anderen entstehen gerade bei umfangreichen Prozessen entsprechend komplexe logische Bedingungen, die für Betrachter nicht mehr korrekt interpretierbar und nachvollziehbar sind.

6.2.4 Entity-Relationship-Diagramme

Entity-Relationship-Diagramme sind die grafische Repräsentationsform von Entity-Relationship-Modellen, die wiederum eine spezielle Form von Datenmodellen sind. Datenmodelle dienen allgemein der Beschreibung von Daten. Dabei geht es sowohl um ihren Aufbau und ihre Struktur als auch um ihre Semantik. Der Formalismus der Entity-Relationship-Modelle geht auf eine Publikation von Chen in dem Jahre 1976 zurück (vgl. [5]). Ausgerichtet ist dieser Formalismus auf die Erfordernisse des Datenbankentwurfs in seinen frühen Phasen (konzeptioneller Entwurf, vgl. [18]). Er dient im Wesentlichen dazu, in einer ersten Modellierungsphase die zentralen Dateneinheiten (entities), ihren inneren Aufbau aus Attributen und ihre Beziehungen (relationships) untereinander für einen Anwendungsbereich auf abstrakte Weise abzubilden.
In den Anfängen der strukturierten Analyse wurden derartige Aspekte durch sogenannte *Datenstrukturdiagramme* (Data Structure Diagrams DSDs, vgl. [9]) beschrieben. Mittlerweile ist diese Beschreibungsform aber weder im Bereich der Datenbanken noch im Rahmen der strukturierten Analyse noch aktuell. Stattdessen werden Entity-Relationship-Modelle erstellt, wobei diese in der strukturierten

Analyse in der Regel nur für ausgewählte Aspekte eingesetzt werden, so dass nicht alle Elemente des Formalismus genutzt werden. Die Basiskonzepte, die auch im Kontext der strukturierten Analyse eine Rolle spielen, werden im Folgenden kurz beschrieben. Für eine ausführlichere Darstellung der ER-Modelle sei auf die entsprechende Literatur verwiesen (vgl. z.B. [5], [18] und [48]).
Das zentrale Grundelement der ER-Modelle ist das Entity. Dieser Begriff steht für ein Objekt der realen oder abstrakten Welt, also eine von seiner Umgebung im Zusammenhang mit einer Problemstellung abgrenzbare Einheit. Da die Entities nicht isoliert nebeneinander stehen, sondern Beziehungen zwischen ihnen existieren, ist eine *Relationship* die Repräsentation einer solchen Beziehung zwischen Entities. Sowohl Entities als auch Relationships können Attribute aufweisen, die Eigenschaften von beiden durch Werte beschreiben. In ER-Modellen wird nun von konkreten Ausprägungen von Entities abstrahiert, und gleichartige Entities werden in ER-Modellen in Form von *Entity-Typen* abgebildet. In ER-Diagrammen werden Entity-Typen als Rechtecke notiert, wobei eine Beschriftung des Rechteckes die Art der Entities benennt, für die dieser Typ steht (vgl. **Bild 6-17**).
Die Abstraktion von der konkreten Ausprägung findet auch für die Beziehungen zwischen den Entities statt, so dass in den ER-Modellen *Beziehungstypen* repräsentiert werden. Diese werden in ER-Diagrammen als beschriftete Raute dargestellt. **Bild 6-17** zeigt ein Beispiel für einen Beziehungstypen, der mögliche Beziehungen zwischen den verbundenen Entity-Typen darstellt.

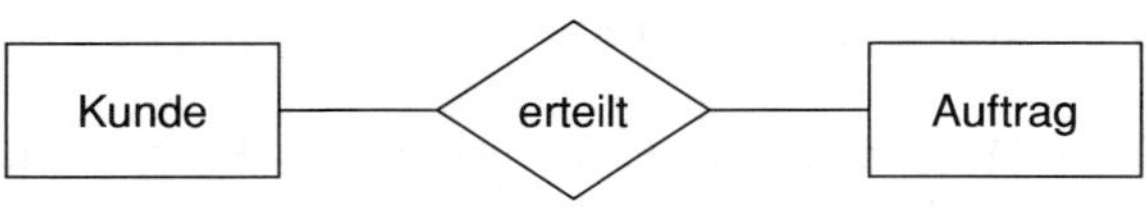

Bild 6-17 Beispiel für ER-Diagramm

Da an einer Beziehung nicht nur zwei unterschiedliche Entity-Typen beteiligt sein können, sondern im Prinzip beliebig viele, können über das Symbol eines Beziehungstypen auch beliebig viele Symbole von Entity-Typen verbunden werden. Für n verbundene Entity-Typen spricht man von n-stelligen Beziehungstypen. In der Praxis sind zweistellige Beziehungstypen die weitaus am meisten verbreiteten; gelegentlich treten auch dreistellige Beziehungstypen auf. Alle höherstelligen Beziehungstypen sind jedoch sehr selten.
Sowohl Entities als auch Beziehungen können Attribute haben, die ihre Eigenschaften charakterisieren. Es ist das Wesen der Entity-Typen, dass sie Entities mit denselben Attributen zusammenfassen. Attribute werden somit für die Entity-Typen festgelegt; jede Ausprägung des jeweiligen Typs weist dann die für den Typ

festgelegten Attribute auf. Die Entities als Ausprägungen der Entity-Typen können dann unterschiedliche Werte für das jeweilige Attribut beinhalten. Die Attribute werden als Oval durch eine Linie mit den Entity- bzw. Beziehungstypen verbunden in den ER-Diagrammen notiert (vgl. **Bild 6-18**).

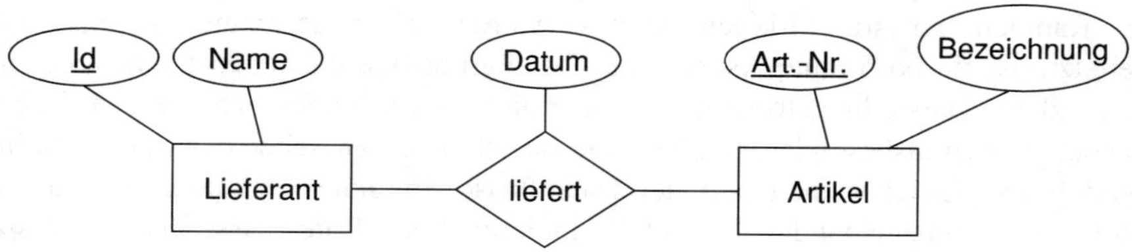

Bild 6-18 Beispiele für Attribute von Entity-Typen und Beziehungstypen in ER-Diagrammen (Schlüsselattribute unterstrichen)

Bezogen auf eine konkrete Ausprägung einer Beziehung können durch diese Beziehung unterschiedliche Anzahlen von Entities verbunden sein. Dieser Aspekt ist mit den bisher vorgestellten Notationen nicht abbildbar, da sich die Diagramme auf Typen und nicht auf konkrete Ausprägungen beziehen. Um dennoch diese Kardinalität von Beziehungen in die Modelle aufnehmen zu können, werden an den Linienverbindungen zwischen Entity- und Beziehungstypen Angaben gemacht, die auf die entsprechende Kardinalität hinweisen (vgl. **Bild 6-19**).

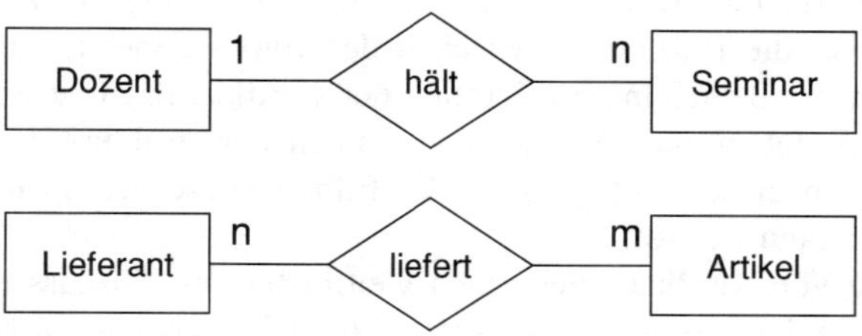

Bild 6-19 ER-Diagramm mit Angabe von Kardinalitäten zu den Beziehungstypen

Die Darstellung der oberen Beziehung in **Bild 6-19** ist so zu interpretieren, dass in dem Beziehungstyp „Veranstaltet" einem Entity vom Typ „Dozent" *n* Entities vom Typ „Seminar" zugeordnet werden können. Umgekehrt wird einem Entity vom Typ „Seminar" nur genau ein Entity vom Typ „Dozent" zugeordnet. In diesem Fall spricht man von einer 1-*n*-Beziehung, ein in der Praxis häufig anzutreffender Fall. Die Angabe einer 1-1-Beziehung stellt hinsichtlich der Kardinalität die größtmögliche Einschränkung dar. Jedem Entity des einen Typs ist genau ein Entity des jeweils anderen Typs zugeordnet. Eine solche sehr eingeschränkte Beziehung ist in der Realität relativ selten zu finden. Dagegen ist ein Beziehungstyp, in dem die Anzahl der zueinander zugeordneten Entities überhaupt nicht einschränkt ist (Beziehungstyp „liefert" in **Bild 6-19**), sehr viel häufiger anzutreffen. In diesem Fall liegt eine sogenannte *n-m*-Beziehung vor.

Im Rahmen der strukturierten Analyse werden ER-Diagramme nur insoweit genutzt, als sie bestimmte Aspekte der Datengrundlage darstellen können, die in den anderen Darstellungsformen nicht oder nicht deutlich erkennbar werden. Dabei handelt es sich insbesondere um logische Beziehungen zwischen den Speichern im Modell. Die Speicher, die u.a. in den Datenflussdiagrammen enthalten sind, stehen dort isoliert nebeneinander, bestenfalls indirekt durch Datenflüsse über Prozesse miteinander verbunden. Welche logischen Bezüge zwischen den Speicherinhalten bestehen, wird daraus nicht erkennbar.

Hier setzen die ER-Diagramme an, in denen die Speicher als Entity-Typen dargestellt werden. Die logischen Bezüge zwischen diesen Entity-Typen werden dann in Form von Beziehungstypen repräsentiert. Jeder Speicher in einem Datenflussdiagramm wird also eine Entsprechung als Entity-Typ in einem ER-Diagramm finden (vgl. Abschnitt 6.2.5.1). Die Bezeichnungen der zusammengehörigen Speicher und Entity-Typen müssen dabei identisch sein.

Die Beziehungstypen hingegen sind vollkommen neue, zusätzliche Modellelemente, die keine Entsprechung in den Datenflussdiagrammen haben. Die Beziehungstypen werden auch in den Datenkatalog aufgenommen, so dass dort erkennbar wird, über welche (Schlüssel-)Attribute der Entity-Typen bzw. der entsprechenden Speicher die Beziehung zwischen den Entities/Speichereinträgen hergestellt wird. Um die Beziehung hinsichtlich der Kardinalitäten zu charakterisieren, werden diese Angaben auch in ER-Diagrammen der strukturierten Analyse mit aufgeführt, sofern diese Festlegung in der frühen Phase der Systementwicklung bereits erfolgen kann und soll.

Da die Angabe von Kardinalitäten einen weitreichenden Einfluss auf die spätere Systemgestaltung hat, ist allerdings große Vorsicht geboten. Insbesondere Einschränkungen auf 1-1-Beziehungen oder 1-*n*-Beziehungen sollten nur bei großer Sicherheit bezüglich dieser Einschränkungen aufgenommen werden. Es ist generell vertretbar, in den Analysemodellen auf eine Festlegung der Kardinalitäten zu verzichten. Auch auf die Darstellung der Attribute der Entity- und Beziehungstypen wird im Kontext der strukturierten Analyse meist verzichtet, da diese Attribute im Datenkatalog ersichtlich sind.

Die ER-Diagramme bilden, zusammen mit den zugehörigen Einträgen im Datenkatalog, eine wesentliche Grundlage für den späteren Datenbankentwurf (vgl. [18]).

6.2.5 Konsistenzbedingungen zwischen den Darstellungsformen

Die Konsistenzbedingungen, die im folgenden formuliert werden, stellen sicher, dass die Teilmodelle in ihrem Zusammenspiel ein sinnvolles und homogenes Gesamtmodell ergeben können. Darüber hinaus erlauben sie die wechselseitige Überprüfung der Teilmodelle. Das Auftreten von Inkonsistenzen deutet auf Ungereimtheiten und Lücken hin, die im Rahmen einer weiteren Verbesserung der Modellierung beseitigt werden müssen.

6.2.5.1 Konsistenzbedingungen ausgehend von Datenflussdiagrammen
Mit Ausnahme der Terminatoren in den Kontextdiagrammen (vgl. Abschnitt 6.2.1.5) müssen alle Modellelemente, die in Datenflussdiagrammen auftreten, eine Entsprechung in anderen Darstellungsformen finden, damit die Modellierung konsistent und vollständig ist. Folgende Zusammenhänge müssen gelten:

- *Zum Datenkatalog*
  - Jeder Datenfluss muss durch einen Eintrag hinsichtlich seines Aufbaus definiert sein.
  - Jeder Speicher muss durch einen Eintrag hinsichtlich seines Aufbaus definiert sein.
- *Zu den Prozessspezifikationen*
  - Jeder elementare Prozess, d.h. jeder Prozess, zu dem kein verfeinerndes Datenflussdiagramm gehört, muss durch eine Prozessspezifikation beschrieben sein.
  - Jeder Datenfluss, der im DFD mit diesem Prozess verbunden ist, muss in der Prozessspezifikation als Dateneingabe bzw. -ausgabe des Prozesses auftreten.
- *Zu den ER-Diagrammen*
  - Jeder Speicher in einem DFD muss in einem ER-Diagramm als Entity-Typ auftreten.

6.2.5.2 Konsistenzbedingungen ausgehend vom Datenkatalog
Einträge im Datenkatalog können entweder Bestandteile eines anderen Datenkatalogeintrages definieren oder ein Modellelement aus den anderen Darstellungs-

formen hinsichtlich seines Aufbaus definieren. Für letztere muss einer der folgenden Zusammenhänge gelten:

- *Zu den Datenflussdiagrammen*
  - Ein Eintrag kann einen benannten Datenfluss in einem DFD definieren.
  - Ein Eintrag kann einen Speicher in einem DFD definieren.
- *Zu den Prozessspezifikationen*
  - Einträge, die einen Datenfluss definieren, müssen in einer Prozessspezifikation als Eingabe- oder Ausgabedaten auftreten.
  - Einträge, die einen Speicher oder einen Bestandteil eines Speichers definieren, müssen in mindestens einer Prozessspezifikation gelesen und in einer geschrieben werden (entweder explizit oder implizit als Bestandteil einer größeren Datenstruktur).
- *Zu den ER-Diagrammen*
  - Zu jedem Eintrag, der einen Speicher definiert, muss ein Entity-Typ existieren.
  - Ein Eintrag kann einen Beziehungstypen definieren, der u.a. die Schlüsselattribute der verbundenen Entity-Typen beinhalten muss.

6.2.5.3 Konsistenzbedingungen ausgehend von einer Prozessspezifikation

Die Konsistenzbedingungen, die ausgehend von Prozessspezifikationen zu beachten sind, betreffen im Wesentlichen die Datenobjekte, die in den Texten der Prozessspezifikationen genannt sind. Für diese Datenobjekte müssen die folgenden Zusammenhänge gelten:

- *Zu den Datenflussdiagrammen*
  - Zu jeder Prozessspezifikation muss in einem DFD ein elementarer Prozess enthalten sein.
  - Jede Eingangs- und Ausgangsgröße, die in der Prozessspezifikation verwendet bzw. erzeugt wird, muss als Datenfluss im DFD mit diesem Prozess verbunden sein.

- *Zum Datenkatalog*
    - Zu jeder Datenreferenz, die in der Prozessspezifikation genannt ist, muss im Datenkatalog ein definierender Eintrag existieren. Einzige Ausnahme sind prozesslokale Datenelemente, die in der Prozessspezifikation definiert werden und ausschließlich innerhalb des Prozesses Bedeutung haben (z.B. zur Wiederverwendung von Zwischenergebnissen in verschiedenen Prozessschritten).
- *Zu den ER-Diagrammen*
    - Jede Speicheroperation, die in einer Prozessspezifikation genannt ist, muss sich auf einen Entity-Typ oder einen Beziehungstyp im ER-Diagramm beziehen.

6.2.5.4 Konsistenzbedingungen ausgehend von einem ER-Diagramm

Diese Konsistenzbedingungen sorgen dafür, dass jedes Modellelement in einem ER-Diagramm in mindestens einer weiteren Darstellungsform eine Entsprechung findet. Die folgenden Zusammenhänge müssen ausgehend von einem ER-Diagramm gelten:

- *Zu den Datenflussdiagrammen*
    - Jeder Entity-Typ muss als Speicher in einem DFD enthalten sein.
- *Zum Datenkatalog*
    - Jeder Entity-Typ muss als Eintrag im Datenkatalog hinsichtlich seines Aufbaus beschrieben sein.
    - Jeder Beziehungstyp muss durch einen Eintrag im Datenkatalog hinsichtlich seines Aufbaus beschrieben sein. Insbesondere müssen Schlüsselattribute der verbundenen Entity-Typen in der Struktur auftreten.
    - Sind im ER-Diagramm Attribute dargestellt, müssen mindestens diese auch als Bestandteile in der entsprechenden Definition im Datenkatalog aufgeführt werden.
- *Zu den Prozessspezifikationen*
    - Jeder Entity-Typ muss in der Gesamtheit der Prozessspezifikationen vollständig (d.h. mit allen Attributen) zur Speicherung genutzt werden, d.h. jedes Attribut muss in mindestens einer Prozessspezifikation geschrieben

werden. Analog muss bezogen auf die Gesamtheit der Prozessspezifikationen jeder Entity-Typ vollständig gelesen werden.

- Zu jedem Beziehungstypen muss es mindestens eine Prozessspezifikation geben, in der die Beziehung zwischen den verbundenen Entities hergestellt und gepflegt wird. Dabei müssen auch evtl. angegebene Kardinalitäten zum Beziehungstypen berücksichtigt werden.

6.3 Essenzielle Modellierung

Die essenzielle Modellierung übernimmt den Modellierungsansatz und die Darstellungsformen der strukturierten Analyse und integriert diese in ein vollständiges Vorgehensmodell. So soll eine gute Qualität der resultierenden Analysemodelle gewährleistet werden. Insbesondere soll dieser Modellierungsansatz dazu beitragen, dass die *wahren Anforderungen* an ein System gefunden und in den Analysemodellen dargestellt werden. Wahre Anforderungen sind solche, die unabhängig von einer bestimmten technischen Realisierung in einem System gelten (vgl. [26] und [37]). Die Summe der wahren Anforderungen wird auch *Essenz* des Systems genannt. Ihrer Bezeichnung entsprechend zielt die essenzielle Modellierung darauf ab, dass nur diese Essenz in den Analysemodellen abgebildet wird. Auf die Vorteile dieses Ansatzes wird im Folgenden eingegangen. Die Darstellung bezieht sich dabei wesentlich auf die grundlegende Publikation von Stephen M. McMenamin und John F. Palmer, die den Ansatz der essenziellen Modellierung als Erste vorstellten (vgl. [26]).

6.3.1 Methodische Grundprinzipien

Die hier dargestellten Prinzipien dienen alle einem Ziel: die Anforderungen an ein System so zu ermitteln, dass diese tatsächlich die wahren Anforderungen wiedergeben. Jegliche zusätzliche Anforderungen, die durch technologische Randbedingungen verursacht werden, sollen möglichst vollständig ausgeblendet werden. Vielfach wird in diesem Zusammenhang auch eine Unterscheidung zwischen logischen und physikalischen Aspekten eines Systems vorgenommen (vgl. [26]). Als „logisch“ werden dabei die Aspekte bezeichnet, die unabhängig von der Implementationstechnik sind. Damit entsprechen die logischen Aspekte dem, was in der essenziellen Modellierung als wahre Anforderung, als Essenz eines Systems bezeichnet wird. Als „physikalisch“ werden dagegen alle technikbezogenen Aspekte bezeichnet. In den Analysemodellen der strukturierten Analyse sollen sich nur die logischen und nicht die physikalischen Aspekte eines Systems niederschlagen. Allerdings ist diese Trennung in vielen Fällen eine sehr schwierige Entscheidung. Vor der Entwicklung der essenziellen Modellierung war die Frage, ob eine bestimmte Systemeigenschaft der Kategorie „logisch“ oder der Kategorie „physikalisch“ zuzuordnen ist, in zahlreichen Systemanalyse-Projekten ein wesentlicher Streitpunkt. Die essenzielle Modellierung erleichtert die Entscheidung und unterstützt die Aussonderung physikalischer Systemeigenschaften durch mehrere methodische Prinzipien (vgl. Abschnitt 6.3.1.2 und Abschnitt 6.3.1.3).

6.3.1.1 Konzentration auf Anforderungen an das neue System

Auch wenn eine Systemanalyse stattfindet, um ein neues System für einen Aufgabenbereich zu entwickeln, existiert häufig bereits ein System, das bisher in diesem Aufgabenbereich eingesetzt wird. Dieses System wird im Rahmen einer Systemanalyse als *Vorgängersystem* oder als *Ist-System* bezeichnet.

Viele Systemeigenschaften, die von einer bestimmten Implementationstechnik abhängen (und damit in die Kategorie „physikalisch“ einzuordnen wären), kommen nur dadurch in Systemmodelle, weil bei der Analyse von dem Vorgängersystem ausgegangen wird. Es ist unmittelbar plausibel, dass bei der Betrachtung eines existierenden Systems die Gefahr, technisch geprägte Systemeigenschaften im Analysemodell abzubilden, besonders groß ist, denn das Vorgängersystem ist bereits mit einer bestimmten Technik realisiert, und es ist nicht trivial, von einem existierenden System, so wie es dem Analytiker entgegentritt, auf dessen essenziellen, logischen Kern zu schließen. Eine methodische Vorgehensweise dazu wird in Abschnitt 9.1 vorgestellt.

Um diese Schwierigkeiten prinzipiell zu vermeiden, wird im Rahmen der essenziellen Modellierung auf eine umfassende Modellierung des Vorgängersystems meist verzichtet und versucht, die Anforderungen an das neue System ohne Betrachtung des Vorgängersystems zu ermitteln. Wenn es gelingt, diese beispielsweise durch Interviews oder mit Fragebögen direkt von den Informanten zu erfahren, werden sich die Angaben mit sehr großer Wahrscheinlichkeit auf fachbezogene, aufgabenbezogene Aspekte beziehen und automatisch von einer spezifischen technischen Realisierung abstrahieren. Damit wird die Gefahr, „physikalisch“ geprägte Systemeigenschaften in die Analysemodelle einzuführen, deutlich reduziert. Diese Veränderung der Vorgehensweise hat des Weiteren noch den positiven Nebeneffekt, dass der häufig immense Aufwand zur Analyse eines Ist-Systems eingespart werden bzw. in die Ermittlung der wahren Anforderungen umgeleitet werden kann.

Nur in speziellen Konstellationen wird man daher eine ausführliche Betrachtung des Vorgängersystems im Rahmen einer Systemanalyse vornehmen (vgl. Kapitel 9).

6.3.1.2 Prinzip der perfekten Technologie

Selbst wenn sich die Analyse von vornherein auf die neuen Anforderungen konzentriert, können sich in die Informationen, die zu diesem Zweck gewonnen werden, dennoch technische Aspekte einschleichen. Dies wird beispielweise immer der Fall sein, wenn sich die befragten Informanten bei ihren Antworten gedanklich doch implizit an dem bereits existierenden System orientieren. Häufig ist in einem Unternehmen auch eine bestimmte Technologie zur Realisierung von Systemen üblich oder gar vorgeschrieben. Dann ist es für die Informanten besonders schwierig, von diesen Aspekten zu abstrahieren. Insofern ist jede Information, auch bei der Konzentration auf die neuen Anforderungen, darauf zu prüfen, ob sie ungeeignete technologisch geprägte Aspekte beinhaltet.

Wie kann man bei dieser Prüfung zu einer Entscheidung kommen? Die essenzielle Modellierung nutzt hierzu das *Prinzip der perfekten Technologie* (vgl. [26]). Dieses Prinzip sagt aus, dass zur Ermittlung der wahren Anforderungen davon auszugehen ist, dass das System auf Grundlage einer perfekten Technologie realisiert werden kann. Bei jeder Anforderung ist also nicht mehr die Frage zu stellen, ob sie physikalisch oder logisch ist, sondern die Frage, ob diese Anforderung auch dann existieren würde, wenn das System mit perfekter Technologie realisiert würde. So können alle die Anforderungen ausgesondert werden, die allein durch Unzulänglichkeiten eines bestimmten technischen Realisierungsansatzes in die Analysemodelle hineinkommen würden. Das Prinzip der perfekten Technologie ist somit eine gedankliche Hilfe, die den Analytiker beim Abstraktionsprozess von bestimmten Realisierungstechniken unterstützt.

Die erzielte Implementationsunabhängigkeit leistet einen großen Beitrag zur Qualität der entstehenden Analysemodelle. Zum einen werden die fachlichen Aspekte nicht durch implementationsbezogene Modellelemente verdeckt, zum anderen – und das ist der gravierendere Vorteil – entstehen auf diese Weise zukunftssichere Analysemodelle, deren Inhalte längerfristig Gültigkeit besitzen. Dies hängt mit der Erkenntnis zusammen, dass sich die fachliche Logik von Systemen in der Regel sehr viel langsamer ändert als die zur Realisierung der Systeme eingesetzte Technik. Wenn die Technik die Gestalt der Modelle prägt, müssen die Modelle bei jeder Änderung der Technik angepasst werden. Dies würde einen völlig unangemessenen Aufwand verursachen.

Es ist dabei zu beachten, dass das Prinzip der perfekten Technologie ausschließlich für das modellierte System selbst anzuwenden ist. Für die Systemumgebung gilt es nicht, denn die Systemumgebung ist durch nicht-perfekte Technologie gekennzeichnet. Damit die Essenz eines Systems trotz der Unzulänglichkeiten mit der Systemumgebung zusammenarbeiten kann, wird der essenzielle Kern eines Systems mit seinen Bestandteilen (vgl. Abschn. 6.3.2) in einen sogenannten *physikalischen Ring* eingebettet, der die notwendigen Aktivitäten zur Integration der Essenz in die Systemumgebung beinhaltet (vgl. **Bild 6-20**). Dabei ist die Administrations- von der Infrastrukturschicht zu unterscheiden. Während die Administrationsschicht alle Aktivitäten der Prüfung und Qualitätssicherung zusammenfasst, bilden alle konkreten Transportaktivitäten, die bei der Kommunikation mit der Systemumgebung notwendig werden, die Infrastruktur (vgl. [35]).

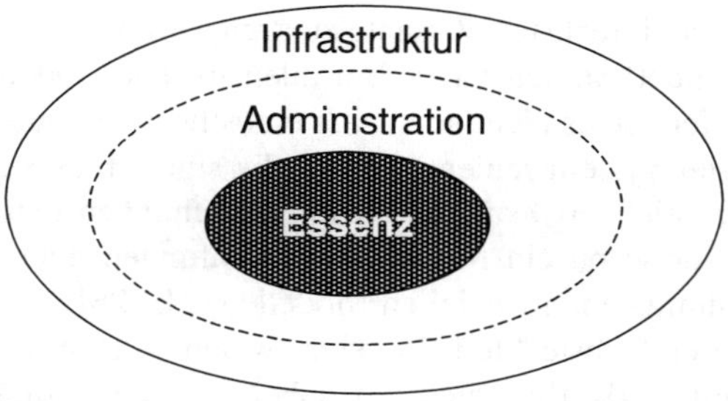

Bild 6-20 Systemschichten um den essenziellen Systemkern

Die Annahme einer perfekten Technologie ist unerfahrenen Analytikern häufig suspekt. Zum einen fällt es schwer, sich gedanklich von den Restriktionen der existierenden Technik zu befreien, wird man doch überall mit diesen konfrontiert. Zum anderen wird befürchtet, mit der Annahme perfekter Technologie ein Analysemodell zu erzeugen, das später mit der real existierenden Technik nicht sinnvoll umsetzbar ist. Diese Furcht ist jedoch unbegründet, wenn das Prinzip der minimalen essenziellen Modelle beachtet wird (vgl. Abschnitt 6.3.1.3).

6.3.1.3 Prinzip der minimalen essenziellen Modelle

So hilfreich das Prinzip der perfekten Technologie für die Unterscheidung zwischen implementationsabhängigen Aspekten und essenziellen Anforderungen ist, es führt bei alleiniger Anwendung doch zu problematischen Analysemodellen (vgl. [26]). Wenn davon auszugehen ist, dass das System mit perfekter Technologie realisiert wird, könnte der Analytiker dazu verleitet werden, eine nicht notwendige Komplexität in die Modelle einzubauen. Zusätzliche Speicher, aufwendige Verarbeitungsverfahren, umfangreiche Datenpakete mit nicht zwingend benötigten Bestandteilen oder ähnliche Systemmerkmale wären unter der Perspektive perfekter Technologie tolerierbar. All diese Merkmale würden sich nicht negativ auf die Systemleistung auswirken. Die zusätzliche Komplexität „kostet" nichts, weder (Verarbeitungs-)Zeit noch Geld.

Eine solche „verschwenderische" Systemgestaltung ist jedoch unbedingt zu vermeiden, da ein Analysemodell letztlich doch die Grundlage einer Realisierung werden soll. Bei der Realisierung kommt dann nicht-perfekte Technik zum Einsatz, und die zusätzlichen Systemmerkmale müssten mit der nicht-perfekten Technologie umgesetzt werden, was einen erheblichen Zusatzaufwand verursachen kann.
Bei der Gestaltung der Analysemodelle ist daher trotz der Annahme der perfekten Technologie nach der einfachsten Variante zu suchen, mit der die zu modellierende Anforderung abgebildet werden kann. Bei allen in den Modellen abzubildenden Aspekten ist zu prüfen, ob es nicht noch eine einfachere Variante der Modellierung gibt, ob evtl. weniger Systemelemente notwendig sind, ob es Verfahren mit weniger Arbeitsschritten gibt, ob Kommunikationsbeziehungen evtl. verzichtbar oder reduzierbar sind. Nur wenn ein Modell diese Prüfungen übersteht, entspricht es dem Prinzip der minimalen essenziellen Modelle (vgl. [26]). Das Ziel der Modellierung ist also die einfachste Modellversion, welche die Systemzusammenhänge zutreffend wiedergibt. Als Kernpunkt ist dabei die geringstmögliche Anzahl an Modellelementen anzustreben.

6.3.2 Bestandteile der Essenz eines Systems

Der essenzielle Kern eines Systems wird modelliert, indem ein kleiner Satz von typischen Modellelementen benutzt wird. Grundsätzlich besteht der essenzielle Kern eines Systems aus einer Anzahl *essenzieller Aktivitäten* und einer Anzahl *essenzieller Speicher* (vgl. [26]). Die essenziellen Aktivitäten sind solche, die im System ausgeführt werden müssen, um das Systemziel zu erreichen. Bei der Identifikation dieser Aktivitäten wird davon ausgegangen, dass das System mit perfekter Technologie implementiert ist (vgl. Abschnitt 6.3.1.2). Jegliche Aktivitäten, die Mängel einer bestimmten Technologie ausgleichen sollen, gehören somit nicht zu den essenziellen Aktivitäten.
Die essenziellen Speicher halten die Daten fest, die für die Ausführung der essenziellen Aktivitäten benötigt werden und über einen gewissen Zeitraum festgehalten werden müssen, weil die Entstehung der Daten und ihre Verwendung zeitlich differieren.
Bei den essenziellen Aktivitäten sind abhängig vom Gegenstand der Aktivität die grundlegenden Aktivitäten von den Verwaltungsaktivitäten zu unterscheiden.

6.3.2.1 Grundlegende Aktivitäten
Wie alle essenziellen Aktivitäten leistet auch jede grundlegende Aktivität einen Beitrag zum Erreichen des Systemziels. Grundlegende Aktivitäten zeichnen sich

besonders dadurch aus, dass sie eine Reaktion des Systems auf eine Anwendungssituation realisieren. Jede grundlegende Aktivität übernimmt die Bearbeitung einer spezifischen Aufgabenstellung, wobei die Bearbeitung dieser Aufgabenstellung unmittelbar zum Systemziel gehören muss. Eine grundlegende Aktivität erzeugt eine in der Umgebung des Systems wahrnehmbare Reaktion des Systems. Beispielsweise gehört in einem System zur Bearbeitung von Krediten die Prüfung eines Kreditantrages zu den grundlegenden Aktivitäten. Die Reaktion des Systems, die von dieser Aktivität ausgeht, wird eine Annahme oder eine Ablehnung des Kreditantrages sein. Als weiteres Beispiel sei in einem System zur Auftragsabwicklung die Prüfung eines Auftrages genannt. Diese grundlegende Aktivität erzeugt als Systemreaktion beispielweise eine Auftragsbestätigung.
In die grundlegenden Aktivitäten gehen Daten ein, die entweder unmittelbar und aktuell zu Beginn der Aktivität vorliegen (aus der Systemumgebung geliefert werden) oder die aus den essenziellen Speichern des Systems gelesen werden.

6.3.2.2 Essenzielle Speicher

Essenzielle Speicher sind notwendig, weil die Systemumgebung des modellierten Systems nicht perfekt ist. Das bedeutet u.a., dass aus der Systemumgebung nicht zu jedem beliebigen Zeitpunkt die für die Verarbeitung benötigten Daten geliefert werden bzw. geliefert werden können. Daten, die aus der Systemumgebung kommen bzw. durch Verarbeitung von aus der Umgebung kommender Daten entstehen und deren Verarbeitungszeitpunkt nicht mit dem Entstehungs- oder Verfügbarkeitszeitpunkt zusammenfällt, müssen daher in Speichern festgehalten werden. Nur so kann die Verfügbarkeit zum Zeitpunkt der Verarbeitung unabhängig von der Leistung der Systemumgebung sichergestellt werden.

6.3.2.3 Verwaltungsaktivitäten

Verwaltungsaktivitäten sind essenzielle Aktivitäten, die einen Beitrag zum Erreichen des Systemziels leisten, indem sie dafür sorgen, dass in den essenziellen Speichern die von den grundlegenden Aktivitäten benötigten Daten verfügbar sind. Sie dienen also der Pflege der Speicherinhalte. Daraus folgt auch, dass die Verwaltungsaktivitäten keine nach außen, d.h. in der Systemumgebung, sichtbaren Effekte verursachen. Beispielsweise gehört die Pflege von Adressdaten von Kunden zu den typischen Verwaltungsaktivitäten. Wenn eine neue Adresse eines Kunden bekannt wird (z.B. weil dieser eine entsprechende Mitteilung schickt), wird diese neue Adresse durch eine Verwaltungsaktivität in den passenden Speicher eingetragen, ohne dass dem Kunden darüber wiederum eine gesonderte Bestätigung zugeschickt wird. Der Beitrag zum Systemziel ist klar, da im Kontext anderer Aktivitäten sicherlich aktuelle Adressdaten benötigt werden.

6.3.2.4 Zusammengesetzte essenzielle Aktivitäten

In vielen Fälle werden in den essenziellen Aktivitäten sowohl Reaktionen des Systems erzeugt, die in der Umgebung des Systems wahrnehmbar sind, als auch Speicherinhalte gepflegt. Wenn dies der Fall ist, liegt eine sogenannte zusammengesetzte essenzielle Aktivität vor. Die Bezeichnung macht deutlich, dass eine solche Aktivität sowohl den Charakter einer grundlegenden Aktivität als auch einer Verwaltungsaktivität aufweist.

6.3.3 Zerlegungsprinzipien der essenziellen Modellierung

Bei der Erstellung eines Analysemodells müssen in dem untersuchten System die verschiedenen Bestandteile der Essenz identifiziert und abgegrenzt werden, und das System muss in die Bestandteile der Essenz zerlegt werden. Zur Identifikation der essenziellen Aktivitäten kommt dabei das Prinzip der ereignisorientierten Zerlegung zur Anwendung, zur Identifikation der essenziellen Speicher das Prinzip der objektorientierten Zerlegung.

6.3.3.1 Ereignisorientierte Zerlegung in essenzielle Aktivitäten

Im Rahmen der essenziellen Modellierung wird die Sichtweise eingenommen, dass sich das Verhalten eines Systems durch seine Reaktionen ergibt, die es auf Ereignisse in seiner Umgebung zeigt. Ein Ereignis ist dabei das Eintreten einer veränderten Situation in der Systemumgebung. Das System selbst hat auf das Eintreten von Ereignissen keinen Einfluss (vgl. [26]). Es kann selbst durch seine Aktivitäten auch keine Ereignisse auslösen. Innerhalb des Systems gibt es nur Aktivitäten und keine Ereignisse, auch wenn die Beschreibung einer Aktivität, wie beispielsweise „Verschicke Auftragsbestätigung" fälschlicherweise als ein Ereignis interpretiert werden könnte. Auch die Ereignisse, die bei externen Elementen der Systemumgebung aufgrund von Aktivitäten des Systems eintreten, sind für die essenzielle Modellierung nicht von Bedeutung. Beispielsweise spielt ein Ereignis „Auftragsbestätigung trifft beim Kunden ein" für die Modellierung des Systems keine Rolle.
In Abschnitt 4.3.1 wurde bereits darauf hingewiesen, dass im Rahmen der Systemanalyse insbesondere die geplanten Reaktionen eines Systems betrachtet werden. Dies gilt auch im Rahmen der essenziellen Modellierung. Um eine geplante Reaktion handelt es sich, wenn die Art der Reaktion im System bereits festgelegt ist, bevor das Ereignis eintritt. Alle Ereignisse, auf die ein System überhaupt nicht oder spontan (d.h. ungeplant) reagiert, werden in der Regel nicht weiter betrachtet.
Hinsichtlich der Bedingungen für das Eintreten der Ereignisse lassen sich zwei Ereignisarten unterscheiden:

- Externe Ereignisse

- Zeitliche Ereignisse

Externe Ereignisse werden von Elementen in der Systemumgebung zu nicht vorhersehbaren Zeitpunkten ausgelöst (vgl. [26]). Ein System muss somit jederzeit auf ein derartiges Ereignis reagieren können. Die zeitlichen Ereignisse werden dagegen ohne Zutun eines Elementes der Systemumgebung allein durch Erreichen eines bestimmten Zeitpunktes ausgelöst. Dieser Zeitpunkt kann als absoluter Zeitpunkt mehr oder weniger genau vorgegeben sein (*absolute zeitliche Ereignisse*). Für die Logik des Systems spielt es keine Rolle, ob der Zeitpunkt auf die Sekunde genau festgelegt ist oder ob sich die Zeitangabe auf einen Tag oder einen Monat bezieht. Eine zweite Möglichkeit besteht in *relativen zeitlichen Ereignissen*, die von einem anderen Ereignis und dem Zeitpunkt dessen Eintretens abhängen. Beispielsweise kann der Zeitpunkt einer Zahlung vom Zeitpunkt der zugehörigen Lieferung abhängig gemacht werden. Darüber hinaus kann das Eintreten auch noch von weiteren Bedingungen abhängig gemacht werden. Im Beispiel der Lieferung könnte das Bezahlen zusätzlich von der Bedingung abhängig sein, dass bei der gelieferten Ware keine Mängel festgestellt wurden.
Auch bei den zeitlichen Ereignissen gilt, dass diese vollständig unabhängig von Aktivitäten des Systems sein müssen. Insofern sind zeitliche Ereignisse, die sich beispielsweise auf die Dauer einer Aktivität im System oder deren Ende beziehen, nicht zulässig. Dies würde einen Bezug zur eingesetzten Technologie einführen, da die Bearbeitungszeiten ja beispielweise von der Geschwindigkeit der eingesetzten Prozessoren abhängig sind (vgl. [26]).

6.3.3.2 Objektorientierte Zerlegung des Speichers

In der Regel sind in den analysierten Systemen viele Daten unterschiedlicher Art festzuhalten. Theoretisch könnte man alle diese Daten in einem großen, umfassenden Speicher unterbringen. Eine solche Vorgehensweise ist jedoch nicht sinnvoll. In dem Systemmodell wären dann wesentliche Eigenschaften des abgebildeten Systems nicht mehr erkennbar. Der Speicher wäre so hoch aggregiert, dass keinerlei Information über den Aufbau der im System zu speichernden Daten daraus hervorginge. Es wäre aus dem Analysemodell auch nicht erkennbar, welche Aktivitäten im System welche Ausschnitte aus dem gespeicherten Datenbestand benutzen oder erzeugen (vgl. [26]).
Die entgegengesetzte Strategie, für jede Art von Datenelement einen separaten Speicher vorzusehen, würde aufgrund der typischerweise großen Zahl von daraus resultierenden Speichern ebenfalls zu einem unübersichtlichen Systemmodell

führen, dessen Aussagekraft aufgrund der strukturellen Unklarheit sehr eingeschränkt wäre (vgl. [26]).

Selbstverständlich soll die Unabhängigkeit von einer eingesetzten Technologie auch für die Speicher gewahrt bleiben, so dass die (spätere) Realisierung der Speicher und eine daraus resultierende Unterscheidung von verschiedenen Speichern (z.B. Festplatte, Kartei, Liste, Magnetband) kein sinnvolles Kriterium für dessen Zerlegung liefert.

Eine zunächst naheliegende Idee ist es, die Aufteilung des Speichers an den Aktivitäten zu orientieren, die aufgrund der ereignisorientierten Zerlegung identifiziert worden sind. Jeder Aktivität würde dann ein „Privatspeicher" zugeordnet, der genau die Datenelemente enthält, die von der Aktivität benötigt bzw. erzeugt werden. Dies würde jedoch ebenfalls zu fragwürdigen Konstellationen führen. Problematisch wird es bei dieser Zerlegungsstrategie immer dann, wenn ein Datenelement nicht nur von einer essenziellen Aktivität benötigt wird, sondern von mehreren.

So ist beispielweise ohne detaillierte Betrachtung unmittelbar plausibel, dass Daten über Kunden in einem System zur Auftragsbearbeitung nicht nur von einer Aktivität, sondern nahezu von allen Aktivitäten benötigt werden. Derartige Daten müssten redundant in mehreren Speichern der jeweiligen Aktivitäten festgehalten werden. Diese Redundanzen müssten dann noch entsprechend gepflegt werden. Auch wenn man perfekte Technologie zugrunde legt und der von der zusätzlichen Speicherung und Pflege verursachte Aufwand somit nicht ins Gewicht fallen würde, stellt dies dann doch eine Verletzung des Prinzips der minimalen essenziellen Modelle dar (vgl. Abschnitt 6.3.1.3).

Für eine angemessene, aussagekräftige Zerlegung des Speichers wird eine andere Zerlegungsstrategie benötigt. Im Rahmen der essenziellen Modellierung wird zu diesem Zweck eine *objektorientierte Zerlegung* eingesetzt. Die Identifizierung und Abgrenzung von Objekten in seiner Umwelt ist für den Menschen eine vertraute Vorgehensweise. Dabei spielt es keine Rolle, ob es sich um konkrete Objekte der physischen Realität oder um abstrakte Objekte, die entsprechende Ideen, Gedanken oder Konzepte repräsentieren, handelt. Auch der weitere Abstraktionsschritt, von dem Einzelobjekt zu abstrahieren und nur die Gemeinsamkeiten einer Gruppe von Objekten ebenfalls als Objekt zu betrachten, ist gebräuchlich.

Diese Sichtweise wird im Rahmen der essenziellen Modellierung genutzt, um Datenelemente so zu Gruppen zusammenzufassen, dass sie als Merkmale einer bestimmten, im Gegenstandsbereich des Systems auftretenden Kategorie von Objekten interpretiert werden können. Die Datenelemente dienen somit im betrachteten Problemkontext der Beschreibung der Objekte. Die Datenelemente

beschreiben die Objekte somit in der Regel nicht vollständig, sondern nur die Aspekte, die für die jeweilige Modellierung relevant erscheinen.
Für jede Gruppierung von Datenelementen wird im Analysemodell der essenziellen Modellierung ein separater Speicher vorgesehen. In einem solchen Speicher sind alle Angaben zu Objekten zusammengefasst, die dieser Beschreibungsstruktur entsprechen.
Die objektorientierte Zerlegung des essenziellen Speichers führt zu einem Detaillierungsgrad, der einerseits überschaubar bleibt, andererseits einen angemessenen und aussagekräftigen Detaillierungsgrad der Analysemodelle sicherstellt (vgl. [26]).
Es ist darauf hinzuweisen, dass zur Abgrenzung von Datengruppen zwar eine objektorientierte Sichtweise eingenommen wird, andere Aspekte einer Objektorientierung im Sinne der Software-Technik hierbei aber unberücksichtigt bleiben (z.B. das Konzept der Vererbung, vgl. Abschnitt 7.2.2).

6.3.4 Vorgehensmodell der essenziellen Modellierung

Die bisher in Abschnitt 6.3 vorgestellten Prinzipien und Modellierungskonzepte werden in der essenziellen Modellierung in ein Vorgehensmodell eingebunden, das für eine schrittweise Erstellung eines Analysemodells unter Berücksichtigung der Prinzipien sorgt. Dieses Vorgehensmodell besteht aus den folgenden Hauptschritten:

- Festlegung der Systemziele und Systemabgrenzung
- Identifizieren und Modellieren der Ereignisse mit geplanten Reaktionen
- Erstellen eines Kontextdiagramms
- Modellieren der grundlegenden Aktivitäten
- Identifizieren und Modellieren der essenziellen Speicher
- Ableiten der Verwaltungsaktivitäten und entsprechender Ereignisse
- Erstellen eines vollständigen Modells auf essenzieller Ebene
- Schrittweises Vergröbern des Modells zum Kontextdiagramm
- Schrittweises Verfeinern des Modells bis hin zu Prozessspezifikationen
- Erstellung der Prozessspezifikationen

Bei diesen Schritten werden die Darstellungsmittel der strukturierten Analyse (vgl. Abschnitt 6.2) eingesetzt, um die entstehenden Modelle zu dokumentieren. Die einzelnen Modellierungsaktivitäten, die in diesen Hauptschritten stattfinden, werden in den folgenden Abschnitten vorgestellt.

6.3.4.1 Festlegung der Systemziele und Systemabgrenzung

In dieser Phase erfolgen wesentliche Festlegungen, die den weiteren Verlauf des Analyseprojektes massiv prägen. Insbesondere wird hier der Projektumfang maßgeblich determiniert und ist deshalb in den weiteren Phasen nur noch geringfügig modifizierbar.

Das Systemziel ist in engster Absprache mit dem Auftraggeber/Anwender festzulegen. Die entscheidende Frage, die es in diesem Schritt zu beantworten gilt, lautet: Welche Aufgaben soll das System übernehmen? Die Antwort besteht in einer verbalen, textuellen Beschreibung des Aufgabenbereiches des Systems. Wenn möglich, sollten dabei auch die Aufgabenbereiche explizit genannt werden, die vom System *nicht* zu übernehmen sind, sofern die Annahme plausibel wäre, dass das System auch diese übernehmen könnte.

Die Beschreibung der Systemziele muss in dieser Phase zwangsläufig noch wenig konkret sein. Dies ist aber ohne Weiteres tolerierbar, da die Konkretisierung hinsichtlich der Aufgaben in den weiteren Arbeitsschritten erfolgen kann. Insofern ist die Formulierung der Systemziele in dieser Phase nur als Ausgangspunkt der weiteren Untersuchung zu betrachten (vgl. [35]).

Ein wesentlicher Aspekt ist die Benennung der Einheiten (Personen, Systeme), mit denen das analysierte System in Kontakt steht. Damit wird die Systemabgrenzung noch deutlicher und konkreter, als dies mit einer Aufgabenbeschreibung möglich ist. Mit den Angaben werden wesentliche Aspekte der in Abschnitt 6.2.1.5 beschriebenen Kontextabgrenzung ermittelt und insbesondere die Terminatoren für das Kontextdiagramm identifiziert.

Bereits in dieser Phase kann sich zeigen, dass eine Analyse des vollständigen Systems nicht sinnvoll ist und eine Zerlegung in Teilsysteme erfolgen muss, die separat analysiert werden. Die entstehenden Teilmodelle können später durch Meta-Kontexte wieder zusammengeführt werden (vgl. Abschnitt 6.2.1.5). Hintergrund dieser Zerlegung ist, dass die Komplexität, die sinnvoll durch ein Analysemodell abgebildet werden kann, begrenzt ist. Jedes noch so gut aufgebaute Datenflussdiagramm, jeder konsistent sortierte Datenkatalog verliert bei einer zu großen Anzahl von Modellelementen und Einträgen seine Übersichtlichkeit und Interpretierbarkeit für einen Betrachter.

Sofern bereits zu diesem frühen Zeitpunkt der Analyse anzunehmen ist, dass die Zahl der Modellelemente für ein Modell zu groß wird, muss eine Aufteilung in

Teilsysteme vorgenommen werden. Hinweise auf die Notwendigkeit einer solchen Aufteilung ergeben sich sowohl aus der hier betrachteten Kontextabgrenzung als auch aus der in Abschnitt 6.3.4.2 vorgenommenen Modellierung der Ereignisse, auf die das System reagieren soll. Sofern die Zahl der Terminatoren die Grenze von 10 übersteigt bzw. die Zahl der zu berücksichtigenden Ereignisse deutlich oberhalb von 20 liegt, muss eine Aufteilung in Teilsysteme ernsthaft geprüft werden.

Hinsichtlich der Kontextabgrenzung ist hervorzuheben, dass sich die Systemgrenze nicht an einem evtl. geplanten DV-System orientieren sollte, sondern an der zu erledigenden Aufgabenstellung. Wenn dabei beispielsweise auch Sachbearbeiter involviert sind oder Bediener des DV-Systems, gehören diese mit zum System.

Bei der Festlegung der Systemgrenze ist weiter zu berücksichtigen, dass das System keine unvollständigen Teilaktivitäten beinhalten soll. Wenn eine Aktivität zur Erledigung einer Aufgabe erforderlich ist, muss diese vollkommen im System angesiedelt sein (nach dem Prinzip der Vollständigkeit, vgl. Abschnitt 6.3.4.4). So wird vermieden, dass das System bei der Erledigung seiner Aufgaben auf Zuarbeit von systemexternen Elementen angewiesen ist.

Eine weitere Orientierung zur Festlegung einer System- und Analysegrenze bietet eine Abschätzung der zeitlichen Stabilität der Systemgrenze. Die Systemgrenze ist da zu ziehen, wo nach aktuellem Kenntnisstand zukünftig die geringsten Veränderungen zu erwarten sind (vgl. [35]).

6.3.4.2 Modellieren der Ereignisse mit geplanten Reaktionen

Ausgehend von der formulierten Zielsetzung des Systems sind die Ereignisse der Systemumgebung zu identifizieren, auf die das System reagieren muss, um das Systemziel zu erreichen. Jedes jetzt und später identifizierte Ereignis wird als eine Zeile in einer Ereignistabelle eingetragen. Diese hat den in **Bild 6-21** dargestellten Aufbau.

Die Spalte „Nr." enthält eine laufende Nummer und die Spalte „Ereignis" eine verbale Kurzbeschreibung des jeweiligen Ereignisses. Die Spalte „Auslöser" enthält die Bezeichnung des Datenflusses, der in Verbindung mit dem Ereignis beim System eintrifft. Der Bezeichner des Datenflusses, der als Reaktion des Systems nach außen geht, wird in der Spalte „Antwort" eingetragen. Sowohl in der Spalte „Auslöser" als auch in der Spalte „Antwort" können dabei pro Ereignis auch mehrere Datenflüsse eintragen werden.

In der Regel beginnt die Suche nach Ereignissen ausgehend von der Systemumgebung und den dort stattfindenden Aktivitäten. Hier werden somit die externen Ereignisse identifiziert, die durch Aktivitäten von Terminatoren generiert werden. Ein solches Ereignis wird (abgesehen von seiner laufenden Nummer) mit einer

Formulierung in die Ereignistabelle eingetragen, die aus der Benennung des externen Elementes (Terminator), einem Verb zur Beschreibung der Aktivität und einem Objekt als Gegenstand der Aktivität besteht. Ein typisches Beispiel ist die Formulierung „Kunde erteilt Auftrag" (**Bild 6-21**).

Nr.	Ereignis	Auslöser	Antwort
1	Interessent wünscht Produktinformation	Anfrage	Produktinformation
2	Kunde erteilt Auftrag	Auftrag	Auftrags-bestätigung Produktionsauftrag
3	Kunde storniert Auftrag	Storno	Stornobestätigung
4	Kunde fragt Auftragsstatus nach	Auftrags-nummer	Auftragsstatus
5	Kunde teilt Adressänderung mit	Adresse	-
6	Lieferant liefert Artikel	Lieferschein	Empfangsbestätigung
7	Lieferant teilt Lieferfrist mit	Lieferfrist	-
8	Zeit für Kundeninformation	-	Kundeninformation
9	Zeit für Mahnung	-	Mahnung

Bild 6-21 Ereignistabelle mit Ereignissen für geplante Reaktionen

Bei der Suche nach relevanten Ereignissen sind die Regularien der ereignisorientierten Zerlegung zu beachten (vgl. Abschnitt. 6.3.3.1). Besonders wesentlich ist dabei, von der physikalischen Erscheinungsform zu abstrahieren. Dies ist insofern schwierig, als die Ereignisse nur in ihrer physikalischen Erscheinungsform beobachtbar sind und der Abstraktionsschritt nachträglich erfolgen muss. Beispielsweise ist zu beobachten, dass ein Kunde einen Brief schickt, der einen Auftrag enthält. Ein anderer Kunde erteilt telefonisch einen Auftrag.

Dass ein Brief eingeht oder ein Telefonanruf entgegengenommen wird, sind zwar Ereignisse der konkreten Systemrealisierung, für die hier vorgenommene implementationsunabhängige Modellierung ist jedoch nur von Belang, dass ein Auftrag eingeht. Anhand dieses Beispiels lässt sich der Vorzug dieses Modellierungsansatzes auch nochmals deutlich machen. Ein Modell, in das lediglich die Tatsache des Auftragseinganges aufgenommen wird, behält seine Gültigkeit, auch wenn zukünftig neben schriftlichen und telefonischen Aufträgen solche per E-Mail eingehen.

Wenn die externen Ereignisse vollständig identifiziert und eingetragen sind, bleiben häufig noch Lücken in der erbrachten Systemleistung, d.h. es existieren

Systemziele, die nicht als Reaktion auf externe Ereignisse erreicht werden. Für derartige Lücken werden in der Regel zeitliche Ereignisse eingeführt, die entsprechende Reaktionen des Systems ohne externen Anstoß erzeugen (vgl. Abschnitt 6.3.3.1). Ein zeitliches Ereignis wird mit der Formulierung „Zeit für" und der Benennung der Systemleistung in eine Zeile der Ereignistabelle eingetragen. Da derartige Ereignisse nicht mit einer Aktivität eines externen Elementes in Verbindung stehen, gibt es für ein solches Ereignis auch keinen Auslöser. Der erzeugte Datenfluss als Reaktion auf das Ereignis wird jedoch in der Spalte „Antwort" in die Ereignistabelle eingetragen.
Die Datenflüsse, die in der Ereignistabelle eingetragen sind, werden als erste Einträge im Datenkatalog hinsichtlich ihrer Zusammensetzung und Wertebereiche definiert (vgl. Abschnitt 6.2.2).
Als Ergebnis dieses Arbeitsschrittes soll eine Ereignistabelle vorliegen, die hinsichtlich der Ereignisse, die grundlegende Aktivitäten auslösen (vgl. Abschnitt 6.3.2.1), vollständig ist.

6.3.4.3 Erstellen eines Kontextdiagramms

Ausgehend von den Ergebnissen der Kontextabgrenzung und den Inhalten der Ereignistabelle kann das Kontextdiagramm des Systems erstellt werden. Das untersuchte System wird als Prozess dargestellt, wobei die Beschriftung des Prozesses das Systemziel deutlich beschreiben soll (vgl. 6.2.1.5).
Die Nachbarelemente des Systems, die im Kontextdiagramm als Terminatoren abgebildet werden, sollten im Rahmen der Kontextabgrenzung benannt worden sein. Sofern von diesen Nachbarelementen externe Ereignisse ausgehen, finden sich diese Elemente auch in der Ereignistabelle als Subjekte der Ereignisbeschreibung wieder.
Die Datenflüsse zwischen dem Prozess, der im Kontextdiagramm die gesamte Systemleistung zusammenfasst, und den Terminatoren ergeben sich aus den Datenflüssen, die in der Spalte „Auslöser" (Datenflüsse von Terminatoren zum Prozess) und in der Spalte „Antwort" (Datenflüsse vom Prozess zu Terminatoren) genannt sind.
Ausgehend von der Ereignistabelle in **Bild 6-21** ergibt sich für ein System zur Auftragsbearbeitung beispielsweise das Kontextdiagramm in **Bild 6-22**.

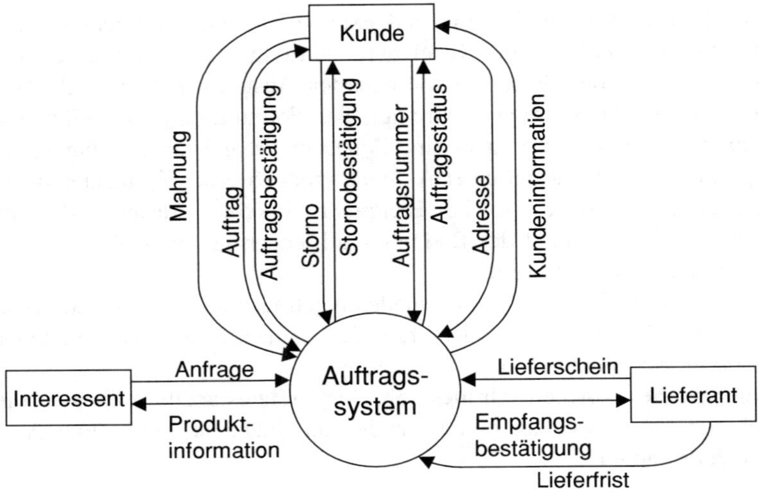

Bild 6-22 Beispiel für Kontextdiagramm (Auftragsbearbeitung)

Sofern in einem System Daten zur Erzeugung einer Systemreaktion benötigt werden, die weder im Zusammenhang mit einem Ereignis von außen geliefert werden, noch sinnvoll im System gespeichert werden können, sind sogenannte *Informanten* in das Kontextdiagramm aufzunehmen (vgl. [35]). Informanten sind Nachbarelemente des Systems, die bei Bedarf jederzeit die benötigten Daten liefern können. Sie werden als Terminatoren im Kontextdiagramm dargestellt, und die gelieferten Daten werden durch einen beschrifteten Datenfluss zwischen Informant und Systemprozess deutlich gemacht (vgl. **Bild 6-23**).

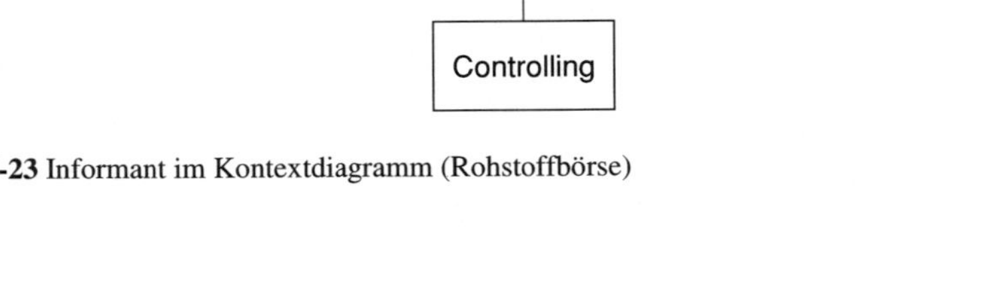

Bild 6-23 Informant im Kontextdiagramm (Rohstoffbörse)

Informanten werden typischerweise immer dann eingesetzt, wenn benötigte Daten sehr kurzfristigen und häufigen Veränderung unterliegen, die außerhalb der Kontrolle durch das modellierte System liegen. Eine derartige Konstellation ist beispielsweise bei Aktien- und Devisenkursen, Rohstoffpreisen oder Wetterdaten gegeben. Die Daten, die von Informanten in das System geliefert werden, sind im Datenkatalog ebenfalls zu definieren.

6.3.4.4 Modellieren der grundlegenden Aktivitäten

Die grundlegenden Aktivitäten werden ausgehend von den bisherigen Einträgen der Ereignistabelle modelliert. Es ist der erste Schritt zur Erstellung des Datenflussdiagramms der essenziellen Ebene. Es wird dabei angenommen, dass jedes der Ereignisse genau eine grundlegende Aktivität auslöst. Daher wird in einem Datenflussdiagramm für jedes Ereignis der Ereignistabelle genau ein Prozess abgebildet. Der Prozess erhält die Nummer des Ereignisses in der Ereignistabelle und eine angemessene Bezeichnung. Ein solcher Prozess umfasst alle Aktivitäten, die als interne und externe Reaktion des Systems auf das Eintreten des jeweiligen Ereignisses erfolgen. Dieses *Prinzip der Vollständigkeit* gehört mit zu den grundlegenden Prinzipien der essenziellen Modellierung. Auch Aktivitäten, die nur in bestimmten, evtl. seltenen Konstellationen als Konsequenz eines Ereignisses auftreten, werden mit in den einen Prozess integriert.

An jeden Prozess werden im Datenflussdiagramm die Datenflüsse angetragen, die in der Ereignistabelle als Auslöser und Antworten des jeweiligen Ereignisses aufgeführt sind.

In der Regel werden die Prozesse nicht alle Daten durch die eingehenden Datenflüsse erhalten, sondern auf gespeicherte Daten zurückgreifen müssen. Diese werden in essenziellen Speichern bereitgestellt, die im folgenden Schritt in das Datenflussdiagramm aufgenommen werden.

6.3.4.5 Modellieren der essenziellen Speicher

Den Ausgangspunkt für die Modellierung der essenziellen Speicher bildet ein großer Gesamtspeicher, der alle Daten enthält, welche für die grundlegenden Aktivitäten über die eingehenden Datenflüsse hinaus benötigt werden (**Bild 6-24**).

Die Identifizierung der notwendigen Datenelemente ist in dieser frühen Phase der Modellierung schwierig und wird nicht vollständig erfolgen können. Somit sind in späteren Phasen mit großer Wahrscheinlichkeit noch Ergänzungen und Modifikationen erforderlich.

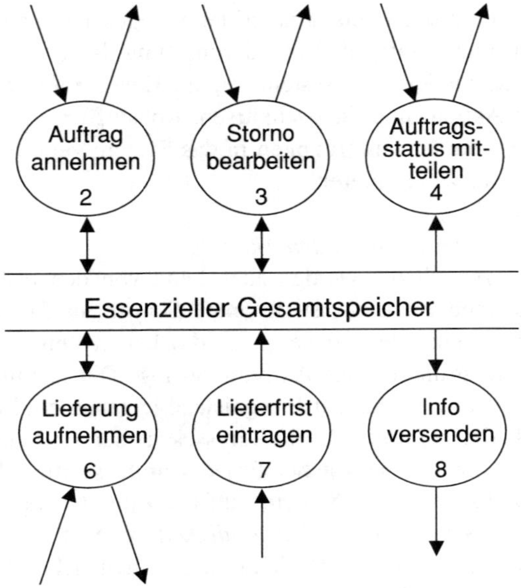

Bild 6-24 Essenzieller Gesamtspeicher im Datenflussdiagramm der essenziellen Ebene

Die meisten Datenelemente wird man jedoch bereits ohne detaillierte Betrachtung der internen Abläufe der Prozesse benennen können. Diese werden zunächst gesammelt und in den Datenkatalog eingetragen. Daran anschließend erfolgt eine objektorientierte Zerlegung des Speichers. Dies bedeutet, dass Objekte im Gegenstandsbereich des Systems identifiziert werden, über die Daten zu speichern sind, um die Systemziele zu erreichen (vgl. Abschnitt 6.3.3.2). Diese Objekte dienen als Kriterien zur Zerlegung des Gesamtspeichers in einzelne essenzielle Speicher. Den Objekten werden von den bereits identifizierten Datenelementen die passenden zugeordnet, so dass diese Datenelemente als Attribute im jeweiligen Speicher vorzusehen sind. Die Speicher als Gruppierung von Datenelementen sind einschließlich ihrer Zusammensetzung aus Datenelementen im Datenkatalog festzuhalten.

Ausgehend von der Identifizierung der Objekte wird in der Regel eine erste Ergänzung der zu speichernden Datenelemente vorgenommen werden können. Mit **Bild 6-24** als Basis ist die Grundstruktur des bisher erzeugten Datenflussdiagramms der essenziellen Ebene wie in **Bild 6-25** aufgebaut:

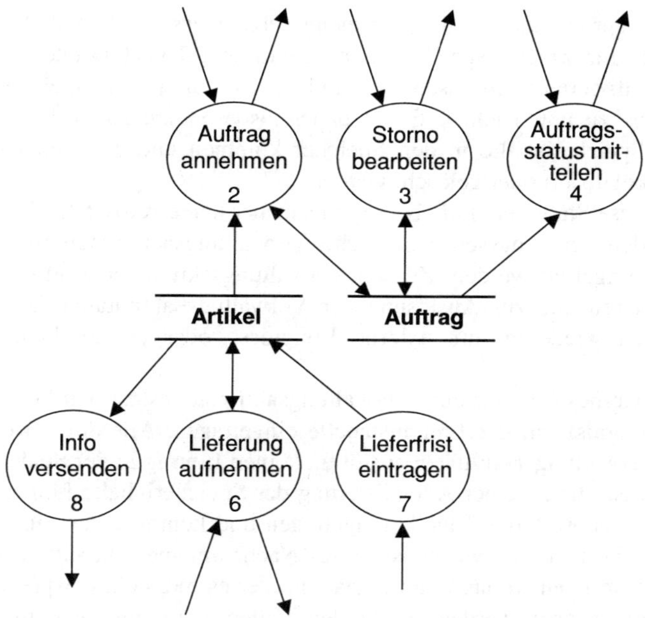

Bild 6-25 Objektorientiert zerlegter Speicher im Datenflussdiagramm der essenziellen Ebene

Die identifizierten essenziellen Speicher können als Entity-Typen in ein ER-Diagramm aufgenommen werden (vgl. Abschnitt 6.2.4). Von diesen Typen ausgehend ist zu prüfen, welche fachlich/logischen Bezüge zwischen den Speichern bzw. Entity-Typen im modellierten System bestehen. Für jede erkannte Beziehung ist ein Beziehungstyp zwischen den in Beziehung stehenden Entity-Typen einzufügen. Jeder Beziehungstyp ist wiederum im Datenkatalog hinsichtlich seines Aufbaus aus den Schlüsselattributen der verbundenen Entity-Typen und evtl. vorhandenen separaten Attributen zu definieren. Sofern diese Angaben bereits jetzt gemacht werden können, sind zu den Beziehungen auch die entsprechenden Kardinalitätswerte anzugeben.

6.3.4.6 Ableiten der Verwaltungsaktivitäten und entsprechender Ereignisse

Damit sichergestellt ist, dass die Speicher jederzeit korrekte, konsistente und aktuelle Daten enthalten, muss im System dafür gesorgt werden, dass die Speicherinhalte angemessen gepflegt werden. In Abschnitt 6.3.2.4 wurde dargelegt, dass eine solche Pflege der Speicherinhalte durchaus auch von den grundlegenden Aktivitäten (bzw. den zugehörigen Prozessen) übernommen werden kann. In diesem Fall spricht man von zusammengesetzten essenziellen Aktivitäten. Um festzustellen, für welche Speicherinhalte derartige Pflegeaktivitäten nicht in den bisher identifizierten Prozessen stattfinden, ist für jeden Speicherinhalt der Lebenszyklus zu untersuchen. Es ist dabei insbesondere zu prüfen, auf welche Weise die Speicherinhalte in den Speicher kommen und bei welchen Gelegenheiten sie aktualisiert oder gelöscht werden.

Sofern für diese Stationen im Lebenszyklus bisher keine Aktivitäten in den Prozessen vorhanden sind, müssen zusätzliche Verwaltungsaktivitäten für diese Speicherinhalte eingefügt werden. Zu den Verwaltungsaktivitäten sind die Ereignisse zu identifizieren, die zur Auslösung der Verwaltungsaktivitäten führen. Hierbei kann es sich wiederum um externe Ereignisse oder um zeitliche Ereignisse handeln.

Wenn ein externes Ereignis eine Verwaltungsaktivität auslöst, wird dieses wie alle externen Ereignisse in der Ereignistabelle eingetragen. Allerdings weisen Ereignisse, die Verwaltungsaktivitäten auslösen, keinen Eintrag in der Spalte „Antwort“ auf. Die Daten, die zu einer Aktualisierung der Speicherinhalte führen, werden in die Spalte „Auslöser“ der Tabelle eingetragen und kommen von einem Nachbarelement des Systems. Entweder ist dieses Nachbarelement bereits in Form eines Terminators im Kontextdiagramm enthalten oder es muss ein entsprechender Terminator dort ergänzt werden. In beiden Fällen wird ein Datenfluss mit den speicherrelevanten Daten zwischen Terminator und Systemprozess ergänzt. Der Datenfluss wird, sofern noch nicht dort vorhanden, in den Datenkatalog eingetragen und definiert.

In relativ seltenen Fällen kann eine Aktualisierung der Speicherinhalte auch durch ein zeitliches Ereignis verursacht werden. Auch diese Ereignisse werden in die Ereignistabelle eintragen, weisen jedoch weder Auslöser noch Antwort auf. Zeitlich ausgelöste Verwaltungsaktivitäten sind aufgrund des Mangels an eingehenden Daten inhaltlich natürlich sehr begrenzt. Grundsätzlich können dann nur prozessinterne Konstanten und Zeitintervalle zur Aktualisierung der Speicher eingesetzt werden. In einigen Konstellationen können solche Aktivitäten jedoch Sinn machen; man denke beispielsweise an die Markierung von Datensätzen als historische Daten nach einer vorgegebenen Zeitspanne.

6.3.4.7 Erstellen eines vollständigen Modells auf essenzieller Ebene

Damit nach den bisher in Abschnitt 6.3.4 dargestellten Schritten ein vollständiges Modell auf der essenziellen Ebene vorliegt, ist das Modell im Hinblick auf die Zielsetzung und auf Konsistenz hinsichtlich der Darstellungsformen zu prüfen. In vielen Fällen ist insbesondere der Datenkatalog ausgehend von den bisherigen Einträgen noch zu ergänzen. Im Vordergrund steht dabei die weitere Auflösung von Datenelementen in ihre Bestandteile und deren weitere Definition bis hin zu elementaren Datenelementen und ihren Wertebereichen.

6.3.4.8 Schrittweises Vergröbern des Modells zum Kontextdiagramm

Zwischen dem Detaillierungsgrad des Modells der essenziellen Ebene und dem höchstaggregierten Kontextdiagramm existiert eine sehr große Kluft, die durch Darstellungen abgestufter Detaillierungsgrade überbrückt werden muss. Diese Darstellungen dienen dazu, das Modell ausgehend vom Kontextdiagramm als sogenanntes Top-Down-Lesemodell für einen Betrachter leichter zugänglich zu machen.

Im Kern besteht jeder Vergröberungsschritt, welcher der Erzeugung einer neuen höher aggregierten Modellebene dient, aus der Zusammenfassung von Prozessen. Dabei stellt sich immer die Frage, welche und wieviele Prozesse zusammenzufassen sind. Hierfür existiert eine Reihe von Leitlinien, die für eine gute Abstufung zwischen den Aggregationsebenen und eine gute Lesbarkeit des Modells sorgen:

- *1. Leitlinie*: Prozesse zusammenfassen, die unter inhaltlichen Gesichtspunkten zusammengehören

- *2. Leitlinie*: Prozesse zusammenfassen, die gemeinsam einen Speicher benutzen und den Speicher kapseln

- *3. Leitlinie*: Anzahl der zusammengefassten Prozesse auf eine überschaubare Anzahl begrenzen

Die erste der genannten Leitlinien ist am leichtesten nachvollziehbar. Sie sorgt dafür, dass bei einer Top-Down-Betrachtung die Zerlegung des zusammengefassten Prozesses auch für den Fachexperten nachvollziehbar bleibt. Es werden Prozesse gebildet, die fachlich abgrenzbare Funktionalitäten zusammenfassen.

Die zweite Leitlinie folgt der Annahme, dass die Prozesse, die auf einem gemeinsamem Speicher arbeiten, durch diesen gemeinsamen Bezugspunkt bereits eine fachliche Nähe zueinander aufweisen. Die Zusammenfassung der Prozesse erfolgt dabei unter Einsatz des *Prinzips der Speicherkapselung*, so dass im entstehenden höher aggregierten Prozess nicht nur Prozesse zusammengefasst sind, sondern auch der Speicher, mit dem diese Prozesse arbeiten (**Bild 6-26**).

Es ist erkennbar, dass jeder Speicher, der mit dem gekapselten Speicher in Verbindung steht, zum Bestandteil des vergröberten Prozesses wird. Es ist unzulässig, einzelne Prozesse aus der Zusammenfassung heraus zu lassen.

Diese Vorgehensweise der Speicherkapselung entspricht in weiten Teilen der Bildung von abstrakten Datentypen bei der Konzeption bzw. Realisierung von Software. Sie hat den Vorzug, dass bei den Vergröberungsschritten nach und nach die Zahl der sichtbaren Speicher geringer wird, so dass schließlich im Kontextdiagramm kein Speicher mehr enthalten ist. Aufgrund dieser Eigenschaft handelt es sich bei dieser Leitlinie um die wichtigste der hier genannten.

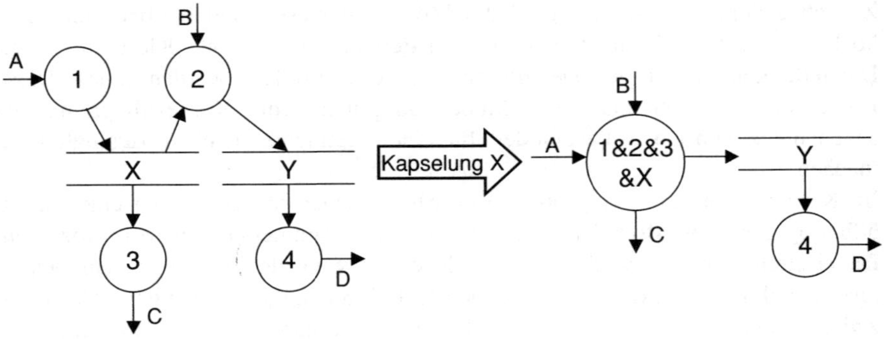

Bild 6-26 Prinzip der Speicherkapselung

Eine weitere Zusammenfassung von Prozessen, die sich auf einen bestimmten Speicher beziehen, beruht auf der Zusammenführung aller Prozesse, die ausschließlich Verwaltungsaktivitäten realisieren. Typischerweise enthalten vollständige essenzielle Modelle sehr viele solcher Aktivitäten, wobei die einzelne Aktivität nur einen sehr kleinen Beitrag zum Systemziel leistet. Ausgehend von der vollständigen essenziellen Ebene ist die Zusammenfassung von Administrationsaktivitäten somit häufig einer der ersten Schritte der Vergröberung.

Die dritte Leitlinie soll für eine angemessene Zahl von Zwischenebenen zwischen Kontextdiagramm und essenzieller Ebene sorgen. Bei einer Top-Down-Betrachtung der Modelle kann der Betrachter den Bezug zwischen den Modellebenen nur herstellen, wenn die detaillierten Strukturen den Grobstrukturen noch zuzuordnen sind. Dies kann nur gelingen, wenn pro Modellelement die Zahl der daraus abgeleiteten Teilstrukturen ohne großen mentalen Aufwand nachvollziehbar ist.

6.3.4.9 Schrittweises Verfeinern des Modells bis hin zu Prozessspezifikationen

Da die essenzielle Ebene eine mittlere Betrachtungsebene darstellt, während die Prozessspezifikationen die Prozesse am detailliertesten auflösen, müssen auch zwischen diesen Ebenen zusätzliche Modellierungsebenen entstehen, welche die Systemzusammenhänge mit abgestufter Komplexität darstellen.

Bei der Verfeinerung werden die Prozesse, die aufgrund ihrer Komplexität noch nicht sinnvoll mit Hilfe von Prozessspezifikationen abzubilden sind, in separaten Datenflussdiagrammen in ihre Teilprozesse zerlegt. Als Zerlegungsprinzip kommt

dabei die funktionale Zerlegung zum Einsatz. Die entstehenden Teilprozesse werden im Rahmen der essenziellen Modellierung auch als *Fragmente essenzieller Aktivitäten (FEAs)* bezeichnet, da sie das Merkmal der Vollständigkeit nicht mehr aufweisen. Die Zahl der entstehenden Teilprozesse sollte den pragmatischen Regeln entsprechen, die in Abschnitt 6.2.1.6 formuliert wurden. Dies stellt sicher, dass auch bei diesen zusätzlichen Ebenen ein überschaubarer Bezug von Ebene zu Ebene erhalten bleibt und eine angemessene Zahl von Ebenen zwischen der essenziellen Ebene und den Prozessspezifikationen entsteht.
Ausgehend von der essenziellen Ebene ist es nicht zulässig, dass in den Verfeinerungen neue zusätzliche Speicher eingeführt werden. Dies ist auch nicht erforderlich, da die essenzielle Ebene hinsichtlich der zu speichernden Daten vollständig sein soll. Allerdings sollen in den verfeinerten Datenflussdiagrammen die Speicher der höheren Ebenen mit eingezeichnet werden, damit klar ist, woher die von den FEAs verarbeiteten Daten kommen (**Bild 6-27**).

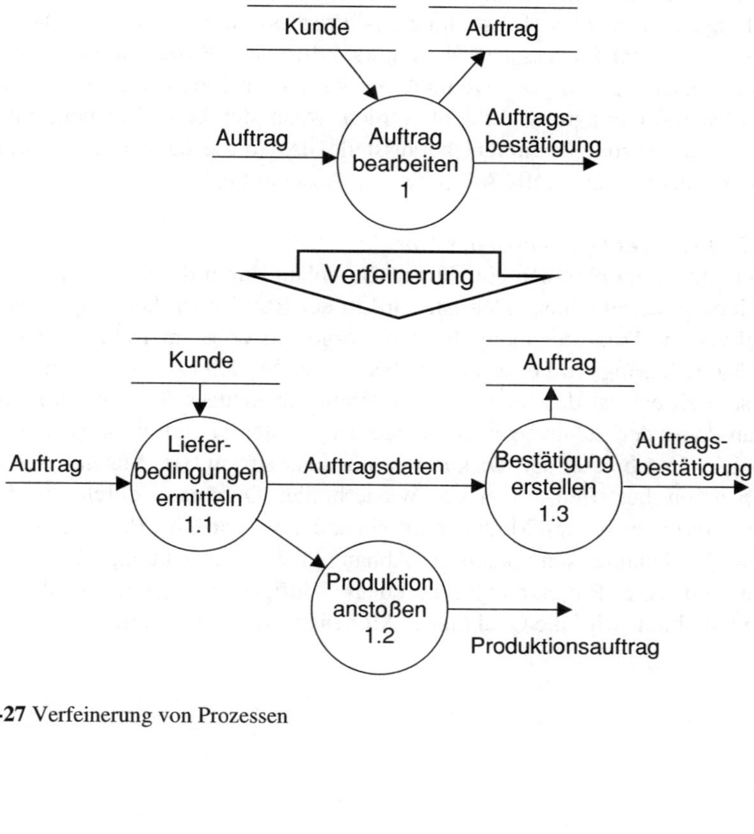

Bild 6-27 Verfeinerung von Prozessen

Bei der Zerlegung in Teilprozesse ist zu beachten, dass die Zerlegung zu einer möglichst geringen Zahl an Datenflüssen zwischen den Teilprozessen führt. Das heißt, dass Prozessbestandteile, zwischen denen ein besonders intensiver Datenaustausch besteht, auch nach der Verfeinerung in einem (Teil-)Prozess verbunden sind.

6.3.4.10 Erstellung der Prozessspezifikationen

Im Rahmen der Verfeinerung entstehen Teilprozesse, die hinsichtlich der in ihnen enthaltenen Aktivitäten immer weniger Umfang aufweisen. Wenn die algorithmischen Abläufe dieser Aktivitäten überschaubar geworden sind, kann für jeden der Prozesse eine Prozessspezifikation erstellt werden. Bei der Prozessspezifikation können die in Abschnitt 6.2.3 dargestellten Formalismen zum Einsatz kommen. Im Rahmen der essenziellen Modellierung ist besonders wesentlich, dass jeglicher Bezug zu einer Realisierung vermieden wird und die algorithmischen Zusammenhänge vollkommen implementationsunabhängig dargestellt werden.

Der Übergang von einer Darstellung als Prozesssymbol in einem Datenflussdiagramm und einer Prozessspezifikation kann für jeden Prozess auf einer anderen Verfeinerungsebene erfolgen. Eventuell muss sogar nachträglich erneut ein verfeinerndes Datenflussdiagramm erstellt werden, wenn sich beim Versuch, eine Prozessspezifikation zu formulieren, herausstellt, dass diese dann doch zu umfangreich wird (mehr als eine DIN A4-Seite, vgl. Abschnitt 6.2.3).

6.3.4.11 Iteratives Optimieren des Modells

Ein Modell, das durch einen einmaligen Durchlauf durch die bisher geschilderten Modellierungsschritte entstanden ist, wird in der Regel noch keine optimale Qualität aufweisen. Trotz der methodischen Vorgehensweise im Rahmen der essenziellen Modellierung wird es erforderlich sein, das Modell nachzubessern.

Zu diesem Zweck ist das im ersten Durchlauf entstandene Modell dem Auftraggeber und/oder den zukünftigen Anwendern vorzustellen und mit diesen zu diskutieren. Die Ergebnisse der Diskussion können, soweit sie Mängel der ersten Modellversion betreffen, in einem wiederholten Durchlauf durch die Modellierungsaktivitäten in das Modell einfließen. Diese kritische Prüfung und nachfolgende Modellanpassung kann in Abhängigkeit vom Umfang der erkannten Mängel und vom Projektbudget durchaus häufiger wiederholt werden. Jeder erneute Durchlauf wird die Qualität des Modells weiter verbessern.

6.4 Modellierung von Echtzeit-Systemen

In den Analysemodellen, die von kommerziellen Systemen mit den Mitteln der strukturierten Analyse erstellt werden, spielt die exakte zeitliche Koordinierung der Prozesse in der Regel keine Rolle. Prozesse werden ausschließlich ausgehend von Datenflüssen, die in Verbindung mit Ereignissen am Prozess eintreffen, oder gemäß dem Eintreten von zeitlichen Ereignissen gestartet (vgl. Abschnitt 6.3.3.1). Andere Konstellationen in der Systemumgebung, die eine unmittelbare Reaktion des Systems erforderlich machen würden, sind mit den Standard-Mitteln der strukturierten Analyse nicht abbildbar. Dazu gehört beispielweise auch die Vorgabe einer bestimmten Reihenfolge, in der Prozesse ablaufen sollen. Jegliche Zeitanforderungen, die über die einfache Angabe eines absoluten oder relativen Zeitpunktes hinausgehen, werden in den üblichen Modellen nicht abgebildet.

Für die meisten kommerziellen Systeme sind diese Aspekte auf der Ebene der Analyse auch problemlos zu vernachlässigen, da sie nicht zu den fachlichen Anforderungen gehören.

In vielen eher technisch ausgerichteten Systemen, vereinzelt jedoch auch in kommerziellen Systemen, müssen solche Aspekte mit in die Modellierung einbezogen werden. Um für derartige Systeme das methodische Instrumentarium der strukturierten Analyse ebenfalls nutzen zu können, wurde dieses um Modellierungskonzepte ergänzt, welche die Aufnahme der skizzierten Aspekte in die Modelle gestatten. Die Methodensammlung, die eine solche Modellierung unterstützt, wird meist unter Bezeichnungen wie „Real Time Analyse“, „Analyse von Echtzeit-Systemen“ oder kurz „SA/RT“ (für *S*trukturierte *A*nalyse/*R*eal *T*ime-Analyse) zusammengefasst. Dabei ist die Verwendung des Begriffes „Echtzeit-System“ streng genommen nicht ganz zutreffend, da es sich bei den modellierten zeitlichen Restriktionen nicht zwingend um Echtzeit-Anforderungen (im Sinne einer garantierten Antwortzeit) handeln muss (vgl. [3]). Der Begriff soll im Zusammenhang mit der Strukturierten Analyse lediglich deutlich machen, dass bei derartigen Modellen überhaupt zeitliche Restriktionen und die weitgehend zeitliche definierte Koordination von Prozessen berücksichtigt werden.

Die Modellierung von Echtzeitsystemen im Rahmen der strukturierten Analyse hat sich zu einem umfangreichen Forschungs- und Entwicklungsgebiet entwickelt, zahlreiche Publikationen zu diesem Thema belegen dies (vgl. [35], [16] u. [3]). Da sich dieses Buch auf die Analyse kommerzieller Systeme konzentriert, in deren Kontext sich die abzubildenden Echtzeit-Aspekte in der Regel in Grenzen halten, wird hier nur eine einfache Form der Modellierung derartiger Aspekte vorgestellt. Für detailliertere und umfassendere Darstellungen der Real Time-Analyse sei daher auf die entsprechende Literatur verwiesen.

6.4.1 Kontrollflüsse und Kontrollprozesse

Um die unmittelbare Steuerung von Prozessen in die Modelle einbeziehen zu können, ist eine neue Kategorie von Daten erforderlich, die zwischen den Prozessen ausgetauscht werden. Die üblichen Datenflüsse in den Modellen der strukturierten Analyse übermitteln Daten, die in den Prozessen umgewandelt werden. Die Daten, die im Rahmen der Modellierung von Echtzeit-Systemen zusätzlich erforderlich sind und zwischen den Modellelementen übermittelt werden, werden in den Prozessen nicht transformiert, sondern dienen im Wesentlichen deren Steuerung (z.B. Aktivierung).

Zur Modellierung der Übermittlung derartiger Daten werden *Kontrollflüsse* in die Modelle eingeführt (vgl. [3]). In der Regel wird durch die Kontrollflüsse ein binäres Signal („An"/"Aus" oder „Ja"/"Nein") übermittelt; es könnten jedoch auch Daten aus einem erweiterten Wertebereich übermittelt werden, der aus einer begrenzten Anzahl diskreter Werte besteht (z.B. „Schalterposition 1", „Schalterposition 2", „Schalterposition 3", „Schalterposition 4"). Um Kontrollflüsse von den Datenflüssen unterscheidbar zu machen, werden sie in den Datenflussdiagrammen als gestrichelte Verbindung dargestellt (vgl. **Bild 6-28**). Derartige Kontrollflüsse gehen meist von Terminatoren aus, d.h. sie kommen ursprünglich aus der Systemumgebung. Um die Signale zur Steuerung und Koordination der Verarbeitungsprozesse einsetzen zu können, ist jedoch häufig noch eine zusätzliche Umwandlung erforderlich, die aus den Signalen der Systemumgebung geeignete Steuersignale generiert, auf welche die Verarbeitungsprozesse des Systems reagieren können.

Derartige Umwandlungsvorgänge können in den Datenflussdiagrammen als *Kontrollprozesse* eingeführt werden (vgl. [51]). In der Regel wird pro Datenflussdiagramm ein Kontrollprozess vorgesehen, in dem alle Aktivitäten zusammengefasst sind, die der Erzeugung und Verteilung von Steuerflüssen dienen. Diese Kontrollprozesse erhalten die Kontrollflüsse der Systemumgebung als Eingang und erzeugen als Ausgangsdaten Kontrollflüsse, deren Ziele die anderen Verarbeitungsprozesse des jeweiligen Datenflussdiagramms sind. Die Kontrollprozesse werden im Datenflussdiagramm als Kreis mit gestrichelter Umrandungslinie dargestellt (**Bild 6-28**).

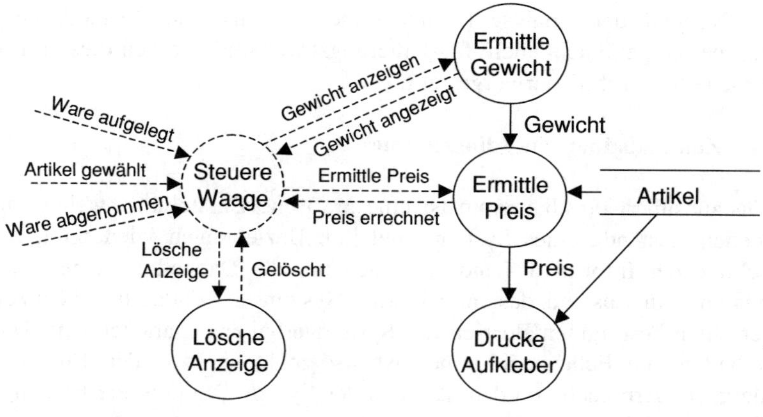

Bild 6-28 Kontrollprozess und Kontrollflüsse in Datenflussdiagramm

Die Inhalte der Kontrollprozesse werden durch sogenannte *Kontrollspezifikationen* festgelegt. Diese Kontrollspezifikationen bestehen entweder aus einer *Prozessaktivierungstabelle* (PAT) (vgl. [3]) oder einem *Zustandsübergangsdiagramm*, evtl. auch aus einer Kombination von beidem. Eine Prozessaktivierungstabelle besteht im Wesentlichen aus einer tabellarischen Zuordnung von eingehenden Kontrollflüssen und der daraus resultierenden Prozessaktivierung sowie aus Angaben zur Reihenfolge der Prozesse, sofern ausgehend von Kontrollflüssen mehrere Prozesse zu aktivieren sind (**Bild 6-29**).

Prozesse / Kontroll-aktionen	Gewicht ermitteln	Preis ermitteln	Aufkleber drucken	Anzeige löschen
Ware aufgelegt	1	0	0	0
Artikel gewählt	0	1	2	0
Ware abgenommen	0	0	0	1

Bild 6-29 Prozessaktivierungstabelle (vgl. **Bild 6-28**)

Da im Kontext der Analyse kommerzieller Systeme die Zustandsübergangsdiagramme die gebräuchlichere Modellierungsform sind, werden diese im folgenden Abschnitt ausführlicher vorgestellt.

6.4.2 Zustandsübergangsdiagramme

Ein Zustandsübergangsdiagramm ist eine grafische Darstellung, welche die verschiedenen Zustände eines Systems und ihre Beziehungen wiedergibt. Aus der Perspektive der Informatik handelt es sich um die Darstellung eines endlichen Automaten. Ein Zustand des modellierten Systems ist dadurch gekennzeichnet, dass er einen bestimmten Bereich des Systemverhaltens charakterisiert. Das Systemverhalten von Echtzeit-Systemen ist also nicht nur von den Eingangsdaten abhängig, sondern auch von dem Zustand des Systems, in dem die Eingangsdaten vom System empfangen werden.
Die Zustände werden in Zustandsübergangsdiagrammen als Rechtecke dargestellt, deren Beschriftung den jeweiligen Zustand möglichst gut interpretierbar wiedergibt. Zwischen den Zustandssymbolen geben Pfeilverbindungen die möglichen Zustandsübergänge an. Welcher Zustandsübergang eintritt, hängt von Bedingungen ab, die den Zustandsübergängen zugeordnet sind. Mit einem Zustandsübergang ist zudem eine Aktion verbunden (**Bild 6-30**).

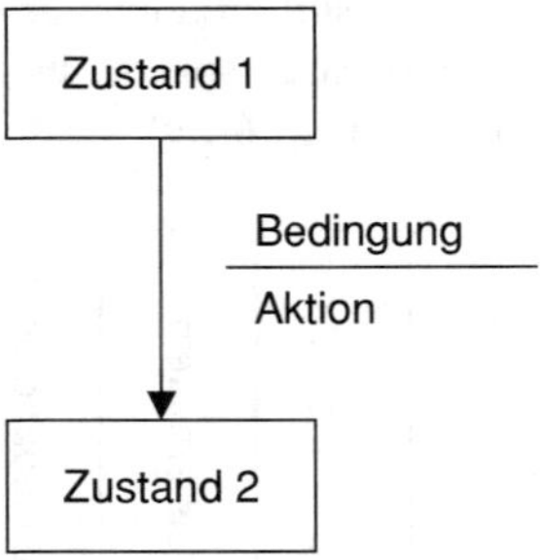

Bild 6-30 Aufbau von Zustandsübergangsdiagrammen

Als Inhalt einer Kontrollspezifikation genutzt, beschreibt ein Zustandsübergangsdiagramm die Inhalte eines Kontrollprozesses. In diesem Kontext dienen die in den Kontrollprozess eingehenden Kontrollflüsse als Bedingungen für Zustandsübergänge. Die Aktionen nennen Kontrollflüsse, die bei dem jeweiligen Zustandsübergang vom Kontrollprozess ausgehen und der Steuerung von Verarbeitungsprozessen dienen (**Bild 6-31**). Der als Aktion erzeugte Kontrollfluss wird in der Regel zur Aktivierung eines Verarbeitungsprozesses dienen. Bei kombiniertem

Einsatz von Zustandsübergangsdiagrammen und Prozessaktivierungstabellen kann der Kontrollfluss als Eingangsgröße einer solchen Tabelle dienen, in der dann entschieden wird, welche Prozesse als Konsequenz zu aktivieren sind.

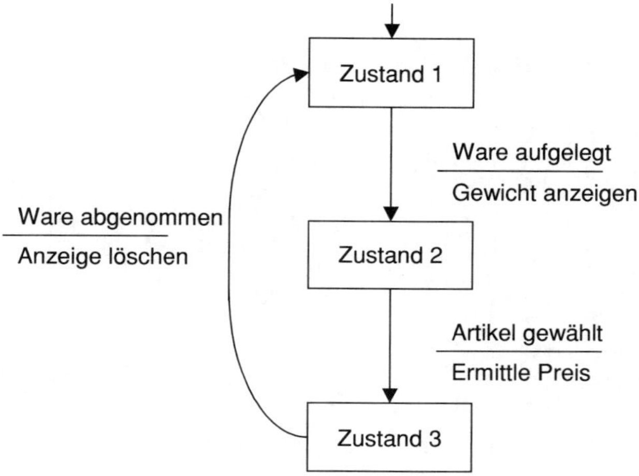

Bild 6-31 Zusammenhang zwischen Kontrollprozess (**Bild 6-28**) und Zustandsübergangsdiagramm

Um komplexe Zustandsfolgen angemessen abbilden zu können, wird das Konzept der *gestuften Zustandsübergangsdiagramme* genutzt. Darin kann für einen (komplexen) Zustand ein weiteres Zustandsübergangsdiagramm vorgesehen werden, in dem der Zustand in Teilzustände aufgelöst wird und die Bedingungen/Aktionen der Zustandsübergänge zwischen diesen Teilzuständen dargestellt werden. Eine eindeutige Beziehung zwischen dem aggregierten Zustand und den separat dargestellten Teilzustände kann durch eine hierarchische Nummerierung hergestellt werden.

7 Objektorientierte Analyse

7.1 Die Entwicklung der objektorientierten Analyse

Die Objektorientierung hat in der Informatik bereits eine relativ lange Tradition. Sie geht auf die ersten objektorientierten Programmiersprachen wie Simula 67 und Smalltalk zurück, in denen gegen Ende der 1960er und Anfang der 1970er Jahre Objekte als Mittel der Strukturierung und der Modularisierung vorgesehen waren (vgl. [8] und [13]). Dabei wurden gleichzeitig einige Prinzipien der Objektorientierung entwickelt, die sich mit geringfügigen Änderungen im Wesentlichen bis heute als Grundbausteine jeglichen objektorientierten Ansatzes erhalten und bewährt haben (vgl. Abschnitt 7.2). Die Objektorientierung wurde ausgehend von den ersten Programmiersprachen in der Folge in zahlreiche Programmiersprachen aufgenommen und führte zur Entwicklung hybrider aber auch weiterer, rein objektorientierter Programmiersprachen, eine Entwicklung, die in der Sprache Java ihren vorläufigen Endpunkt gefunden hat.

Ausgehend von der Verfügbarkeit objektorientierter Programmiersprachen hat es aus heutiger Sicht unverständlich lange gedauert, bis die Objektorientierung auch in die Bereiche der Systemanalyse und des Systementwurfs Einzug hielt. Erst Anfang der 1990er Jahre erschienen die ersten Bücher über die objektorientierte Analyse. Als Autoren und damit als Protagonisten auf dem Gebiet der Objektorientierung taten sich damals insbesondere Grady Booch, James Rumbaugh, Peter Coad und Edward Yourdon sowie Ivar Jacobson hervor. Sie veröffentlichten nahezu zeitgleich verschiedene Ansätze, denen die Nutzung der objektorientierten Grundkonzepte für die Erstellung von Analyse- und Entwurfsmodellen gemeinsam war.

Abgesehen von Unterschieden in der eingesetzten (grafischen) Notation zur Formulierung der Modelle und in der empfohlenen Vorgehensweise zu ihrer Erstellung ergaben sich durch die gemeinsame methodische Grundlage der Ansätze weitreichende Überschneidungen zwischen den Ansätzen. Dies war dann auch Mitte der 1990er Jahre der Ausgangspunkt für eine Zusammenführung der verschiedenen Ansätze. Insbesondere Booch, Rumbaugh und Jacobson (auch als „Amigos" bezeichnet) trieben diese Zusammenführung voran, indem sie eine gemeinsame Notation für objektorientierte Modelle entwickelten. Die Notation wurde wesent-

lich durch die Notation der Object Modelling Technique (OMT) von Rumbaugh geprägt (vgl. [38]). Ergänzungen und Variationen kamen zunächst durch die Konzepte von Booch, später auch durch die von Jacobsen hinzu. Darüber hinaus nahmen die drei Wissenschaftler neben eigenen Modellierungskonzepten auch die anderer Autoren auf, so dass eine sehr mächtige, d.h. vielfältig einsetzbare Modellierungssprache entstand. Diese Sprache mit der Bezeichnung Unified Modeling Language (UML) hat für den Bereich der objektorientierten Modellierung den Status eines Standards erreicht. In der Version 1.1 wurde dieser Standard im Jahre 1997 durch die Object Management Group akzeptiert. Seitdem wird die Entwicklung kontinuierlich fortgesetzt, die Veränderungen in den Folgeversionen halten sich bisher dennoch in engen Grenzen. Die Darstellung in diesem Buch bezieht sich auf die momentan aktuelle Version 1.5 vom März 2003 (vgl. [31]).
UML ist eine Modellierungssprache, bietet jedoch keine Leitlinien für eine Vorgehensweise, um unter Einsatz der sprachlichen Mittel zu guten Ergebnissen in Form eines aussagekräftigen Analysemodells zu kommen. Es wäre demnach unzutreffend, die UML als Modellierungs*methode* zu bezeichnen. Im Bereich der Vorgehensweise und der Vorgehensmodelle gibt es nach wie vor eine große Vielfalt und entsprechende Empfehlungen diverser Autoren. Die Darstellung in diesem Buch versucht, die Gemeinsamkeiten der verschiedenen Empfehlungen hervorzuheben und als Bestandteile einer sinnvollen Vorgehensweise in Abschnitt 7.6 darzustellen.
Die Modellierungssprache UML beinhaltet sehr viele, sehr differenzierte Modellierungskonzepte, so dass man bei ihrem Einsatz mit großer Wahrscheinlichkeit davon ausgehen kann, dass sie jegliche Anforderungen an die objektorientierte Modellierung abdeckt. Mit diesem Vorteil verbindet sich der Nachteil, dass die Sprache über sehr viele Sprachelemente verfügt, die in ihrer feinen Differenzierung nur schwer vollständig erlernbar und und nur in Ausnahmefällen sinnvoll anwendbar sind.
In diesem Buch wird daher nicht angestrebt, eine vollständige Darstellung von UML zu geben. Dazu wird auf die UML-Spezifikation der OMG verwiesen (vgl. [31]). Hier werden lediglich die Ausschnitte von UML vorgestellt, die in den meisten Modellierungssituationen ausreichen, um die Systeme angemessen abzubilden. Auf die Darstellung von speziellen Konstrukten, die nur in Einzel- und Spezialfällen zur Anwendung kommen können, wird verzichtet. Insbesondere konzentriert sich die Darstellung ausschließlich auf die UML-Bestandteile, die im Rahmen der Analyse sinnvoll sind. Entwurfs- und implementationsbezogene Sprachelemente bleiben bis auf einige Hinweise in Kapitel 11 ebenfalls unberücksichtigt.

7.2 Grundprinzipien der objektorientierten Modellierung

Um die folgende Darstellung der objektorientierten Analyse auch für Leser verständlich zu machen, die mit den Grundkonzepten der Objektorientierung noch nicht vertraut sind, werden diese hier in einem Überblick vorgestellt. Dieser Überblick sollte für ein Verständnis der sich anschließenden Darstellungen ausreichen, ohne dass hier alle Facetten der Objektorientierung ausführlich behandelt werden.

7.2.1 Objektabgrenzung und Klassenbildung

Wie die Bezeichnung bereits nahe legt, ist die Abgrenzung und Betrachtung von *Objekten* das zentrale Konzept der Objektorientierung. Völlig losgelöst von der Informatik und der Software-Entwicklung werden Objekte vom Menschen mühelos identifiziert und von ihrer Umgebung abgegrenzt (vgl. [4]). Dies gilt insbesondere für konkrete Objekte, lässt sich aber auch relativ einfach auf abstrakte Objekte, wie beispielsweise „Freundschaft", „Konzept", „Information" oder „Qualifikation" übertragen. Diese naheliegende Sichtweise wird im Rahmen der objektorientierten Software-Entwicklung auf die in der Software abgebildeten Realitätsausschnitte übertragen. Sowohl der Gegenstandsbereich einer Software als auch später die Software selbst werden als Sammlung von Objekten verstanden, die miteinander in Beziehung stehen und sich wechselseitig beeinflussen.

Im Rahmen der Objektorientierung werden Objekte aus einer Zusammenführung von Daten (Eigenschaften/Attribute der Objekte) und Verhalten (Operationen der Objekte) gebildet. Jedes Objekt hat eine *Objektidentität*, ist also von anderen Objekten unterscheidbar, selbst wenn diese gleiche Daten und das gleiche Verhalten beinhalten. Objekte realisieren das *Prinzip der Kapselung* (vgl. [4] und [6]). Die Nutzung von Objekten und die Kommunikation mit ihnen erfolgt ausschließlich über eine klar definierte Schnittstelle. Alle Merkmale, die hinter dieser Schnittstelle das Innere der Objekte ausmachen, bleiben vor dem Zugriff von außen verborgen. Insofern wird dieses Prinzip häufig auch als *Geheimnisprinzip* bezeichnet. Insbesondere gehört es zu den Grundprinzipien der Objektorientierung, dass auf die Daten, die zu einem Objekt gehören, nicht direkt sondern ausschließlich mit Hilfe von Operationen von außen zugegriffen wird. In dieser Hinsicht entsprechen die Objekte den Merkmalen eines abstrakten Datentyps (vgl. [3]).

Die Struktur gleichartiger Objekte wird in *Klassen* beschrieben. Durch die Klassenbildung wird vom einzelnen Objekt und seinen speziellen Eigenschaften abstrahiert (vgl. [28]). Dabei geht es im Wesentlichen darum, welche Attribute die gleichartigen Objekte haben und welches Verhalten allen gleichartigen Objekten gemeinsam ist. Jede Klasse beschreibt eine im allgemeinen Fall unendlich große

Menge gleichartiger Objekte, nämlich der Objekte, die der Strukturvorgabe der Klasse entsprechen. Der Klassifizierung liegt dabei eine Auswahl an betrachteten Eigenschaften der Objekte zugrunde, die weder vollständig noch von allgemeiner Natur ist. Vielmehr hängt die Zusammenfassung von Objekten zu Klassen immer von Problemkontext und Zielsetzung ab. Ein Objekt, das der Strukturvorgabe einer Klasse entspricht, wird auch *Ausprägung* oder *Instanz* einer Klasse genannt. Den Klassen wird eine sogenannte *Objektverwaltung* zugesprochen, die sicherstellt, dass jede Klasse ihre Instanzen kennt und falls erforderlich auf jede Instanz zugreifen kann. Umgekehrt ist in jedem Objekt dessen Klassenzugehörigkeit bekannt.

7.2.2 Vererbung

Vererbung ist eine Beziehung, die zwischen Klassen bestehen kann. Sie ist immer dann gegeben, wenn Eigenschaften (Attribute und Methoden) in einer Klasse festgelegt sind und diese Eigenschaften in eine andere Klasse übernommen werden, in der weitere Eigenschaften hinzukommen bzw. die übernommenen verändert werden (vgl. [52]). Gegenstand der Vererbung sind also Eigenschaften von Klassen.

Da die erbende Klasse in der Regel über mehr Eigenschaften verfügt als die vererbende Klasse und die erbende Klasse somit genauer spezifiziert ist, besteht zwischen vererbender und erbender Klasse eine *Spezialisierungsbeziehung*. Die erbende Klasse ist spezieller als die vererbende Klasse. Umgekehrt ist die vererbende Klasse allgemeiner als die erbende, so dass die vererbende Klasse aus der Perspektive der erbenden Klasse eine *Generalisierung* oder Verallgemeinerung darstellt (vgl. [6]).

Die Vererbungsbeziehung kann über beliebig viele Ebenen bestehen, so dass eine *Vererbungshierarchie* entsteht, in die zahlreiche Klassen eingeordnet sind. Eigenschaften von vererbenden Klassen werden dabei über beliebig viele Ebenen weitergegeben. **Bild 7-1** zeigt ein Beispiel für eine Vererbungshierarchie.

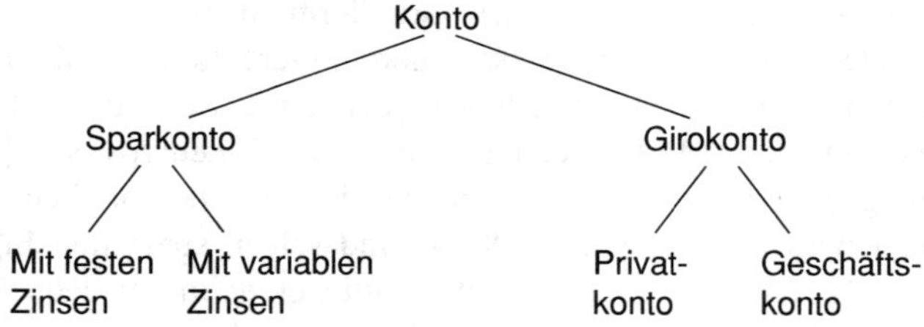

Bild 7-1 Beispiel für Vererbungshierarchie

In dieser Vererbungshierarchie könnte beispielsweise die Eigenschaft *Kontostand* ausgehend von der Klasse *Konto* an alle abgeleiteten Klassen vererbt werden, da diese Eigenschaft in allen anderen spezielleren Klassen vorhanden ist. Gleiches kann beispielsweise für die Eigenschaft *Kontonummer* und für die Eigenschaft *Kontoinhaber* gelten. Dagegen ist die Eigenschaft *Dispositionskredit* eine Eigenschaft, welche die spezielle Klasse *Girokonto* nicht von der allgemeinen Klasse *Konto* erbt. Es wäre auch nicht sinnvoll, diese Eigenschaft der Klasse *Konto* zuzuordnen, da es eben Konten gibt, denen kein Dispositionskredit zugeordnet ist. Aber die von der Klasse *Girokonto* abgeleiteten Klassen erben diese Eigenschaft.
Die Vererbung erlaubt es, Gemeinsamkeiten und Unterschiede zwischen Klassen bzw. deren Objekten deutlich hervorzuheben. Damit wird auch vermieden, dass Gemeinsamkeiten zwischen den verschiedenen Klassen wiederholt und damit redundant in den Klassen aufgeführt werden müssen.

7.2.3 Nachrichten und Polymorphie

Der Begriff *Polymorphie* (griech. „Vielgestaltigkeit") beschreibt den Sachverhalt, dass es in unterschiedlichen Klassen für eine Operation unterschiedliche Realisierungen geben kann (vgl. [52], S. 41). Jede der Realisierungen wird Methode genannt (vgl. Abschnitt 7.3.1.3). Beispielsweise kann die Operation *Abheben* für unterschiedliche Kontenklassen (vgl. **Bild 7-1**) auf unterschiedliche Weise, d. h. durch unterschiedliche Methoden realisiert sein. Für ein allgemeines Konto wird die Operation *Abheben* lediglich einen positiven Kontostand um den abgehobenen Betrag reduzieren. Es kann maximal soviel Geld abgehoben werden, wie sich auf dem Konto befindet. Bei einem Girokonto hingegen kann der Kontostand durch die Operation *Abheben* auch negative Werte annehmen. Die Operation wird daher für die Klasse *Girokonto* durch eine andere Methode realisiert sein müssen. Polymorphie kommt dadurch zustande, dass sich das Verhalten eines objektorientierten Modells in Abhängigkeit davon ändert, zu welcher Klasse die Objekte gehören, die eine Operation ausführen. Das Zielobjekt, an das sich eine Nachricht zur Aktivierung einer Operation richtet, ist somit ein implizites Argument dieser Operation.

7.3 Statisches Teilmodell

Ein wichtiges Ergebnis einer objektorientierte Analyse ist das statische Teilmodell eines Systems. Es wird aus einer Sammlung von Klassendiagrammen gebildet, die eventuell um Objektdiagramme ergänzt werden. Die Modellinhalte werden im Wesentlichen durch *objektorientierte Zerlegung* identifiziert (vgl. Abschnitt 2.3). Beide Diagrammformen werden in den nächsten Abschnitten vorgestellt.

7.3.1 Klassendiagramme

Klassendiagramme gehören zu den unverzichtbaren Bestandteilen des statischen Modells und der objektorientierten Analysemodelle insgesamt. Bei umfangreicheren Systemen ist es in der Regel notwendig, mehrere Klassendiagramme zu erstellen, da die Anzahl der Klassen und die Komplexität der Beziehungen zwischen den Klassen den Rahmen für ein gut interpretierbares Klassendiagramm sprengen würden.
Die wesentlichen Bestandteile von Klassendiagrammen sind Symbole für die Darstellung der im Modell auftretenden Klassen (vgl. Abschnitt 7.3.1.1) sowie die Darstellung der Beziehungen zwischen den Klassen selbst (vgl. Abschnitt 7.3.1.4) bzw. zwischen den Objekten, die zu den Klassen gehören (vgl. Abschnitte 7.3.1.5 und 7.3.1.6).

7.3.1.1 Klassensymbole
Klassen sind die zentralen Modellelemente der objektorientierten Modelle. Eine Klasse definiert eine Sammlung von Eigenschaften für eine Menge von Objekten, die Instanzen dieser Klasse sind (vgl. Abschnitt 7.2.1). Jede Klasse wird in der UML-Notation als Rechteck dargestellt, das mindestens ein Namensfeld mit der Bezeichnung der Klasse enthält (vgl. **Bild 7-2** u. [31]). Je nach gewünschtem Detaillierungsgrad können ein Abschnitt mit einer Auflistung der relevanten Attribute und ein weiterer Abschnitt mit einer Liste der Operationen der Klasse bzw. der zu ihr gehörenden Objekte enthalten sein (vgl. **Bild 7-2**).

Bild 7-2 Klassensymbole in UML

Die Regeln hinsichtlich der aufgelisteten Attribute werden in Abschnitt 7.3.1.2 beschrieben und in Abschnitt 7.3.1.3 werden die Inhalte der Operationsliste diskutiert.
Der Klassenname ist in der Regel ein Substantiv im Singular (fett geschrieben). Es soll ein Objekt der Klasse so beschreiben, dass aus der Bezeichnung ein möglichst

eindeutiger Rückschluss auf die Semantik des abgebildeten Konzeptes möglich ist. Klassennamen müssen bezogen auf einen Namensraum eindeutig sein. Dieser kann entweder das Modell insgesamt umfassen oder bei einer Untergliederung des Modells durch ein Paket definiert sein (vgl. Abschnitt 7.3.3).

Um einem Klassensymbol weitere Informationen mitzugeben, können in der UML sogenannte *Stereotypen* eingesetzt werden. Dabei handelt es sich um klassifizierende Angaben, die ganze Klassen oder Bestandteile daraus bestimmten Gruppen zuordnen. Beispielsweise können auf diese Weise alle Klassen kenntlich gemacht werden, die der Kommunikation mit der Systemumgebung dienen. Stereotypen werden in französischen Anführungszeichen meist im Namensfeld der Klasse notiert, so dass die Notation eines Stereotypen wie in **Bild 7-3** erfolgen kann.

Bild 7-3 Klassensymbol mit Stereotypen

Weitere beschreibende Information können als *Merkmale* ebenfalls im Namensfeld der Klassen untergebracht werden. Sie werden in geschweiften Klammern (Akkoladen) notiert, wobei jedes Merkmal durch ein Schlüsselwort beschrieben wird, dem ein durch ein Gleichheitszeichen abgetrennter Wert zugeordnet ist. Merkmale dienen zusätzlichen, häufig projektspezifischen Angaben, wie auch in **Bild 7-4** demonstriert ist.

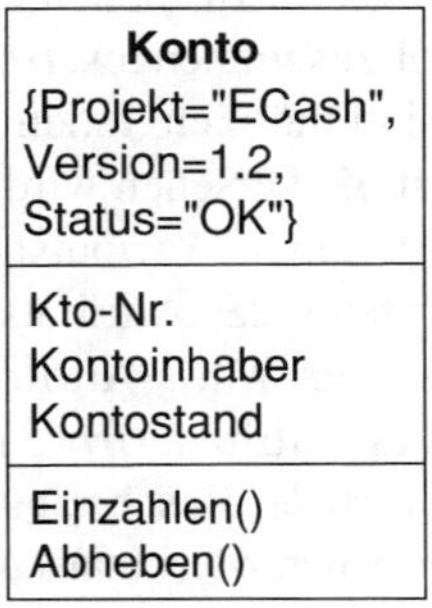

Bild 7-4 Merkmale in Klassensymbolen

7.3.1.2 Attribute

Die Attribute, die in einem Klassensymbol aufgelistet sind, beschreiben, welche Art von Daten im jeweiligen Problemkontext in den Objekten der Klasse festgehalten werden soll. Jedes Objekt einer Klasse weist alle angegebenen Attribute auf, die Werte der Attribute können sich, mit Ausnahme der Klassenattribute (s.u.), jedoch unterscheiden. Die Attributbezeichnungen müssen im Kontext der jeweiligen Klasse eindeutig sein und einen möglichst direkten Hinweis auf die inhaltliche Bedeutung des jeweiligen Datenelementes geben.

Weitere Angaben zu Attributen, die über die Attributbezeichnung hinausgehen, werden in der Regel nicht im Klassensymbol eingetragen, sondern separat als *Attributspezifikation* notiert. Dazu gehört insbesondere der Datentyp des Attributes, aber auch ein möglicher Initialwert und in geschweiften Klammer die Auflistung weiterer Merkmale. Diese Angaben werden weniger für die Vervollständigung des Analysemodells als vielmehr für die spätere Umsetzung des Analysemodells in ein Entwurfsmodell benötigt. Aber auch während der Analysephase können sie nützlich sein, um auf dieser Grundlage einen Oberflächenprototypen zu spezifizieren.

In der UML ist keine Festlegung darüber enthalten, auf welche Weise Typangaben für Attribute zu machen sind. Heide Balzert schlägt sinnvollerweise vor, dass zu diesem Zweck zum einen die *Standardtypen* String (Zeichenketten), Int (ganze Zahlen), UInt (positive ganze Zahlen), Float (Gleitkommazahlen), Double (Gleitkommazahlen höherer Genauigkeit), Fixed (Festkommazahlen mit Angabe von Vor- und Nachkommastellenzahl), Boolean (Wahrheitswerte), Date (Datumsangaben) und Time (Zeitangaben) vorzusehen sind (vgl. [2]). Zum anderen können *Aufzählungstypen* eingesetzt werden, für die alle zulässigen Werte aufgelistet werden und eine Angabe zur Anzahl zu selektierender Werte gemacht wird.

Eine weitere Möglichkeit, Typen für Attribute festzulegen, besteht in der Verwendung von *elementaren Klassen*, die dazu dienen, strukturierte Datentypen, deren Wert aus mehreren Einzelwerten zusammengesetzt ist, zu realisieren. Auch *Listen* von beliebigen anderen Typen sind möglich, indem eine Typangabe für ein einzelnes Element mit dem Zusatz „list of“ versehen wird (vgl. [2]).

Die weiteren Merkmale, die in einer Attributspezifikation angegeben werden können, beziehen sich auf den Status des Attributs. Es kann für ein Attribut festgelegt werden, dass es sich um ein Muss-Attribut (*mandatory*), ein Schlüsselattribut (*key*) oder um ein festes Attribut (*frozen*) handelt. Auch Angaben zur Einheit und eine ergänzende verbale Beschreibung können mit in den durch geschweifte Klammern umschlossenen Merkmalsauflistungen enthalten sein.

Für die Gesamtheit der Attribute können deren Spezifikationen noch mit *Restriktionen* ergänzt werden, mit denen Beziehungen zwischen den Attributwerten postu-

liert werden. Die Restriktionen (auch als *Invarianten* bezeichnet) stellen Bedingungen dar, die zu jedem Zeitpunkt im System gelten müssen. Attributwerte, die gegen Restriktionen verstoßen, sind nicht zulässig.
Die folgenden Attributspezifikationen enthalten für die meisten der genannten Konzepte ein Beispiel:

```
Kto-Nr.: string(9) {mandatory, key, frozen}
Kontoinhaber: string(50) {mandatory, frozen}
Kontostand: fixed(8,2) {mandatory, Einheit: EUR}
Eröffnungsdatum: date {mandatory}
Restriktionen: {Kontostand >= 0}
```

Bild 7-5 Beispiele für Attributspezifikationen

Eine besondere Kategorie von Attributen sind die *Klassenattribute*. Sie werden in einem Klassensymbol der UML durch eine Unterstreichung von den anderen Attributen abgehoben (vgl. **Bild 7-6**). Diese Attribute zeichnen sich dadurch aus, dass jedes Objekt einer Klasse, für die ein Klassenattribut angegeben ist, den gleichen Wert für dieses Attribut besitzt.

Bild 7-6 Klassensymbol mit Klassenattributen

In der UML ist zudem eine besondere Notation für abgeleitete Attribute vorgesehen. Es handelt sich dabei um Attribute, deren Wert aus anderen Attributen errechnet werden kann und somit vollständig von diesen determiniert ist. Folgerichtig ist es nicht zulässig, die Werte von abgeleiteten Attributen direkt zu verändern. Abgeleitete Attribute werden in der Symbolik der UML durch einen vorangestellten Schrägstrich kenntlich gemacht.

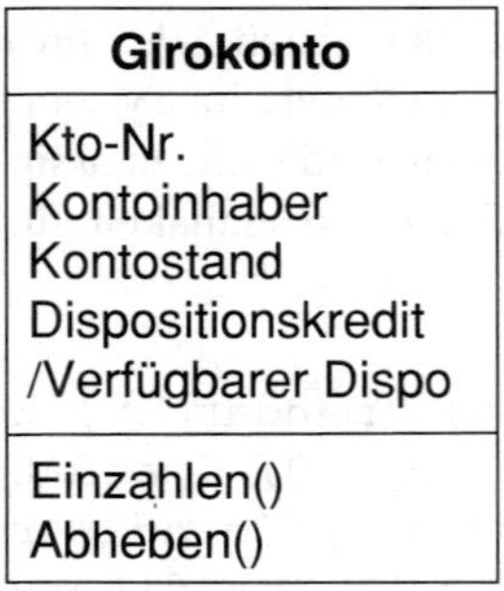

Bild 7-7 Klassensymbol mit abgeleitetem Attribut

Attributwerte eines Objektes dürfen dem Geheimnisprinzip der Objektorientierung entsprechend von anderen Objekten nicht direkt gesetzt oder gelesen werden. Es ist davon auszugehen, dass die Attribute und ihre Werte von außen (aus der Perspektive anderer Objekte) nicht sichtbar sind. Stattdessen muss das Setzen und Lesen von Attributwerten immer mit Hilfe von Operationen der jeweiligen Klasse ausgeführt werden. Zu jedem Attribut gehört daher implizit eine Operation zum Setzen und eine zum Lesen des Attributwertes (vgl. Abschnitt 7.3.1.3).
Abschließend sei darauf hingewiesen, dass die in Abschnitt 7.2.1 erwähnte Objektidentität nicht mit Hilfe eines identifizierenden Attributes und seiner eindeutigen Werte hergestellt werden muss. Die Objektidentität existiert im Rahmen der objektorientierten Modellierung völlig unabhängig von derartigen Schlüsselattributen, wie man sie beispielsweise von Datenbanken und der diesbezüglichen Datenmodellierung kennt (vgl. [3], S. 705).

7.3.1.3 Operationen und Methoden

Die im Rahmen der Modellierung relevanten Operationen können im unteren Bereich des Klassensymbols aufgelistet werden. Wenn dies erfolgt, ist damit eine relativ detaillierte Ebene der Modellierung erreicht (vgl. [6]). Alle Objekte einer Klasse verfügen über dieselben Operationen, wobei die Operationen auf die speziellen Attributwerte des jeweiligen ausführenden Objektes zugreifen können.
Für die Bezeichnung der Operationen bieten sich Verben, evtl. in Verbindung mit einem Objekt, an. Wie bei den Attributbezeichnungen soll auch hier die Semantik durch eine geeignete Wahl der Bezeichnung klar erkennbar werden. Auch die Bezeichnungen der Operationen müssen bezogen auf eine Klasse eindeutig sein.
Die Menge aller Operationen wird das *Verhalten* der Klasse genannt. Teilweise wird die Menge der Operationen auch als *Schnittstelle* der Klasse bezeichnet, da

jede Interaktion von Objekten der Klasse ausschließlich über die Ausführung von Operationen erfolgt (s.o.).
Bei der objektorientierten Modellierung können verschiedene Kategorien von Operationen unterschieden werden:

- Objektoperationen
- Konstruktoroperationen
- Klassenoperationen

Die *Objektoperationen* werden im Normalfall den Großteil der Operationen einer Klasse ausmachen. Eine Ausführung einer solchen Operation bezieht sich immer auf genau ein Objekt der Klasse. Es ist das Objekt, das die Nachricht zum Ausführen der Operation erhalten hat. Dieses Objekt ist als Zielobjekt der Operation ein implizites Argument der Operation (vgl. [38]).
Die *Konstruktoroperationen* haben eine Sonderstellung, da sie zum Erzeugen neuer Objekte dienen. Im Zuge dieser Erzeugung kann auch eine Initialisierung der Attribute mit Anfangswerten erfolgen.
Klassenoperationen beziehen sich direkt oder indirekt auf alle Objekte einer Klasse. Zwei Konstellationen stehen dabei im Vordergrund: Zum einen können Klassenoperationen die Veränderung von Klassenattributen (vgl. Abschnitt 7.3.1.2) vornehmen, eine Operation also, die sich indirekt auf alle Objekte einer Klasse auswirkt. Zum anderen können Klassenoperationen direkt auf der Liste der Objekte arbeiten. Beispielsweise können aus dieser Liste einzelne Objekte nach bestimmten Kriterien selektiert und ausgewählte Attribute ausgegeben werden. Auch systematische Veränderungen der objektspezifischen Attributwerte (z.B. eine bestimmte prozentuale Erhöhung) haben den Charakter von Klassenoperationen. Klassenoperationen nutzen somit die Möglichkeiten der Objektverwaltung aus (vgl. Abschnitt 7.2.1).
Es gibt eine Kategorie von Operationen, die in der Regel nicht in Klassensymbolen aufgelistet werden: die *Verwaltungsoperationen*. Dabei handelt es sich um Operationen, die nach den Regularien der Objektorientierung notwendig sind, im Sinne der Problemstellung aber nur einen sehr geringen semantischen Gehalt haben. Typische Verwaltungsoperationen sind solche zum Erzeugen und Löschen von Objekten (z.B. *new()* und *delete()*) sowie solche zum Setzen und Lesen von Attributwerten (z.B. für ein Attribut *Kontoinhaber* typischerweise die Operationen *setKontoinhaber()* und *getKontoinhaber()*). Auch Operationen zum Herstellen von Verbindungen zwischen Objekten werden, sofern im Rahmen der Operation tatsächlich keine weiteren Aktivitäten erfolgen, manchmal in die Kategorie der Verwaltungsoperationen eingeordnet (vgl. [2]).

Aufgrund der geringen Bedeutung für die Problemstellung und der in der Regel relativ großen Zahl solcher sehr einfacher Verwaltungsoperationen werden diese nicht in der Liste der Operationen im Klassensymbol aufgeführt.
Bei genauerer Betrachtung ist eine Unterscheidung zwischen Operationen und *Methoden* vorzunehmen (vgl. [38] und Abschnitt 7.2.3). Operationen können in unterschiedlichen Klassen mit gleicher Bezeichnung in der Schnittstelle vorhanden sein. Die Umsetzung einer Operation bezogen auf eine Klasse erfolgt durch eine gleichnamige Methode. In jeder Klasse, die eine bestimmte Operation beinhaltet, kann die Operation durch eine andere Methode umgesetzt sein. Dies führt zum Phänomen der Polymorphie, weil der Ablauf einer Operation damit von der Klasse des Objektes abhängig ist, das eine bestimme Operation ausführt.
Über das Zielobjekt als implizites Argument hinaus können Operationen Argumente und – sofern ein Ergebniswert zurückgeliefert wird – einen Ergebnistypen besitzen. Diese können in der UML-Notation hinter dem Bezeichner der Operation angegeben werden.

7.3.1.4 Vererbung

Wie in Abschnitt 7.2.2 dargestellt, ist die Vererbung eines der Grundprinzipien der Objektorientierung. Dementsprechend spielt die Vererbung auch in den Analysemodellen eine wesentliche Rolle. Eine Vererbungsbeziehung besteht immer zwischen Klassen. Sie beschreibt die Weitergabe von Eigenschaften einer allgemeineren Klasse (Ober- oder Superklasse) an eine speziellere Klasse (Unter- oder Subklasse). Da bei dieser Beziehung alle Eigenschaften der Oberklasse in die Unterklasse übertragen werden, ist die Unterklasse immer kompatibel mit der Oberklasse und kann an allen Stellen, an denen die Oberklasse eingesetzt wird, ebenfalls zur Anwendung kommen. Die Semantik der Vererbung verlangt, dass zwischen den beiden Klassen eine Spezialisierungsbeziehung (von der Oberklasse zur Unterklasse) bzw. eine Generalisierungsbeziehung (von der Unterklasse zur Oberklasse) besteht. **Bild 7-8** zeigt die UML-Notation für Vererbungsbeziehungen. Die Vererbungsbeziehungen bewirken, dass in der dargestellten Konstellation Objekte der Klasse *Girokonto* nicht nur die direkt dieser Klasse zugeordneten Eigenschaften (Attribut *Dispositionskredit* und Operation *Sollzinsen berechnen*) aufweisen, sondern auch alle Eigenschaften, welche für die Klasse *Konto* festgelegt sind. Wie **Bild 7-8** auch deutlich macht, können ausgehend von einer Oberklasse mehrere, im allgemeinen beliebig viele, Unterklassen abgeleitet werden. Entweder wird in der UML-Notation jede Beziehung separat mit einem Dreieck an der Oberklasse dargestellt, oder die Beziehungen werden zu einer Linie zusammengeführt und mit einem Dreieck an der Oberklasse dargestellt (vgl. **Bild 7-9**).

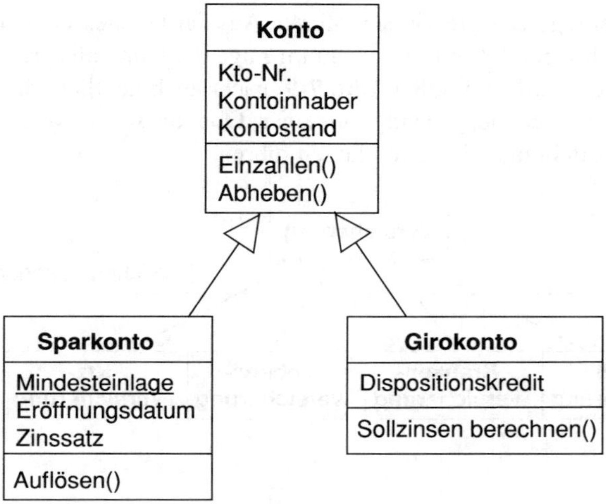

Bild 7-8 Vererbungsbeziehungen

Bei der sogenannten *Einfach-Vererbung* existiert zu jeder Unterklasse genau eine Oberklasse. Grundsätzlich gestattet die Objektorientierung auch eine *Mehrfach-Vererbung*, bei der in einer Klasse Eigenschaften aus zwei oder mehr Oberklassen zusammengeführt werden (vgl. [38]). Beispielsweise könnte eine Klasse *Amphibienfahrzeug* sowohl die Eigenschaften einer Klasse *Landfahrzeug* (z.B. Anzahl der Räder) als auch die Eigenschaften einer Klasse *Wasserfahrzeug* (z.B. Tiefgang oder Wasserverdrängung) erben und in sich zusammenführen. In Analysemodellen wird die Mehrfach-Vererbung in der Regel jedoch nicht eingesetzt (vgl. [2]).

Alle abgeleiteten Klassen besitzen als gemeinsame Teilmenge von Eigenschaften alle Eigenschaften der Oberklasse. Von dieser Basis ausgehend können in den Unterklassen verschiedene Ergänzungen vorgenommen werden, so dass die Differenzierung in mehrere Unterklassen Sinn macht. Zu den mittels der Vererbung weitergegebenen Eigenschaften gehören neben Attributen und Methoden auch die Verbindungen zu anderen Objekten, an denen die Objekte der Oberklasse beteiligt sein können (vgl. Abschnitt 7.3.1.5).

Bei der Aufteilung einer Klasse in speziellere Unterklassen ist möglichst ein fachlich eindeutiges Kriterium zu wählen, dessen unterschiedliche Ausprägungen zu der Differenzierung führen und damit auf eine einheitliche, nachvollziehbare Basis stellen. Man kann sich einen solchen sogenannten *Diskriminator* als implizites Attribut der Oberklasse vorstellen, dessen einzelne, unterschiedliche Attributwerte zur Differenzierung der Unterklassen führen. Aus der Perspektive der Unterklassen handelt es sich um ein Attribut, von dem im Zuge der Generalisierung in der Oberklasse abstrahiert wird (vgl. [38]). **Bild 7-9** macht auch deutlich, dass unterschiedliche Diskriminatoren ausgehend von einer Oberklasse zu vollkommen unterschiedlichen Aufteilungen in Unterklassen führen.

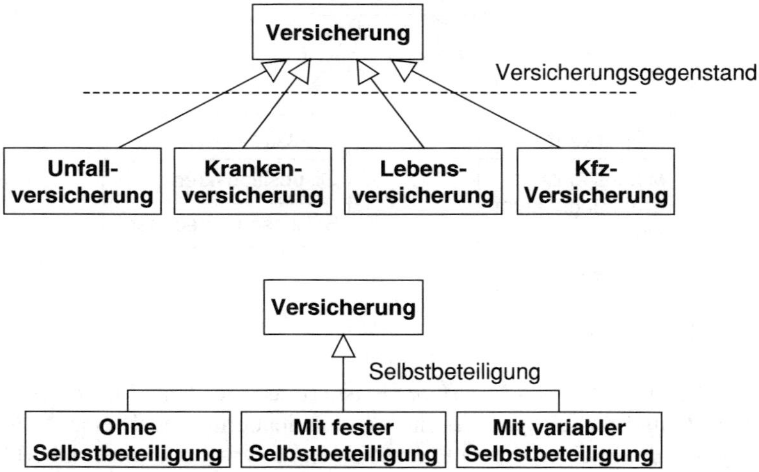

Bild 7-9 Beispiele für Diskriminatoren

Im Rahmen der Modellierung sind solche Diskriminatoren zu wählen, die zu einer möglichst großen Trennschärfe zwischen den entstehenden Klassen führen. In der Regel wird zur Aufteilung der Oberklasse in ihre Unterklassen genau ein Diskriminator eingesetzt, so dass eine sogenannte *homogene Spezialisierung* realisiert wird (vgl. [2]). Grundsätzlich können jedoch auch unterschiedliche Diskriminatoren auf einer Ebene eingesetzt werden.

Die Vererbungsbeziehungen können nicht nur über eine Ebene bestehen, sondern jede Unterklasse einer Vererbungsbeziehung kann in einer weiteren Vererbungsbeziehung als Oberklasse ihre Eigenschaften (einschließlich der ererbten) an Unterklassen weitergeben. Auf diese Weise kann eine beliebig tiefe und, in Abhängigkeit von der Zahl der jeweiligen Unterklassen, breite Vererbungshierarchie entstehen (vgl. Abschnitt 7.2.2 und **Bild 7-10**). Dabei muss nicht auf jeder Ebene der gleiche Diskriminator zum Einsatz kommen, und auch der erreichte Detaillierungsgrad muss nicht für alle Teile der Vererbungshierarchie identisch sein.

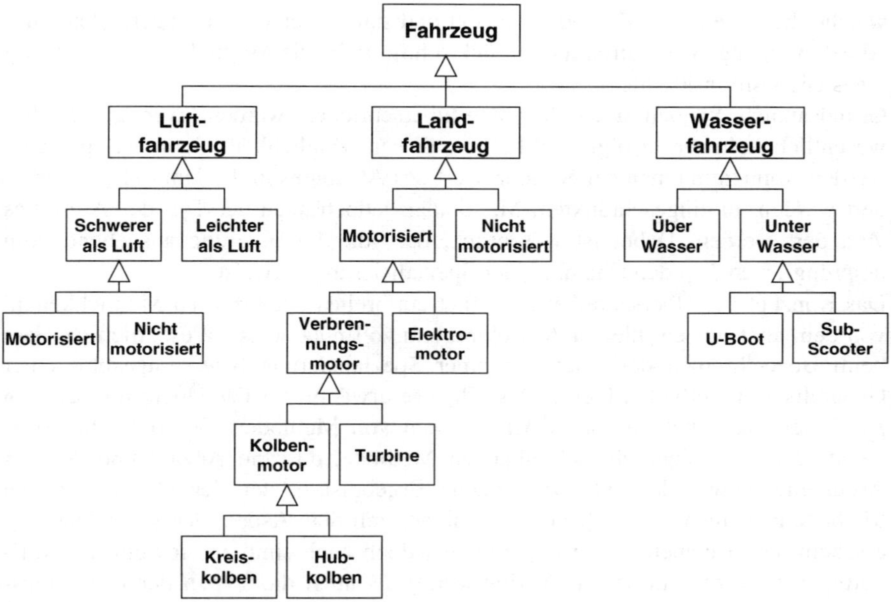

Bild 7-10 Tiefe Vererbungshierarchie

Wie oben erwähnt, werden im Rahmen einer Vererbungsbeziehung alle Eigenschaften einer Oberklasse an ihre Unterklassen weitergegeben. Dies kann, wie gerade gesehen, über beliebig viele Ebenen erfolgen. Die Klasse, in der eine Eigenschaft erstmals definiert ist, heißt *Ursprungsklasse* hinsichtlich dieser Eigenschaft (vgl. [38]). Die spezifische Semantik einer Unterklasse kann es erforderlich machen, dass verschiedene der weitergegebenen Eigenschaften in der Unterklasse verändert werden, um den besonderen Bedingungen der jeweiligen Unterklasse Rechnung zu tragen. Um dies realisieren zu können, gibt es das Konzept des *Überschreibens* (auch als *Redefinieren* bezeichnet, vgl. [2]). Dieses Konzept beinhaltet die Möglichkeit, in einer Unterklasse eine Eigenschaft gleichen Namens nochmals zu definieren, so dass durch diese neuerliche Definition die ererbte Eigenschaft verdeckt wird.

Meist wird das Überschreiben zur Modifikation von ererbten Methoden genutzt, um das Verhalten der Objekte der Unterklasse von dem der Oberklassenobjekte zu differenzieren. Beispielsweise kann die Methode *Abheben* der Klasse *Konto* die Besonderheiten des Abhebens von einem Girokonto nicht berücksichtigen. Daher kann in der Klasse *Girokonto* eine Methode gleichen Namens definiert werden,

welche die allgemeine Methode verdeckt und stattdessen die Besonderheiten eines Abhebevorgangs vom Girokonto berücksichtigt (z.B. die Möglichkeit der Nutzung eines Dispositionskredites).
Grundsätzlich können auch Attribute überschrieben werden, wenngleich dies wesentlich seltener erfolgt. Sollte von dieser Möglichkeit Gebrauch gemacht werden, kann zum einen der Standardwert des Attributes in der Unterklasse verändert werden, in eingeschränktem Maße kann jedoch auch der Typ des Attributes verändert werden. Dabei ist wesentlich, dass die Veränderung ausgehend vom ursprünglichen Typ den Charakter der Spezialisierung aufweist.
Das Konzept des Überschreibens eröffnet ein breites Spektrum an Möglichkeiten, von dem aber nur ein kleiner Ausschnitt sinnvoll nutzbar ist. Wesentlich ist, dass beim Überschreiben der Charakter einer Spezialisierung bzw. umgekehrt einer Generalisierung erhalten bleibt. Das gilt, wie erwähnt, für das Überschreiben von Attributen aber auch für das Überschreiben von Methoden. So sollte die sogenannte *Signatur* einer überschreibenden Methode, d.h. die Anzahl und Art der Argumente sowie der evtl. vorhandene Ergebnistyp, der der überschriebenen Methode entsprechen (vgl. [38]). Im Einklang mit dem Aspekt der Spezialisierung erscheint es in manchen Konstellationen jedoch auch sinnvoll, sowohl die Attributtypen (d.h. die zulässigen Attributwerte) als auch die Typen der Operationsargumente beim Überschreiben als Einschränkung der ererbten Typen festzulegen (vgl. [38]).
Zusammenfassend kann man festhalten, dass die Spezialisierung auf zweierlei Verfahren beruht. Zum einen kann die Spezialisierung durch Hinzufügen von Eigenschaften in den Unterklassen, also durch *Erweitern*, erfolgen. Die Unterklasse wird somit genauer, spezieller beschrieben als die Oberklasse. Zum anderen kann die Spezialisierung durch eine *Begrenzung* erfolgen, die zulässige Wertebereiche in den Unterklassen genauer definiert oder andere zusätzliche Restriktionen bezüglich der Attributwerte festlegt (vgl. [38]).
Wenn es im Verlauf der Modellierung sinnvoll erscheint, gemeinsame Eigenschaften von Klassen deutlich zu machen, obwohl es keine Objekte im Anwendungsbereich gibt, die nur aus diesen gemeinsamen Eigenschaften bestehen, können *abstrakte Klassen* gebildet werden (vgl. [38]). Abstrakte Klassen sind dadurch charakterisiert, dass es keine Instanzen zu diesen Klassen gibt bzw. geben soll. Sie sind damit das Gegenstück zu den meist anzutreffenden *konkreten Klassen*, die auch als *instanziierbare Klasse* bezeichnet werden, da diese Objektinstanzen besitzen.
Die Eigenschaften abstrakter Klassen werden an deren Unterklassen weitervererbt, so dass alle Unterklassen über diese Eigenschaften der abstrakten Klasse verfügen. Die Unterklassen einer abstrakten Klasse können wiederum abstrakt sein. Aller-

dings benötigen abstrakte Klassen in jedem Fall unter ihren Nachkommen in der Vererbungshierarchie konkrete Klassen (d.h. sie dürfen somit nicht als Blätter in der Vererbungshierarchie auftreten, vgl. [38]).
Abstrakte Klassen können sowohl die Attribute als auch die Methoden für die (konkreten) Unterklassen definieren und diese durch die Vererbung weitergeben. **Bild 7-11** zeigt zwei Varianten, in denen die Klasse *Konto* in der UML-Notation als abstrakte Klasse gekennzeichnet ist (vgl. [2])

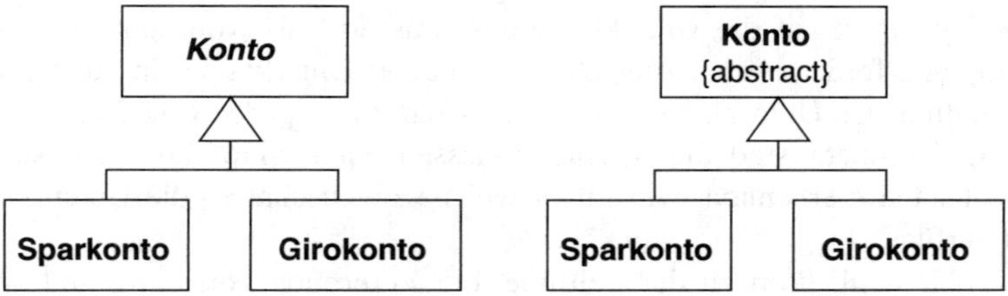

Bild 7-11 Abstrakte Klassen in der UML-Notation

Es ist auch möglich, statt vollständiger Methoden *abstrakte Operationen* in den abstrakten Klassen zu definieren (vgl. **Bild 7-12**). Eine abstrakte Operation legt lediglich die Signatur einer Operation für die Unterklassen fest. Es müssen dann in allen Unterklassen Methoden als Implementation dieser Operation vorgesehen werden, die dieser Signatur entsprechen. Eine ererbte Methode für diese Operation gibt es in den Unterklassen nicht.

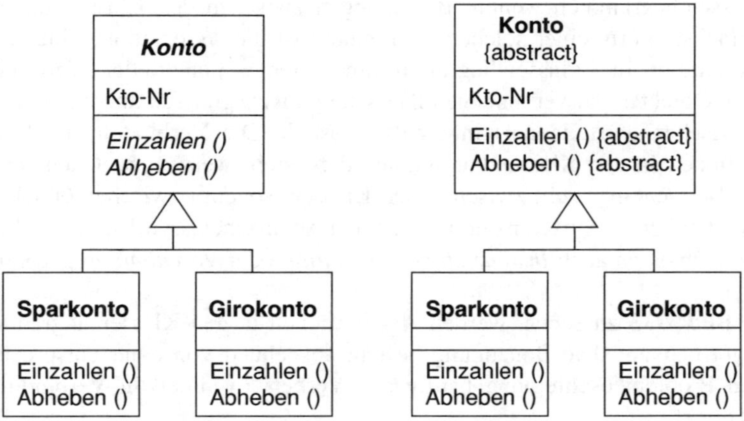

Bild 7-12 Abstrakte Operationen

Vererbungsbeziehungen werden hinsichtlich ihrer Rolle in der Objektorientierung teilweise kritisch diskutiert. Einerseits sind sie unverzichtbarer Bestandteil objektorientierter Ansätze und können die Generalisierungs- und Spezialisierungsaspekte in einem Anwendungsbereich sehr gut deutlich machen. Andererseits stehen sie in einem gewissen Widerspruch zu einem anderen Konzept der Objektorientierung, dem Geheimnisprinzip und der Kapselung.
Durch die Vererbung sind die Eigenschaften der Oberklasse aus einer Unterklasse heraus sichtbar und zugreifbar. Änderungen in den Eigenschaften der Oberklasse wirken sich direkt auf die Unterklasse aus, was dort als Konsequenz zusätzliche Änderungen erfordern kann. Ausgehend von einer Unterklasse sind dort nicht alle Eigenschaften der Unterklasse erkennbar – das Prinzip der Lokalität ist verletzt (vgl. [2]). Vielmehr sind die Vorfahrenklassen einer Unterklasse zu betrachten, damit vollständig erkennbar wird, über welche Eigenschaften die Unterklasse insgesamt verfügt.
Diese Problematik führt zu der Leitlinie, die Vererbung vorsichtig und nur dann einzusetzen, wenn eine Generalisierungs- und Spezialisierungsbeziehung zweifelsfrei besteht. Darüber hinaus sind tiefe Vererbungshierarchien, in denen man die Eigenschaften einer Klasse evtl. über viele Ebenen zusammentragen muss, generell zu vermeiden. Der Aspekt der Code-Wiederverwendung, der häufig als Motivation und Vorteil für Objektorientierte Ansätze genannt wird, spielt im Rahmen der Erstellung von Analysemodellen keine Rolle.

7.3.1.5 Assoziationen

Über einzelne Klassensymbole und die Vererbungsbeziehungen hinaus werden in den Klassendiagrammen weitere Beziehungen zwischen den Klassen dargestellt. Die einfachste Form einer solchen Verbindung ist die Assoziation. Eine Assoziation beschreibt im Klassendiagramm eine Menge potentieller Verbindungen zwischen Objekten der verbundenen Klassen und wird grafisch durch eine einfache Linie zwischen den Klassensymbolen dargestellt. Die Verbindungen, die durch Assoziationen in den Klassendiagrammen dargestellt werden, bestehen somit bei genauer Betrachtung nicht zwischen den Klassen, sondern zwischen Objekten der Klassen. Um diese Differenzierung deutlich zu machen, wird eine Verbindung zwischen Objekten auch *Instanz einer Assoziation* oder *Verknüpfung* genannt (vgl. [38]).
Wie in **Bild 7-13** zu sehen, werden Assoziationen in den Klassendiagrammen in der Regel benannt. Die Benennung besteht ausgehend von einer entsprechenden verbalen Problembeschreibung häufig aus Verben, eventuell in Verbindung mit einem Objekt.

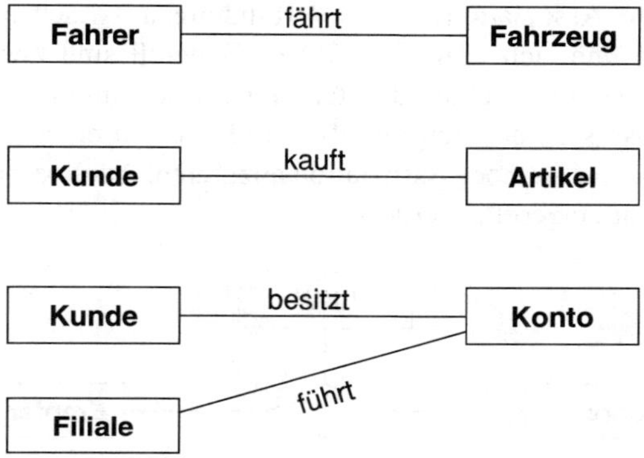

Bild 7-13 Beispiele für Assoziationen zwischen Klassensymbolen

Auch wenn die Benennung von Assoziationen häufig eine bestimmte Richtung nahegelegt, in der die Verbindung zu interpretieren ist, sind Assoziationen in der Analysephase als *bidirektionale* Verbindungen zu betrachten, deren Durchlaufen in beiden Richtungen Sinn machen kann. Bezogen auf die Richtung, die von der Benennung nahegelegt wird, wird von der Vorwärtsrichtung einer Assoziation gesprochen, umgekehrt ist die Rückwärtsrichtung die der Benennung widersprechende Richtung. Es ist sinnvoll, die Klassensymbole und die verbindende Assoziation im Klassendiagramm so anzuordnen, dass die Vorwärtsrichtung gemäß der Leserichtung von links nach rechts verläuft. Im Klassendiagramm kann die Vorwärtsrichtung (d.h. die Leserichtung) durch ein zusätzliches kleines Dreieck deutlich gemacht werden, dass jedoch ausschließlich darstellerischen Charakter hat (vgl. [31] und **Bild 7-17**).

Im Analysemodell sind Assoziationen auch nicht einer der verbundenen Klassen zugeordnet, sondern stellen ein eigenständiges Modellkonzept dar. Erst später beim Entwurf und bei der Implementierung werden diese Verbindungen einer der beteiligten Klassen zugeordnet, bekommen evtl. eine eindeutige Richtung und werden letztlich als Referenzen oder Zeiger implementiert. Im Analysemodell kann und soll jedoch auf diese Art von Festlegungen verzichtet werden.

Hinsichtlich der durch eine Assoziation verbundenen Klassen gibt es zum einen den Spezialfall, dass an beiden Enden der Assoziation die gleiche Klasse steht. Mit dieser sogenannten *reflexiven Assoziation* (vgl. **Bild 7-17**) wird ausgedrückt, dass Verbindungen zwischen verschiedenen Instanzen von ein und derselben Klasse bestehen können. Zum anderen kann eine Assoziation auch Objekte von mehr als zwei Klassen miteinander verbinden. So sind über den Standardfall der binären Assoziation (zwei unterschiedliche Klassensymbole verbunden) hinaus beispielsweise auch ternäre Assoziationen, die Verbindungen zwischen Objekten dreier Klassen herstellen, möglich (vgl. **Bild 7-14**). Generell sind zwar *n*-äre Assoziationen möglich. Da aber schon die ternären Assoziationen hinsichtlich ihrer Bedeutung teilweise schwer interpretierbar sind, ist von einer Zusammenführung von noch mehr Klassen in einer Assoziation abzuraten. Auch ternäre Assoziationen müssen mit Bedacht eingesetzt werden.

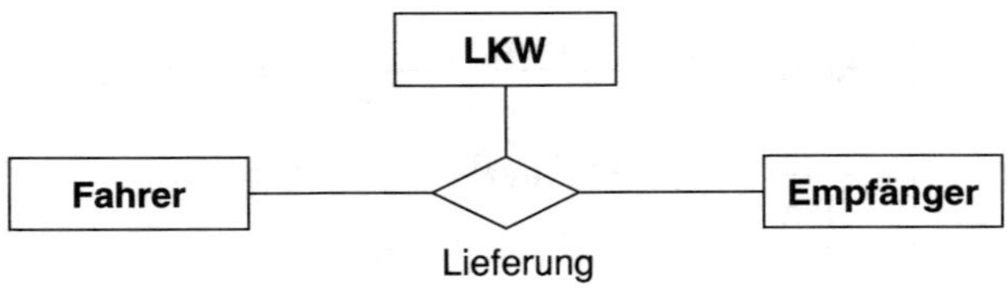

Bild 7-14 Beispiel für ternäre Assoziation

Die Beispiele in **Bild 7-13** zeigen Assoziationen, bei denen nicht angegeben ist, mit wievielen Objekten der anderen Seite der Assoziation ein Objekt der einen Seite in Verbindung steht. Der hier angesprochene Aspekt einer Assoziation wird als *Kardinalität*, auch als *Multiplizität* oder *Wertigkeit* bezeichnet, kann zusätzlich spezifiziert werden (vgl. [38] u. [2]). Eine 1:1-Assoziation, wie sie in **Bild 7-13** im ersten Beispiel nahegelegt ist, ist als Spezialfall zu betrachten, der relativ selten vorkommt (vgl. Abschnitt 7.6). In diesem Fall und wenn die Kardinalität (noch) nicht festgelegt werden soll, kann eine explizite Angabe zur Kardinalität weggelassen werden. Üblicherweise werden in der UML jedoch auch 1:1-Kardinalitäten durch Angabe der Werte an den beiden Enden der Assoziationslinie im Klassendiagramm angegeben, so dass die obere Assoziation aus **Bild 7-13** dann wie in **Bild 7-15** oben dargestellt aussieht. Die weiteren Beispiele in **Bild 7-15** zeigen andere mögliche Konstellationen von Kardinalitätsangaben. So ist es möglich, mehrere einzelne Werte anzugeben, zulässige Wertebereiche festzulegen und den Stern (*) einzusetzen, um eine beliebige Anzahl (einschließlich 0) zuzulassen. Alle genannten Arten von Angaben können darüber hinaus auch noch in Kombination verwendet werden.

Ein Wert in einer Kardinalitätsangabe bedeutet, dass ausgehend von einem Objekt der gegenüberliegenden Seite der Assoziation mit genau dieser Anzahl von Objekten der Klasse, an der die Zahlangabe gemacht ist, in Verbindung stehen kann. Beinhaltet der angegebene Wertebereich den Wert 0, dann handelt es sich in Bezug auf die Klasse, an der diese Angabe gemacht wurde, um eine *optionale* Assoziation (Kann-Assoziation). Ansonsten ist es eine *obligatorische* (Muss-) Assoziation.

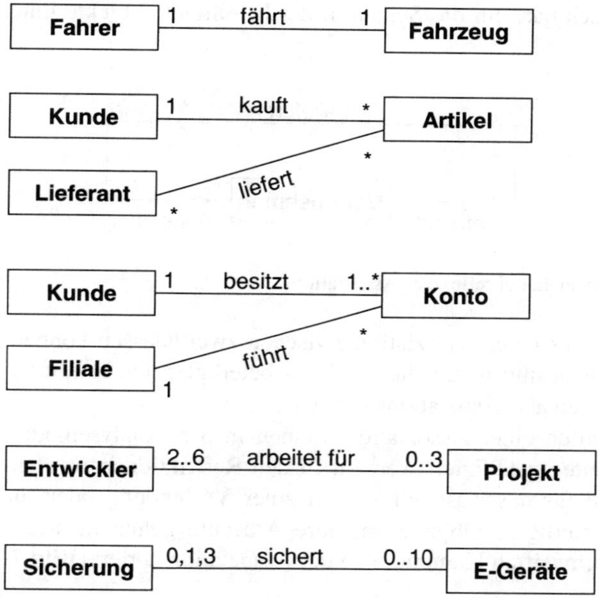

Bild 7-15 Angabe von Kardinalitätswerten zu Assoziationen

Eine weitere Kategorie von Angaben, die zu einer Assoziation gemacht werden können, sind die sogenannten *Rollennamen* (vgl. [38] und [2]). Rollennamen sind Bezeichnungen, die an der Assoziationslinie in der Nähe der Klassensymbole notiert werden und die Semantik der jeweiligen Klasse im Kontext der Assoziation beschreiben. So können an einer binären Assoziation maximal zwei Rollennamen notiert werden (**Bild 7-16**).

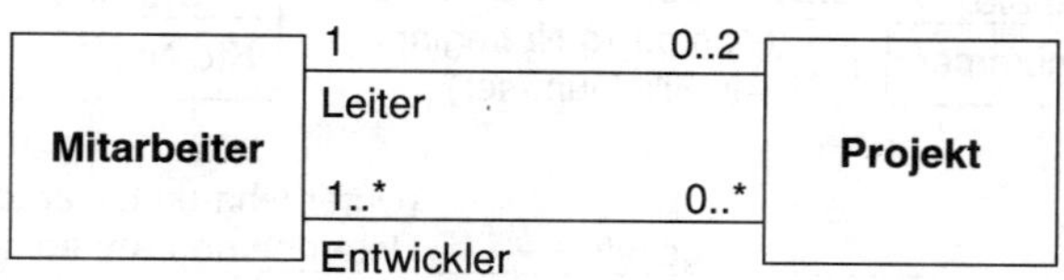

Bild 7-16 Assoziation mit Rollennamen

Gut gewählte Rollennamen (in der Regel Substantive) können einen Assoziationsnamen überflüssig machen. Im Falle der reflexiven Assoziationen sind die Rollennamen unverzichtbar, um die Semantik der beteiligten Objekte unterscheidbar zu machen.

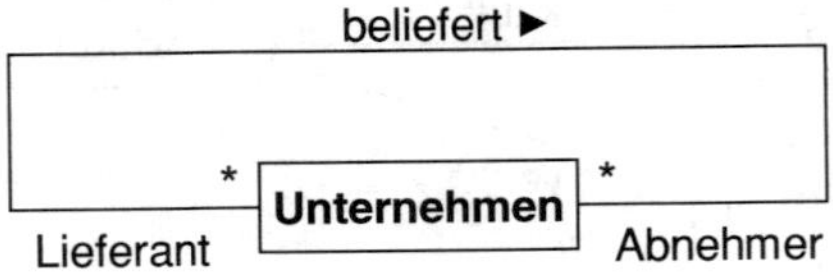

Bild 7-17 Rollennamen bei reflexiver Assoziation

Auch bei mehr als einer Assoziation zwischen zwei Klassen können Rollennamen die Assoziationen und damit die an ihnen beteiligten Objekte u.U. besser unterscheidbar machen als Assoziationsnamen.
Die Eigenschaften einer Assoziation können in den Analysemodellen durch *Restriktionen* weiter spezifiziert werden. In den Restriktionen werden Bedingungen formuliert, die für das Zustandkommen einer Verbindung oder für die an einer Verbindung beteiligten Objekte und ihre Attribute gelten müssen. Restriktionen werden in geschweiften Klammern an der Assoziation notiert (**Bild 7-18**).

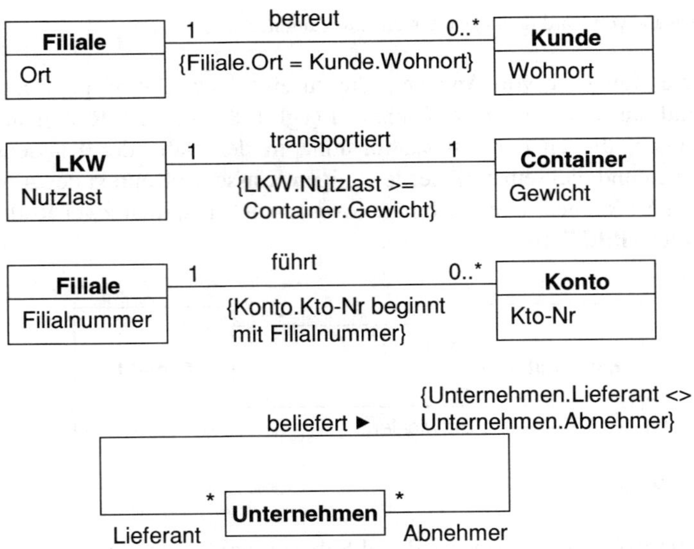

Bild 7-18 Assoziationen mit Restriktionen

Für spezielle, häufig auftretende Restriktionen können zusätzliche Notationen und eine entsprechende Semantik vereinbart werden. So schlägt Heide Balzert in [2] beispielsweise für alternative Assoziationen und für Teilmengen von Assoziationen eine gesonderte Notation vor (**Bild 7-19**).

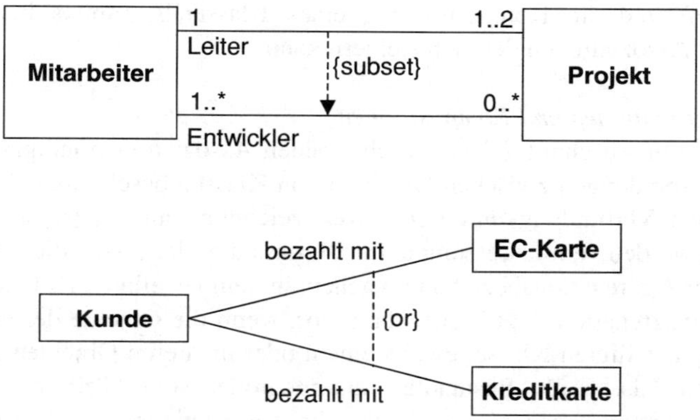

Bild 7-19 Restriktionen mit spezieller Notation

Eine besondere Art von Einschränkung der zu verbindenden Objekte wird durch eine Qualifikationsangabe an Assoziationen erreicht (vgl. [2]).

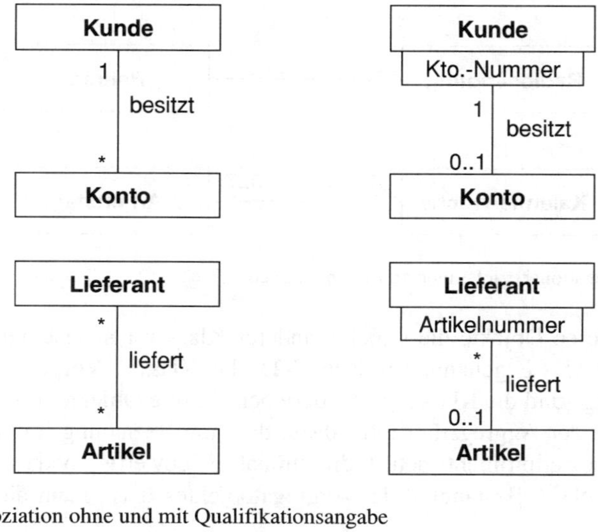

Bild 7-20 Assoziation ohne und mit Qualifikationsangabe

Qualifikationsangaben haben den Zweck, die Menge der zu verbindenden Objekte auf der einen Seite der Assoziation einzuschränken. Die Qualifikationsangabe kann somit als Selektionskriterium interpretiert werden, das aus der Gesamtmenge von Objekten einer Klasse diejenigen herausfiltert, die an einer Assoziation beteiligt sein können. **Bild 7-20** macht deutlich, dass eine Qualifikationsangabe die Aussagekraft und die Konkretisierung eines Klassendiagramms bezüglich der enthaltenen Assoziationen deutlich steigern kann.

7.3.1.6 Aggregationen und Kompositionen

Während die in Abschnitt 7.3.1.5 beschriebenen Assoziationen lediglich ganz allgemeine Verbindungen zwischen Objekten von Klassen beschreiben, kann die Art einer solchen Verbindung durch ihre Kennzeichnung als **Aggregation** präziser spezifiziert werden. Voraussetzung dafür ist, dass die Merkmale, die eine Assoziation zu einer Aggregationsbeziehung machen, in dem jeweiligen Fall auch gegeben sind. Eine Aggregation liegt immer dann vor, wenn die Objekte der einen an der Verbindung beteiligten Klasse jeweils einem oder mehreren Objekten der anderen verbundenen Klasse als Bestandteil untergeordnet sind (Teil-von-Beziehung). Ebenso wie bei den Assoziationen werden die Aggregationen im Klassendiagramm notiert (vgl. **Bild 7-21**), bestehen aber eigentlich zwischen Objekten der Klassen.

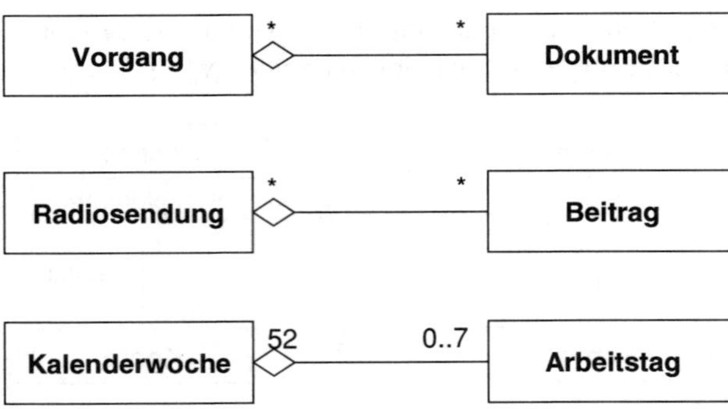

Bild 7-21 Aggregationsbeziehungen zwischen Klassen

Die Klasse, deren Objekte die Objekte anderer Klassen als Bestandteil enthalten, wird *Aggregatklasse* genannt (in **Bild 7-21** die Klasse „Vorgang", die Klasse „Radiosendung" und die Klasse „Kalenderwoche"), ihre Objekte *Aggregatobjekte*. Der Charakter der Aggregation führt dazu, dass die Beziehung im Gegensatz zur einfachen Assoziation nicht mehr bidirektional gleichwertig sondern gerichtet ist. Wenn ein Objekt A Bestandteil des Aggregatobjektes B ist, kann die Umkehrung

der Beziehung nicht bestehen. Trotz ihres spezifischeren Charakters im Vergleich zur einfachen Assoziation kann auch eine Aggregation ein Spektrum von unterschiedlichen Beziehungen abbilden. Typische Konstellationen sind die Beziehungen zwischen Komponenten und dem aus ihnen zusammengesetzten Ganzen (der häufigste Fall), aber auch die Beziehungen zwischen Behältern und ihrem Inhalt sowie die Beziehungen zwischen Mengen/Sammlungen und ihren Elementen/Mitgliedern (vgl. [6]).
Aggregationsbeziehungen können auch über mehrere Ebenen bestehen, so dass sich im allgemeinen durch die Aggregationsbeziehungen ein gerichteter azyklischer Graph, in vielen Fällen speziell ein Aggregationsbaum ergibt.

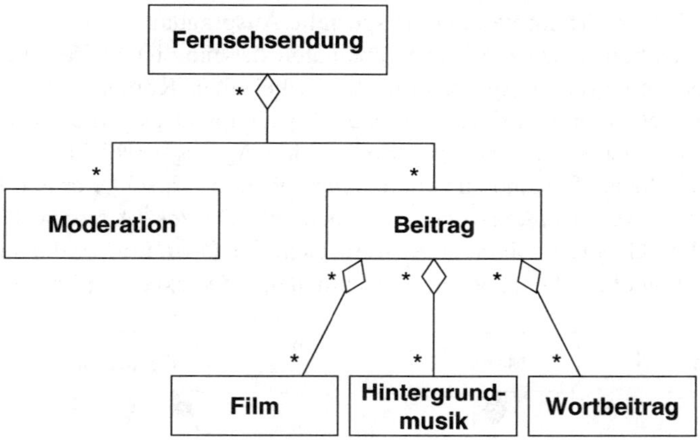

Bild 7-22 Aggregationsbeziehungen über mehrere Ebenen (Aggregationsbaum)

Eine rekursive Aggregation liegt vor, wenn das aggregierte Objekt direkt oder indirekt ein Objekt der gleichen Klasse als Bestandteil enthält (vgl. [38]). In **Bild 7-23** ist eine typische Konstellation einer rekursiven Aggregation dargestellt.

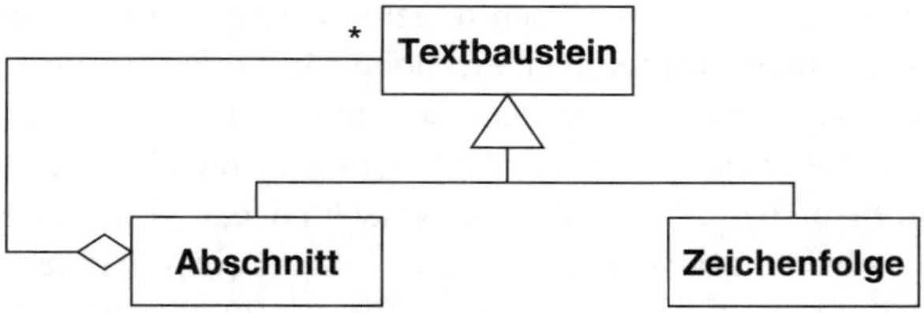

Bild 7-23 Rekursive Aggregation

An der rekursiven Aggregation sind häufig eine Oberklasse und zwei davon abgeleitete Unterklassen beteiligt. Eine der Unterklassen liefert Objekte, die nicht weiter aggregiert sind und somit die Rekursion beenden. Die andere Unterklasse steht für Objekte, die rekursiv aggregiert sind, wobei die enthaltenen Objekte von der Oberklasse sind, d.h. Instanzen entweder der einen oder der anderen Unterklasse sein können.
Wenn ein Objekt einer Klasse mehreren Objekten einer oder unterschiedlicher Aggregatklassen als Bestandteil zugeordnet sein kann, wird diese Konstellation auch als *shared aggregation* bezeichnet (vgl. [2]).
Eine noch stärkere Beziehung zwischen den Objekten von verbundenen Klassen kann durch eine **Komposition** ausgedrückt werden (vgl. **Bild 7-24**). Auch dabei handelt es sich im Grundsatz um eine spezielle Ausprägung einer Assoziation. Bei einer Komposition gehen die Einschränkungen der möglichen Beziehungen aber noch weiter als bei einer Aggregation. So ist bei einer Komposition eine Zuordnung von Objekten zu mehreren Aggregat-Objekten als Bestandteil nicht zulässig, die Zuordnung ist somit exklusiv. Sofern das Aggregat-Objekt gelöscht wird, müssen auch die als Bestandteile enthaltenen Objekte gelöscht werden. Es gilt das Kriterium der *Existenzabhängigkeit* zwischen dem Ganzen (Aggregat-Objekt) und seinen Teilen. Generell sollten sich die meisten der Operationen, die sich auf das Aggregat-Objekt beziehen, auch auf die enthaltenen Objekte fortpflanzen.

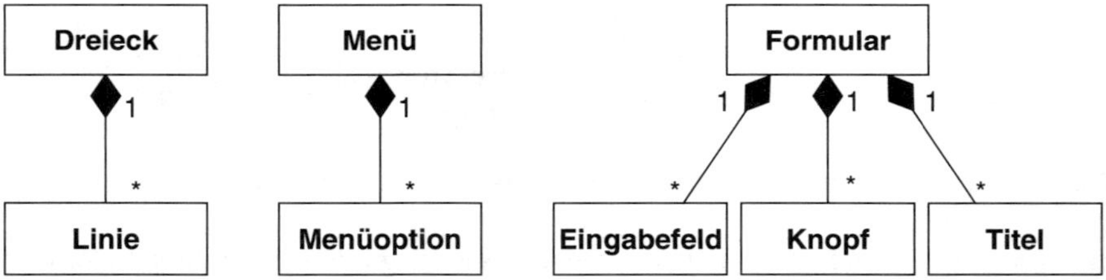

Bild 7-24 Kompositionsbeziehungen zwischen Klassen

Auch wenn verschiedene Autoren noch feinere Differenzierungen hinsichtlich der Aggregationsbeziehungen vornehmen, erscheint für die Praxis die Unterscheidung von Assoziation, Aggregation und Komposition vollkommen ausreichend. Mit jeder feineren Differenzierung vergrößert sich die ohnehin schon vorhandene Abgrenzungsproblematik zwischen den verschiedenen Beziehungsarten. Eine Differenzierung einer einfachen Assoziation hin zu einer Aggregation oder gar Komposition sollte nur erfolgen, wenn zweifelsfrei eine solche spezielle Beziehung gegeben ist. Bei Unsicherheit in dieser Frage ist die allgemeinere Variante der Assoziation im Modell vorzuziehen, um keine unangemessenen Festlegungen und Einschränkungen schon im Analysemodell einzuführen (vgl. Abschnitt 7.6).

7.3.1.7 Zusammenführung der Modellierungskonzepte

Die Modellierungskonzepte, die in den vorherigen Abschnitten vorgestellt wurden, können in einem Klassendiagramm zusammengeführt und parallel genutzt werden, um ein umfassenden (statisches) Analysemodell des betrachteten Systems zu erzeugen. **Bild 7-25** zeigt ein Klassendiagramm, in dem verschiedene der vorgestellten Konzepte nebeneinander genutzt werden.

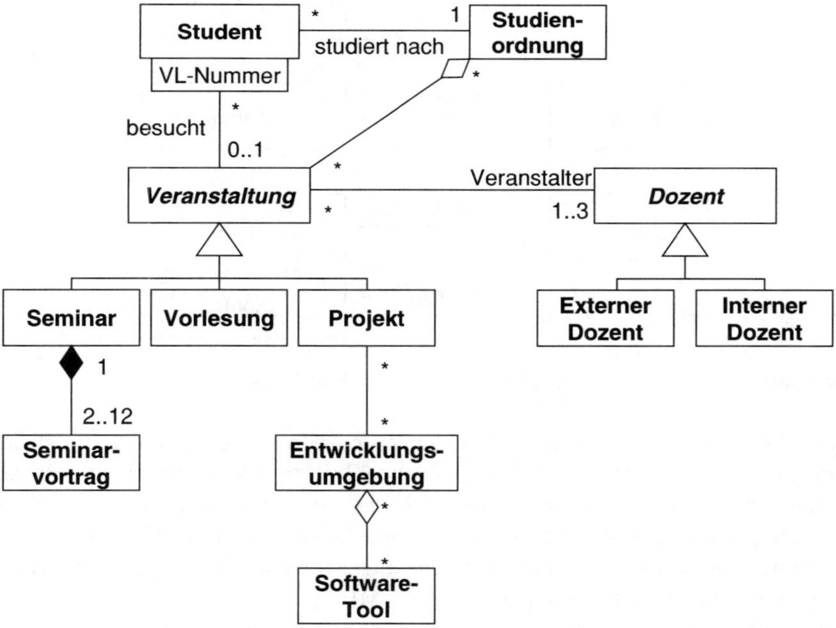

Bild 7-25 Vollständiges Klassendiagramm

7.3.2 Objektdiagramme

Objektdiagramme stellen Objekte, d.h. Instanzen von Klassen, im betrachteten Problembereich mit ihren Eigenschaften und Beziehungen dar. **Bild 7-26** zeigt für abstrakte Konstellationen die darstellerischen Möglichkeiten, die durch die UML für Objektdiagramme vorgesehen sind.

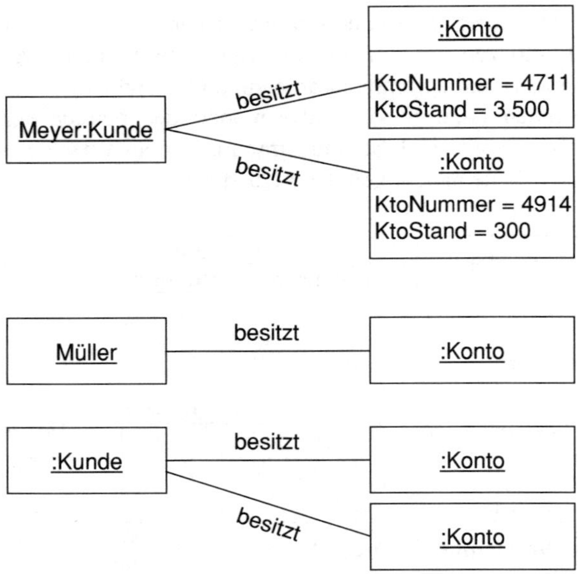

Bild 7-26 Objektdiagramme in der UML-Notation (vgl. **Bild 7-15**)

Wenn Objektsymbole nur den Bezeichner der Klasse des jeweiligen Objektes beinhalten, heißen diese Objekte *anonyme Objekte*. Der Bezeichner vor dem Doppelpunkt gibt den Namen eines Objektes an, wenn dieser im Modell von Bedeutung ist. Zur zusätzlichen Veranschaulichung können auch Attribute (evtl. zusammen mit konkreten Attributwerten) angegeben werden, Operation gehören dagegen nicht in die Objektdiagramme der UML.

Während Klassendiagramme den allgemeinen, abstrakten Fall beschreiben, zeigen Objektdiagramme (von Rumbaugh als *Instanzendiagramme* bezeichnet, vgl. [38]) konkrete Ausprägungen der Konstellationen, die durch die Klassendiagramme vorgegeben sind. Ein Objektdiagramm ist immer eine von vielen Konstellationen, die sich von einem Klassendiagramm ableiten lassen und die zu einem bestimmten Zeitpunkt gilt. Ein Klassendiagramm entspricht somit (i.d.R.) einer unendlichen Menge von Objektdiagrammen. **Bild 7-27** zeigt ein Objektdiagramm, das sich auf das Klassendiagramm in **Bild 7-25** bezieht.

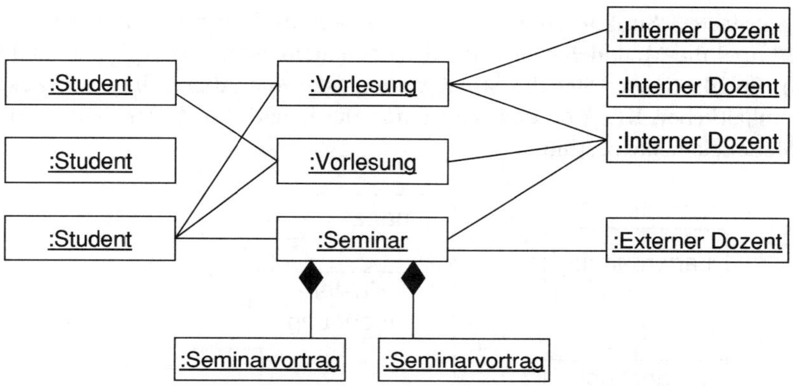

Bild 7-27 Beispiel für ein Objektdiagramm

Objektdiagramme werden häufig auch als Momentaufnahmen des Systems charakterisiert (vgl. [2]), die dazu dienen, bestimmte Konstellationen/Situationen im System beispielhaft zu erläutern, um das Verständnis der Klassendiagramme zu erhöhen. In dieser Aussage ist enthalten, dass es häufig sinnvoll ist, mehrere Objektdiagramme zu einem Klassendiagramm zu erstellen. Gerade bei komplexen Klassendiagrammen kann deren Interpretierbarkeit durch Objektdiagramme wesentlich gesteigert werden, da der Abstraktionsgrad von Objektdiagrammen deutlich geringer ist.

Im Verlauf der Modellierung können Objektdiagramme nicht nur nachträglich zur Illustration der Klassendiagramm eingesetzt werden, sie können auch in der frühen Phase der Modellierung vor der Erstellung der Klassendiagramme einen nützlichen Beitrag leisten. Häufig werden im Rahmen der Systemaufnahme zur Dokumentation der Erhebungsergebnisse erste Objektdiagramme erstellt, aus denen dann durch entsprechende Abstraktion Klassendiagramme zur Beschreibung des allgemeinen Falls abgeleitet werden.

Während Klassendiagramme unverzichtbare Bestandteile eines objektorientierten Modells sind, kann auf die Erstellung von Objektdiagrammen häufig verzichtet werden.

7.3.3 Pakete und Subsysteme

Pakete dienen der zusätzlichen Strukturierung der objektorientierten Modelle. Gerade bei größeren Modellen geht die Übersichtlichkeit trotz der Diagrammform in der Vielzahl der Symbole verloren. Die Pakete eröffnen die Möglichkeit zu einer übergeordneten Strukturierung, die ein Modell in interpretierbare Teilmodelle aufteilt und die Modellelemente des Gesamtmodells gruppiert (vgl. [31] und **Bild 7-28**). Im Idealfall erfolgt die Strukturierung, d.h. die Abgrenzung von Paketen, nach inhaltlichen Kriterien und wird durch die inhaltliche Zusammengehörigkeit der Modellelemente bestimmt.

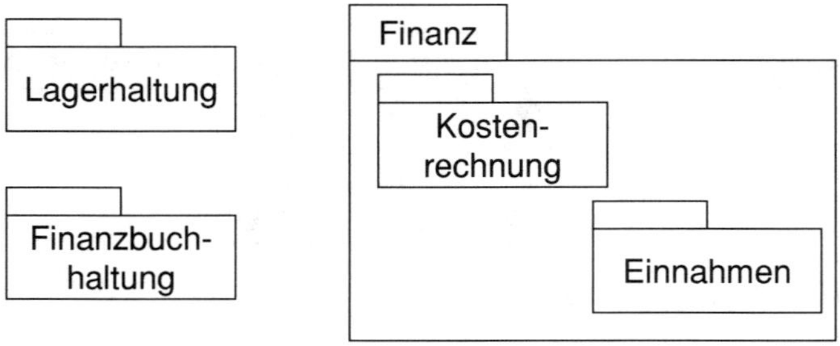

Bild 7-28 Pakete in der UML-Notation

Jedes Paket kann eine beliebig große Anzahl von anderen Modellelementen umfassen. Es ist auch möglich, dass ein Paket wiederum Pakete zum Inhalt hat. Jedes Modellelement muss genau einem Paket zugeordnet sein, es können jedoch innerhalb eines Paketes auch die Inhalte anderer Pakete angesprochen werden.
Jedes Paket definiert einen Namensraum, in dem die Bezeichnungen der Modellelemente eindeutig sein müssen. Der Name eines Paketes muss systemweit eindeutig sein.
Die Subsysteme, die in der UML als Modellierungskonzept vorgesehen sind, stellen dagegen eine Einheit mit einem eigenen Verhalten dar. Sie dienen nicht der Gruppierung nach abstrakten Gesichtspunkten, sondern haben eine Entsprechung im konkreten System (vgl. [31]). Sie stehen damit oberhalb der Ebene, die für die Durchführung einer Systemanalyse relevant ist. Eine Systemanalyse befasst sich, abgesehen von einer initialen Zerlegung des Systems in Subsysteme, im wesentlichen mit der Modellierung eines (Sub-)Systems. Aufgrund der begrenzten Bedeutung der UML-Subsysteme für die Analysemodelle werden diese hier nicht näher betrachtet.

7.4 Dynamisches Teilmodell

Im dynamischen Teilmodell der objektorientierten Analyse werden die Aspekte des abgebildeten Systems zusammengefasst, die grundsätzlich Veränderungen über die Zeit beinhalten. Die Dynamik in objektorientierten Modellen beruht auf *Nach-*

richten (auch als *Botschaften* bezeichnet, vgl. [2]), die zur Aktivierung von Operationen bzw. Methoden führen. Nachrichten kommen von außen in das System und stoßen systeminterne Abläufe an, sie werden aber auch zur Realisierung der Systemabläufe innerhalb des Systems zwischen den Objekten versendet. Ein wesentlicher Teilaspekt der Dynamik eines Systems, der in den Modellen abgebildet werden muss, sind die Zustandsveränderungen, die im System auftreten können. Diese ergeben sich ausgehend von äußeren Anstößen durch das Wechselspiel zwischen den Objekten in einem System, die sich Botschaften schicken und entsprechende Methoden als Reaktion darauf aktivieren.
Das dynamische Teilmodell wird durch eine Reihe von Modellen gebildet, welche die unterschiedlichen Aspekte der Dynamik in unterschiedlichen Auflösungsgraden darstellen. Diese Modellkonzepte werden in den folgenden Abschnitten vorgestellt.

7.4.1 Geschäftsprozessdiagramme

Geschäftsprozessdiagramme geben einen Überblick über die im System enthaltene Dynamik und die Funktionsbereiche, zu denen sich diese Dynamik gruppieren lässt. Unter einem *Geschäftsprozess* wird hier eine Folge von Aktivitäten verstanden, die im System bei bestimmten Situationen ausgeführt werden müssen, um ein gewünschtes Ergebnis zu erreichen (vgl. [2]). Ein Geschäftsprozess fasst somit die Dynamik bezogen auf einen anwendungsspezifischen Kontext zusammen. Die Abläufe, die hier als Geschäftsprozess bezeichnet werden, finden sich in der Literatur häufig unter dem Begriff „Use Case“ beschrieben (entsprechend werden die Diagramme dann als *Use Case Diagramme* bezeichnet, vgl. [31]).
Die Dynamik in einem System wird in der Regel durch externe Aktivitäten ausgelöst. Daher sind die Geschäftsprozesse mit *Akteuren* verbunden (durch Linienverbindungen), die mit dem System kommunizieren und dabei bestimmte Geschäftsprozesse auslösen bzw. mit diesen kommunizieren. Bei den Akteuren kann es sich um einzelne Personen und Personengruppen ebenso wie um externe Systeme handeln. Dabei geht es weniger um die konkrete Person/das konkrete System, sondern vielmehr um eine Beschreibung der Rolle, die in Bezug auf den verbundenen Geschäftsprozess gespielt wird. Die Bezeichnung der Akteure im Geschäftsprozessdiagramm soll diese Rolle widerspiegeln. Aufgrund der Konzentration auf Rollen kann die Konstellation auftreten, dass eine konkrete Person mehrere im Geschäftsprozessdiagramm dargestellte Rollen übernimmt. Durch die Einbeziehung von Akteuren wird die Schnittstelle des Systems, die für die Dynamik des Systems relevant ist, in den Geschäftsprozessdiagrammen deutlich

gemacht. Durch die Darstellung in **Bild 7-29** wird der Kern der UML-Symbolik für Geschäftsprozessdiagramme veranschaulicht.

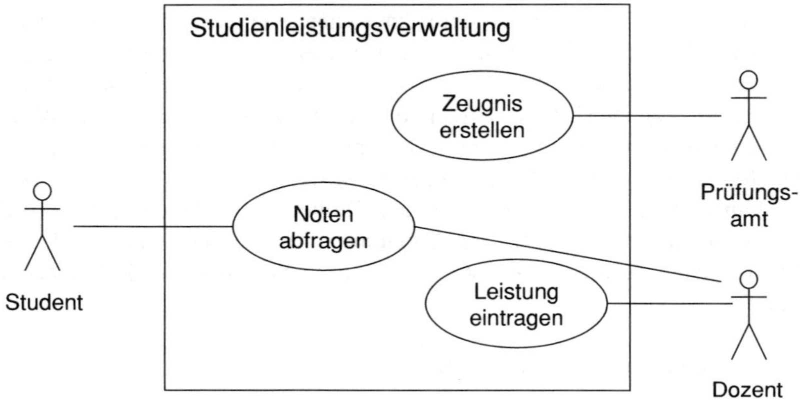

Bild 7-29 Geschäftsprozessdiagramm

Die Linienverbindung zwischen Akteuren und Geschäftsprozessen wird ebenfalls als Assoziation bezeichnet. Analog zu den Assoziationsverbindungen zwischen Klassen (vgl. Abschnitt 7.3.1.5) kann auch in Geschäftsprozessdiagrammen eine Multiplizität an den Verbindungen angegeben werden (vgl. [31]). Auch zwischen den dargestellten Geschäftsprozessen können in den Diagrammen Verbindungen dargestellt werden, die eine unterschiedliche Semantik aufweisen (vgl. [31].

Ein Geschäftsprozess A ist durch eine sogenannte *extend-Beziehung* mit einem Geschäftsprozess B verbunden, wenn der Prozess A eine Ergänzung der Aktivitäten in B darstellt. Diese Ergänzung kann in Abhängigkeit von Bedingungen aktiviert werden. Die Bedingungen können im Geschäftsprozessdiagramm genannt werden (in **Bild 7-30** zwischen „Abschlussnote errechnen“ und „Zeugnis erstellen“).

Ein Geschäftsprozess A ist mit einem Geschäftsprozess B durch eine sogenannte *Generalisierungsbeziehung* verbunden, wenn der Prozess A ein Spezialfall des Geschäftsprozesses B ist (in **Bild 7-30** zwischen „Leistung eintragen“ und „Klausurergebnis eintragen“).

Ein Geschäftsprozess A ist mit einem Geschäftsprozess B durch eine sogenannte *include-Beziehung* verbunden, wenn Prozess A die in Prozess B zusammengefassten Aktivitäten vollständig enthält (in **Bild 7-30** zwischen „Leistungsübersicht erzeugen“ und „Noten abfragen“).

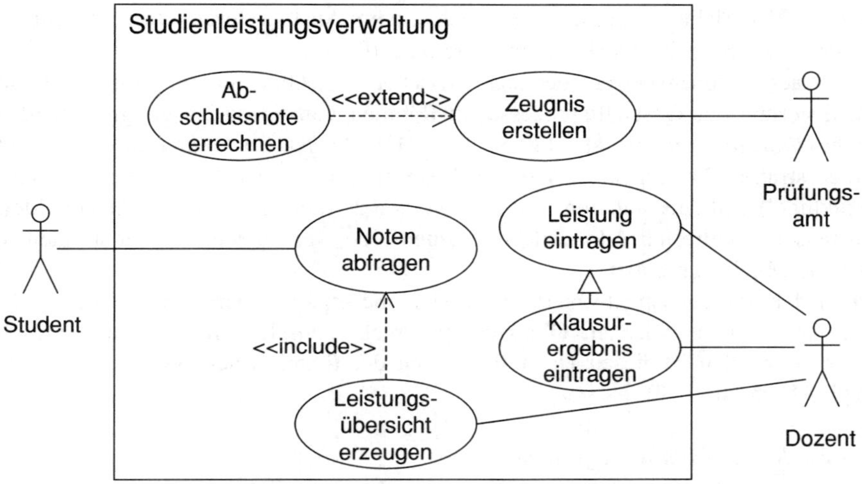

Bild 7-30 extend-, include- und Generalisierungsbeziehung zwischen Geschäftsprozessen

Die in den Diagrammen enthaltenen Prozesse können durch sogenannte *Geschäftsprozessschablonen* näher beschrieben werden (vgl. [2]). Es handelt sich dabei um strukturierte textuelle Kurzbeschreibungen der Geschäftsprozesse. Kernelemente dieser Beschreibung sind eine Beschreibung der Vorbedingungen, die gelten müssen, damit der Prozess ausgeführt werden kann, eine Beschreibung der Nachbedingungen, die nach Ablauf des Prozesses Gültigkeit haben müssen sowie eine Auflistung der im Prozess stattfindenden einzelnen Aktionen, evtl. mit alternativen Aktionsfolgen, zwischen denen situationsabhängig gewechselt werden kann.

7.4.2 Interaktionsdiagramme

Die Sichtweise auf die Dynamik eines Systems, die durch die Geschäftsprozessdiagramme vermittelt wird, ist auch für die Analysephase als alleinige Sichtweise nicht ausreichend. Es ist notwendig, die Dynamik feiner aufzulösen, damit ein klarer Bezug zu den statischen Modellen hergestellt werden kann. Ein Schritt in Richtung auf eine genauere Abbildung der Dynamik stellt die Abgrenzung von Szenarien dar. Diese treten im Zusammenhang von Geschäftsprozessen auf. Jeder Geschäftsprozess kann durch mehrere unterschiedliche *Szenarien* realisiert werden (vgl. [2]). Ein Szenario spiegelt eine spezifische Anwendungssituation wider, mit der sich eine bestimmte Dynamik des Systems verbindet. Der Kern eines Szenarios

ist ein Nachrichtenaustausch, der nach einem Anstoß durch einen Akteur im System zwischen den Objekten im System stattfindet.
Der Nachrichtenaustausch, der sich zwischen den Objekten im System bei der Realisierung der Geschäftsprozesse im Rahmen von Szenarien ereignet, wird in *Interaktionsdiagrammen* abgebildet (vgl. [31]). Der Nachrichtenaustausch hat zum einen strukturelle Aspekte („Welche Wege nimmt eine Nachricht in der Systemstruktur?“) und zum anderen Aspekte, die den zeitlichen Ablauf des Nachrichtenaustausches betreffen („In welcher Reihenfolge werden welche Nachrichten an welche Objekte gesendet?“).
Für jeden der Teilaspekte bietet die UML eine separate Darstellungsform an. Da die Nachrichten zwischen Objekten und nicht zwischen Klassen ausgetauscht werden, werden in diesen Darstellungen in der Regel Objektsymbole eingesetzt (vgl. Abschnitt 7.3.2).

7.4.2.1 Kollaborationsdiagramme

Diese Diagrammform ist auf eine übersichtliche Darstellung der Kommunikationsstruktur in Analogie zur statischen Struktur des Systems ausgerichtet. In einem Kollaborationsdiagramm wird für jede inhaltlich verbundene Aktionsfolge ein Ausschnitt aus der statischen Struktur des Systems dargestellt, der alle an der Aktionsfolge beteiligten Elemente enthält. So wird sichtbar, wie einzelne Szenarien in der Struktur des Systems umgesetzt werden. Die Reihenfolge der Operationen tritt dagegen in den Hintergrund, kann jedoch durch eine Nummerierung der dargestellten Einzeloperationen deutlich gemacht werden (vgl. **Bild 7-31**).
Die Kollaborationsdiagramme der UML bestehen in der Regel (auf Spezialfälle wird hier nicht eingegangen, siehe dazu [31]) aus Objektsymbolen wie in Abschnitt 7.3.2 vorgestellt mit den Verbindungen, die im Rahmen der Abarbeitung der Operationen benötigt werden. Dabei entsprechen die Verbindungen meist denen, die im Klassendiagramm ebenfalls als Assoziationen vorhanden sind. Die Assoziation ist das übliche Konstrukt, das dafür sorgt, dass das empfangende Objekt dem sendenden Objekt bekannt ist. In speziellen Situation kann das empfangende Objekt auch auf andere Weise bekannt gemacht/ausgewählt werden (z.B. durch explizite Auswahl des Benutzers), so dass in diesen Fällen Verbindungen zwischen den Objekten im Kollaborationsdiagramm vorhanden sind, die keine Entsprechung im Klassendiagramm haben (sogenannte *temporäre Verbindungen*, vgl. [2]). An den Verbindungen im Kollaborationsdiagramm werden die Nachrichten notiert, die über diese Verbindung zwischen den Objekten ausgetauscht werden. Dabei macht ein kleiner Pfeil die Richtung des Nachrichtenversands deutlich.

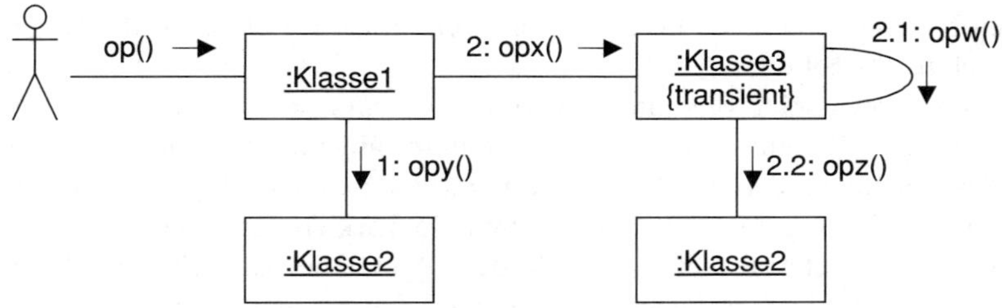

Bild 7-31 Kollaborationsdiagramm

Durch zusätzliche Angaben kann deutlich gemacht werden, welche Teile des Lebenszyklus von Objekten durch die in einem Kollaborationsdiagramm zusammengefassten Operationen betroffen sind. Diese Angaben können in die Objektsymbole aufgenommen werden. Es handelt sich um die Angabe `{new}`, wenn Objekte bei der Ausführung der Operationen neu erzeugt werden, um die Angabe `{destroyed}`, wenn ein Objekt im Verlauf der dargestellten Operationen gelöscht wird und um die Angabe `{transient}`, wenn beides für ein Objekt im Rahmen der Operationen im Kollaborationsdiagramm der Fall ist (vgl. [31]).
Neben den Objekten, zwischen denen die Nachrichten zur Auslösung der Operationen ausgetauscht werden, enthält ein Kollaborationsdiagramm meist auch einen Akteur. Dieser Akteur löst mit einer Nachricht an eines der enthaltenen Objekte den gesamten Ablauf, der im jeweiligen Kollaborationsdiagramm dargestellt ist, aus.

7.4.2.2 Sequenzdiagramme

Die Sequenzdiagramme führen eine zusätzliche Perspektive in die dynamische Modellierung ein, indem in ihnen die Zeit als Dimension explizit berücksichtigt und dargestellt wird (vgl.[31]). In diesen Diagrammen wird die Abfolge von Operationen und ihre Verschachtelung besonders deutlich, während im Vergleich mit den in Abschnitt 7.4.2.1 beschriebenen Kollaborationsdiagrammen der strukturelle Ausschnitt mit den beteiligten Objekten zwar dargestellt, aber weniger gut erkennbar ist.
Für die Objekte, die an der Abfolge von Operationen beteiligt sind, werden Objektsymbole (in der Regel anonyme Objekte als Stellvertreter für beliebige Objekte der Klasse) über die horizontale Achse verteilt (vgl. [31]). Sofern ein Akteur die Abfolge von Operationen auslöst, wird für diesen ganz links ein Symbol notiert. Die weitere Reihenfolge der Objektsymbole ist beliebig, sollte jedoch so gewählt werden, dass das Diagramm möglichst übersichtlich ist. Eine Leitlinie bietet dabei die Reihenfolge, in der die Objekte an der Abfolge von Ope-

rationen beteiligt sind. Die Objektsymbole werden gemäß dieser Reihenfolge von links nach rechts notiert.

An den Objektsymbolen (und am Symbol des Akteurs, sofern vorhanden) werden in der vertikalen Richtung nach unten *Objektlinien* angetragen, welche die Lebensdauer der Objekte im dargestellten Szenario repräsentieren (vgl. [31]). Der Zeitverlauf erfolgt in der Regel von oben nach unten. So markiert das Objektsymbol selbst den Beginn der Lebensdauer, das Ende der Objektlinie, zusätzlich markiert mit einem Kreuz, das Ende der Lebensdauer und die Zerstörung des Objektes.

Nachrichten zur Aktivierung von Operationen vom Akteur zu Objekten und Nachrichten von Objekt zu Objekt werden in der Regel als horizontale Pfeile zwischen Sender und Empfänger in das Diagramm eingetragen. Der Pfeil wird mit der zu aktivierenden Operation beschriftet. Wenn deutlich gemacht werden soll, dass zwischen Versenden und Empfangen einer Nachricht eine relevante Zeitspanne verstreicht, kann die Pfeilverbindung auch nach schräg unten gezeichnet werden, so dass zwischen Ausgangspunkt und Spitze des Pfeiles ein Abschnitt auf der Zeitachse identifizierbar ist (vgl. [31]). Mit einer Variation der Pfeilspitze kann zusätzlich deutlich gemacht werden, ob es sich um eine synchronisierte Abarbeitung oder ein asynchrones Auslösen einer Operation handelt (op3(), vgl. **Bild 7-32**).

An der Objektlinie des empfangenden Objektes wird die aktivierte Operation und ihre Ablaufdauer durch ein schmales Rechteck deutlich gemacht, das die Objektlinie überlagert (**Bild 7-32**, vgl. [31]). Eine Nachricht ausgehend von einer Operation eines Objektes zur Aktivierung einer anderen (untergeordneten) Operation des selben Objektes kann durch einen Nachrichtenpfeil kenntlich gemacht werden, der zur Ausgangsobjektlinie im Bogen zurückkehrt (vgl. [31] u. op4() in **Bild 7-33**).

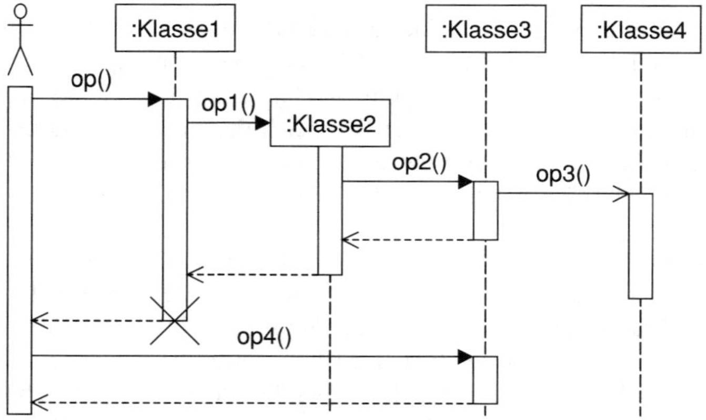

Bild 7-32 Einfaches Sequenzdiagramm

Die hier eingezeichneten Rückpfeile am Ende einer Operation sind bei rein sequentieller Abarbeitung optional (vgl. [2]). Sie können jedoch die Nachvollziehbarkeit sehr komplexer, umfangreicher Sequenzdiagramme erleichtern. Wird der Umfang der darzustellenden Interaktionen für ein Sequenzdiagramm zu groß, besteht die Möglichkeit, die Abläufe auf mehrere Sequenzdiagramme zu verteilen. Dazu können die Diagramme am Ende bzw. am Anfang von Nachrichtenpfeilen aufgeteilt werden (vgl. [31]). Das Ende eines Nachrichtenpfeiles trifft dann nicht auf eine Objektlinie sondern endet an einem Hinweis, in welchem anderen Sequenzdiagramm die angesteuerte Objektlinie zu finden ist. In diesem referenzierten Sequenzdiagramm kommt ein entsprechender Aktivierungspfeil an, ohne dass sein Startpunkt in Form einer Objektlinie dargestellt wäre. Stattdessen ist auch hier ein Hinweis zu notieren, in welchem Sequenzdiagramm der Startpunkt des Aktivierungspfeils zu finden ist. Diese Vorgehensweise setzt voraus, dass jedes Sequenzdiagramm mit einem eindeutigen und aussagekräftigen Namen versehen ist.

Dieses Konzept kann auch genutzt werden, um eine Modularisierung in die Sequenzdiagramme einzuführen, mit der mehrfach auftretende Operationssequenzen in separate Sequenzdiagramme ausgelagert werden können und dort von verschiedenen anderen Sequenzdiagrammen referenziert werden. Auf diese Weise können Redundanzen in den Sequenzdiagrammen vermieden werden.

Das Versenden von Nachrichten zwischen den Objekten kann von Bedingungen abhängen. Diese werden in eckigen Klammern vor der Operationsbezeichnung am Nachrichtenpfeil angegeben. Dies kann auch dazu führen, dass ausgehend von einer Position an einer Objektlinie mehrere Nachrichtenpfeile mit unterschiedlichen Bedingungen beginnen. Dabei ist zu unterscheiden, ob es sich um Bedingungen handelt, die sich wechselseitig ausschließen oder ob die Bedingungen nebeneinander gültig sein können. Im letztgenannten Fall kann sich eine parallele Abarbeitung von Operationen ergeben.

Die Nutzung von Bedingungen kann das Aufspalten von Objektlinien erfordern. Dies symbolisiert unterschiedliche Folgen von Operationen an einem Objekt als Konsequenz unterschiedlicher Kommunikationsabläufe, die wiederum durch Bedingungen gewählt werden. An geeigneten Stellen, wenn nämlich eine einheitliche Abfolge von Operationen folgt, kann die Objektlinie wieder zusammengeführt werden (vgl. [31] u. **Bild 7-33**).

Eine weitere Variation hinsichtlich der Darstellung von Nachrichten im Sequenzdiagramm besteht in der Kenntlichmachung von Iterationen. Soll eine Nachricht mehr als einmal versendet werden, kann dies durch einen Stern (*) vor der Operationsbezeichnung bzw. vor der Bedingung, die mit einer Operation verknüpft ist, deutlich gemacht werden (vgl. [2] und **Bild 7-33**).

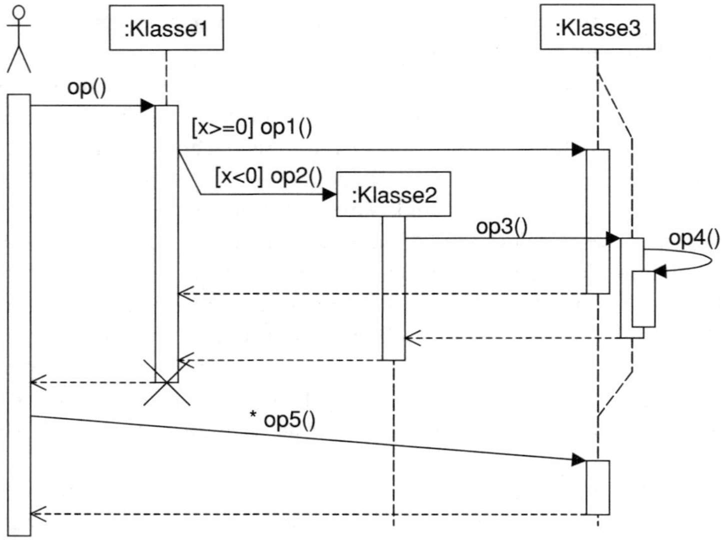

Bild 7-33 Erweitertes Sequenzdiagramm

Um die zeitlichen Aspekte der im Sequenzdiagramm dargestellten Abläufe über die Reihenfolge hinaus exakter und konkreter abbilden zu können, können in die Sequenzdiagramme auch quantitative Angaben integriert und zeitliche Restriktionen formuliert werden (vgl. [31]). Für die quantitativen Angaben zu Zeitintervallen werden an der Zeitachse durch waagerechte Striche Abschnitte abgegrenzt, in die eine nummerische Angabe zur Dauer des Zeitintervalls eingegeben wird. Die zeitlichen Restriktionen können in geschweiften Klammern links von den Objektlinien notiert werden. Ihre vertikale Position ist so zu wählen, dass ein Bezug zu den Nachrichten hergestellt werden kann, auf die sich die zeitliche Restriktion bezieht. In der Formulierung der zeitlichen Restriktionen können insbesondere die Zeiten des Sendens einer Nachricht (*sentTime*) und des Empfangens einer Nachricht (*receiveTime*) einbezogen werden. Um die Zuordnung zu Nachrichten zu erleichtern, können den Nachrichten zusätzlich Namen gegeben werden, die dann zur Formulierung der Restriktionen genutzt werden (vgl. [31]).

Derartige Zeitangaben erhöhen den Detaillierungsgrad eines Sequenzdiagramms erheblich. Dies ist im Rahmen der Analysephase nicht immer notwendig und sinnvoll. Gerade zeitliche Restriktionen stammen häufig weniger aus fachlichen Rahmenbedingungen als vielmehr aus bestimmten technischen Umsetzungen. Diese sollten jedoch in Analysemodellen möglichst keine Rolle spielen. So ist gerade

auch bei den Sequenzdiagrammen sorgfältig zu prüfen, welcher Detaillierungsgrad notwendig ist. Leitlinie ist hier, wie in Bezug auf andere Teilmodelle ebenfalls, inwieweit Angaben notwendig sind, um die Verhältnisse *fachlich* korrekt und vollständig darzustellen. Die zahlreichen Modellierungskonzepte, die in Sequenzdiagrammen genutzt werden können, erschweren die Abgrenzung zwischen Notwendigem und Überflüssigem.
Eine wichtige Randbedingung ist jedoch in jedem Fall einzuhalten: die Konsistenz mit dem Klassendiagramm. Zu allen Nachrichten, die in einem Sequenzdiagramm an ein Objekt gesendet werden, müssen die entsprechenden Operationen in der Operationsliste der Klasse enthalten sein. Im Sequenzdiagramm können darüber hinaus noch Verwaltungsoperationen aktiviert werden, auf deren Darstellung in der Operationsliste der Klassen bewusst verzichtet wird (vgl. Abschnitt 7.3.1.3).

7.4.2.3 Zustandsdiagramme

Die Reaktionen auf eingehende Botschaften bestimmen das Objektverhalten. Die Reaktionen von Objekten auf eingehende Botschaften sind zum einen von der Botschaft selbst abhängig, zum anderen prägen die aktuellen Attributwerte und die vorhandenen Verbindungen zu anderen Objekten das Objektverhalten. Wenn von den einzelnen Attributwerten und Verbindungen so abstrahiert werden kann, dass sich Wertebereiche qualitativ gleichen Objektverhaltens identifizieren lassen, bilden diese Wertebereich einen *Zustand* des Objektes. Rumbaugh definiert (vgl. [38], S. 107): „Ein Zustand ist eine Abstraktion der Attributwerte und Verknüpfungen eines Objekts. Wertemengen werden nach Eigenschaften, die für das Objektverhalten entscheidend sind, zu einem Zustand gruppiert." Alle Attributwerte und Verbindungen, welche keinen prägenden Einfluss auf das Objektverhalten haben, gehören nicht mit zur Definition eines Zustands. Das Konzept des Zustands ist insbesondere dann von Interesse, wenn Objekte nacheinander mehrere unterschiedliche Zustände annehmen, also *Zustandsfolgen* durchlaufen. Dies bedeutet ausgehend von der Definition des Zustands, dass die Objekte in Abhängigkeit vom jeweiligen Zustand ein anderes Verhalten, d.h. eine andere Reaktion auf Botschaften aufweisen. Der Übergang von einem Zustand zu einem anderen wird *Transition* genannt (vgl. [38]). Die Folge von Zuständen, die ein Objekt ausgehend von seiner Erzeugung bis zu seiner Vernichtung durchläuft, wird auch als *Lebenszyklus* bezeichnet (vgl. [2]).
Der Übergang von einem Zustand zu einem anderen wird durch *Ereignisse* ausgelöst. Ein Ereignis kann das Eintreffen einer Botschaft sein, es gibt jedoch auch andere Arten von Ereignissen, die einen Zustandsübergang auslösen können. So kann das Wahrwerden einer Bedingung als Ereignis interpretiert werden (z.B. Kontostand < 0), das ein Objekt in einen anderen Zustand versetzt. Auch zeitliche

Ereignisse können eintreten, so das Verstreichen einer bestimmten Zeitspanne oder das Eintreten eines speziellen Zeitpunktes (vgl. [2]).
Ein Ereignis selbst weist keine Zeitdauer auf (bzw. es wird von seiner sehr kurzen Dauer abstrahiert, vgl. [38]), während Zustände über eine Zeitspanne gelten. Die Zeitspanne, in der ein Zustand eines Objektes anhält, ist genau die Zeit, die zwischen dem Eintreten des Ereignisses, das den Zustand herbeigeführt hat, und dem Eintreten des Ereignisses, das zum Verlassen des Zustandes geführt hat, vergeht.
Die möglichen Zustände, die Objekte annehmen können, und die Zustandsübergänge zwischen diesen werden in der UML als *Zustandsdiagramme* dargestellt (vgl. [31] und [15]). Da alle Objekte einer Klasse gleiches Verhalten aufweisen, können ihre Zustandsfolgen auch durch nur ein gemeinsames Zustandsdiagramm dargestellt werden. Ein Zustandsdiagramm beschreibt somit die möglichen Zustandsfolgen und -übergänge von Objekten genau einer Klasse.
In den Zustandsdiagrammen werden die Zustände als Rechtecke mit abgerundeten Ecken dargestellt, zwischen denen die Transitionen als Pfeilverbindungen notiert werden (vgl. [31]). Jedes Zustandssymbol wird im Normalfall mit einem Namen des Zustands beschriftet. Nur bei sogenannten *anonymen Zuständen* wird darauf verzichtet. Besondere Symbole sind für den Anfangszustand und die Endzustände in einem Zustandsdiagramm vorgesehen (beide als „Pseudozustände" bezeichnet). Ein Anfangszustand ist in jedem Zustandsdiagramm enthalten und wird durch einen schwarz ausgefüllten Kreis dargestellt. Der Anfangszustand repräsentiert den Zustand, in dem ein Objekt ist, bevor die dargestellte Zustandsfolge durchlaufen wird. In diesem Anfangszustand befindet sich ein Objekt direkt nach seiner Erzeugung. Ein Endzustand stellt den Endpunkt in einer Zustandsfolge dar; dieser kann nicht mehr verlassen werden. Das Erreichen des Endzustandes verbindet sich mit der Zerstörung des Objektes. Nicht jedes Zustandsdiagramm muss einen Endzustand aufweisen. Zustandsfolgen besitzen dann keinen Endzustand, wenn Zustände zyklisch durchlaufen werden. Ein Endzustand wird durch einen Kreis, in dem ein schwarz gefüllten Kreis enthalten ist, dargestellt (vgl. [31] und **Bild 7-34**).
Pfeilverbindungen, die eine Transition darstellen, werden mit dem Ereignis, das die jeweilige Transition auslöst, beschriftet (sofern es sich nicht um ein implizites Ereignis handelt, bei dem auf eine derartige Beschriftung verzichtet wird, s.u. und vgl. [2]). Dabei kann es sich um die Nennung einer Botschaft, um die stichwortartige Beschreibung einer eintretenden Bedingung (Formulierung mit Schlüsselwort „when", z.B. „when (Kontostand < 0)") oder um eine zeitlich orientierte Aussage handeln. Bei letzteren ist zu unterscheiden, ob sich das Ereignis auf das Verstreichen eines Zeitintervalls bezieht (Formulierung mit Schlüsselwort „after", z.B. „after (1 Tag)") oder ob es um das Erreichen eines definierten Zeitpunktes

geht (Formulierung mit Schlüsselwort „when", z.B. „when (Uhrzeit = 12:00 Uhr)" vgl. [31]).

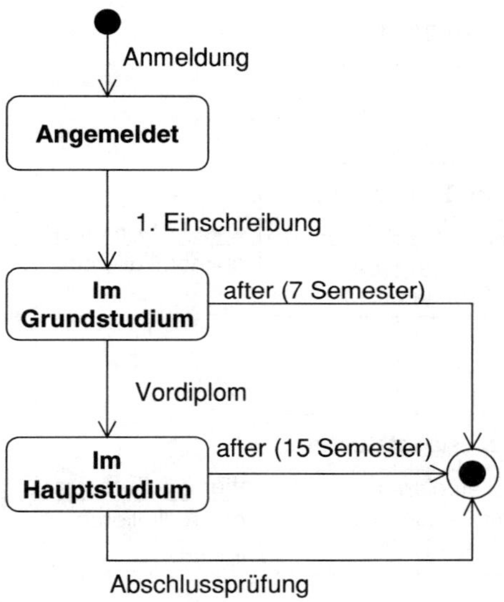

Bild 7-34 Einfaches Zustandsdiagramm (für Klasse „Student")

Das Eintreten von Ereignissen kann zusätzlich mit Bedingungen verknüpft werden. Die Bedingungen erlauben, eintretende Ereignisse hinsichtlich ihrer Wirksamkeit zusätzlich zu filtern. Wenn ein Ereignis eintritt, wird geprüft, ob die zugeordnete Bedingung gültig ist. Nur wenn dies der Fall ist, findet der Zustandsübergang statt. Die Bedingung wird daher auch als „Wächter" bezeichnet (vgl. [2]) und die Bedingung wird in eckigen Klammern hinter dem Ereignis genannt (vgl. [31] und **Bild 7-35**).

Mit dem Eintreten von (bewachten) Ereignissen kann die Ausführung einer Aktion verbunden werden. In der Notation der Ereignisse wird die Aktion mit einem Schrägstrich abgetrennt nach der Ereignisformulierung und einem evtl. vorhandenen Wächter spezifiziert.

Aktionen können auch mit Zuständen verknüpft werden (vgl. [31]). Diese Aktionen können entweder direkt zum Eintritt in einen Zustand (entry-Aktion), oder beim Verlassen des Zustands (exit-Aktion) ausgeführt werden. Diese Aktionen werden im Zustandssymbol zusammen mit dem jeweiligen Schlüsselword („entry" oder „exit") in einem separaten Bereich genannt (vgl. **Bild 7-35**).

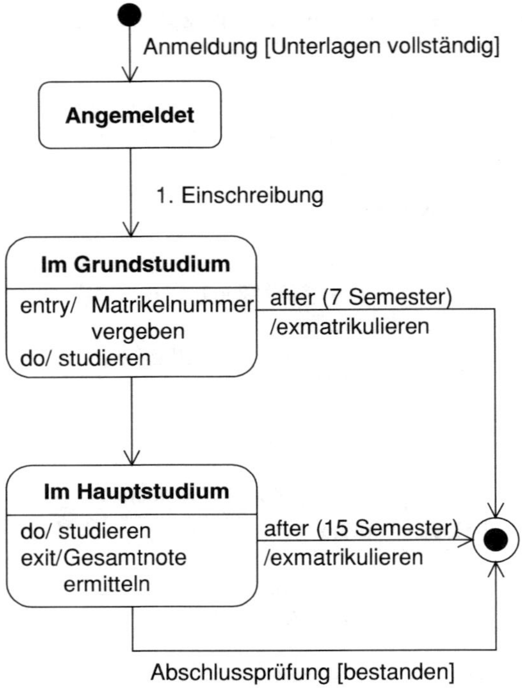

Bild 7-35 Erweitertes Zustandsdiagramm

Während des Zeitintervalls, in dem ein Zustand andauert, kann eine Aktivität ausgeführt werden. Diese wird ebenfalls im jeweiligen Zustandssymbol nach dem Schlüsselwort „do" genannt (vgl. **Bild 7-35**). Eine solche Aktivität kann auch das Ende eines Zustands definieren. In einem solchen Fall löst das Ende einer zustandsbezogenen Aktivität ein implizites Ereignis aus, das wiederum einen Zustandswechsel verursacht.
Um die Ausdrucksfähigkeit von Zustandsdiagrammen zu erhöhen und insbesondere die Abbildung komplexer Zustandsfolgen zu ermöglichen, wird das Konzept der *zusammengesetzten Zustände* eingeführt (vgl. [38], S. 116 u. [31]). Dieses Konzept erlaubt es, einen Zustand in eine oder mehrere Folgen von Teilzuständen zu zerlegen. Durch derartige Verfeinerungen von Zuständen kann ausgehend von einer groben Darstellung der Zustandsfolgen die Komplexität des jeweiligen Systems auf mehrere Ebenen einer Hierarchie von Zuständen verteilt werden (vgl. [45]). Sofern es darstellerisch sinnvoll erscheint, können die Unterzustände in

einem entsprechend vergrößerten Zustandssymbol des verfeinerten Zustands dargestellt werden (vgl. **Bild 7-36**).

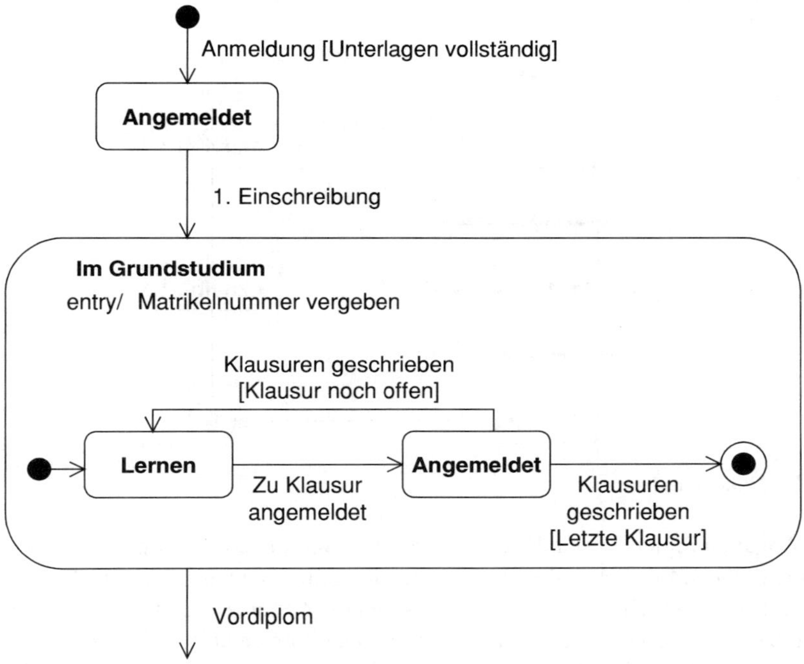

Bild 7-36 Zustandsdiagramm (Ausschnitt aus **Bild 7-35**) mit Verfeinerung

Die Transition in den übergeordneten Zustand führt gleichzeitig in den Anfangszustand der Verfeinerung. Eine Transition aus dem übergeordneten Zustand führt zum Verlassen jeglicher Unterzustände (evtl. mit Ausführung einer entsprechenden exit-Aktion).

Eine besondere Art von Zustandsdiagramm sind die *Aktivitätsdiagramme* (vgl. [45]). In Aktivitätsdiagrammen sind die Zustände auf den Aspekt der zugeordneten Verarbeitung reduziert. Daher werden in den Zustandssymbolen anstelle der üblichen Zustandsbezeichnungen ausschließlich die darin stattfindenden Aktivitäten genannt. Die Zustandsübergänge finden ausschließlich als implizite Ereignisse nach dem Ende von Aktivitäten statt. Lediglich Bedingungen sind bei den Zustandsübergängen vorzusehen, die Alternativen in den Aktivitätsfolgen erlauben (vgl. **Bild 7-37**). Ausgehend von parallel stattfindenden Aktivitäten sind auch Synchronisationspunkte in den Aktivitätsdiagrammen zu notieren (dicker Strich). Die parallelen Verläufe werden an Splittingpunkten (ebenfalls dicker Strich) begonnen. Aktivitätsdiagramme werden häufig eingesetzt, um die Abläufe innerhalb eines Geschäftsprozesses ausgehend von einem Geschäftsprozessdiagramm zu beschreiben.

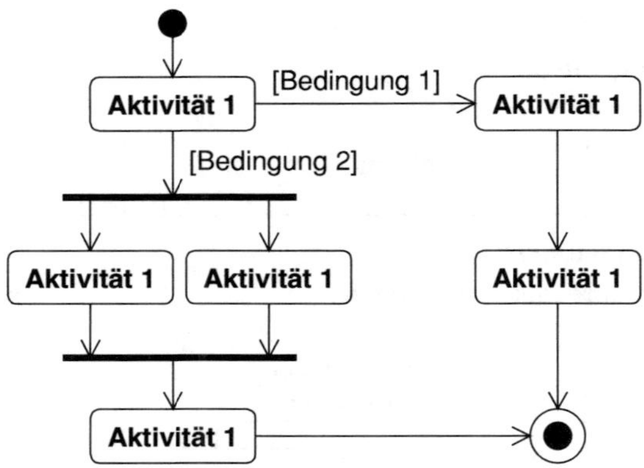

Bild 7-37 Aktivitätsdiagramm

Die Angaben in den Zustands- und Aktivitätsdiagrammen müssen sinnvollerweise im Einklang mit den Angaben im Klassendiagramm stehen (vgl. [2]). So müssen die Attribute der Klasse, zu der ein spezielles Zustandsdiagramm erstellt wird, geeignet sein, die verschiedenen Zustände anhand unterschiedlicher Attributwerte zu unterscheiden. Des Weiteren sollen alle Aktionen und Aktivitäten, die im Zustandsdiagramm genannt werden, als Operationen in der Klasse verfügbar sein.

7.5 Funktionales Teilmodell

In der Object Modeling Technique von Rumbaugh ist neben dem statischen und dem dynamischen Teilmodell als Ergänzung noch ein funktionales Teilmodell zur Vervollständigung eines Analysemodells vorgesehen (vgl. [38]). Auch wenn dieses Teilmodell in der UML nicht vorgesehen ist, soll hier auf die Möglichkeit der Ergänzung von Analysemodellen durch funktionale Teilmodelle hingewiesen werden. Bei der Modellierung von Systemen, in denen die Umwandlung von Daten eine wesentliches Systemmerkmal ist, empfiehlt sich die zusätzliche Erstellung eines funktionalen Teilmodells, um dieses Systemmerkmal besonders klar im Analysemodell zu beschreiben.

Ein funktionales Teilmodell wird in Form von Datenflussdiagrammen spezifiziert. Da die Datenflussdiagramme im Zusammenhang mit der strukturierten Analyse in Abschnitt 6.2.1 ausführlich beschrieben sind, wird auf eine Darstellung dieses Modeltyps hier verzichtet und für weitergehende Informationen zur Notation und zur Semantik auf den oben genannten Abschnitt verwiesen. Der wesentliche Aspekt, der in funktionalen Teilmodellen dargestellt wird, ist die Art der Verarbeitung, die ausgehend von Eingangsdaten zu Erzeugung von Ausgangsdaten führt. Gemäß der üblichen Semantik von Datenflussdiagrammen findet diese Verarbeitung in Prozessen statt, und das Weitergeben von Daten zwischen den Prozessen erfolgt über Datenflüsse. Im funktionalen Teilmodell steht also nicht die Zuordnung von Daten und Operation zu Klassen/Objekten oder die Reihenfolge von Operationen im Mittelpunkt der Betrachtung, sondern die zusammenhängende Darstellung des Weges von Daten durch das System von Prozess zu Prozess und die Transformation der Daten auf diesem Weg.

Die Datenflussdiagramme müssen in einem sinnvollen Zusammenhang mit den anderen Teilmodellen der objektorientierten Analyse stehen. Die Prozesse, die in einem Datenflussdiagramm enthalten sind, müssen zumindest indirekt den Operationen im statischen Teilmodell (d.h. insbesondere in einem Klassendiagramm) entsprechen. Wenn keine direkte Entsprechung vorliegt, muss zumindest gewährleistet sein, dass ein Prozess mehreren Operationen oder umgekehrt eine Operation mehreren Prozessen entspricht. Werden die Prozesse bis hin zu den Prozessspezifikationen konkretisiert (vgl. Abschnitt 6.2.3), kann damit der Übergang zur Implementation einer Operation als Methode vorbereitet werden.

Die Datenflüsse im Datenflussdiagramm sind Werte im Klassendiagramm. Dabei kann es sich sowohl um einfache Werte als auch um Objekte handeln. Zu den Datenspeichern in den Datenflussdiagrammen müssen Klassen im statischen Teilmodell existieren, welche die gespeicherten Werte als Attribute aufnehmen können (vgl. [38]). Häufig ist eine direkte Entsprechung zwischen einem Speicher im Datenflussdiagramm und einer Klasse im Klassendiagramm festzustellen. Die Terminatoren, welche in den Datenflussdiagrammen (genauer: im Kontextdiagramm), die Umgebung repräsentieren, werden in den Klassendiagrammen in der Regel ebenfalls als Klassen repräsentiert. Evtl. kann es sich jedoch auch um Akteure aus den Geschäftsprozessdiagrammen handeln.

Bei Berücksichtigung der genannten Zusammenhänge kann ein funktionales Teilmodell klassenübergreifende Bezüge zwischen den verschiedenen Verarbeitungsschritten in einem Analysemodell herstellen, die neben den dynamisch/zeitlichen und den statisch/strukturellen Aspekten wesentliche Erkenntnisse über das Zusammenspiel der Elemente im untersuchten System beinhalten.

7.6 Vorgehensweise der objektorientierten Modellierung

Die vorgestellten Modellkonzepte der objektorientierten Modellierung ergeben nur bei ihrer sinnvollen Nutzung gute objektorientierte Analysemodelle. Die UML, die hier Grundlage der Modellnotation ist, beinhaltet keine Hinweise auf eine bestimmte Vorgehensweise zur geeigneten Nutzung der Modellkonzepte und -notationen.
Aus den Erfahrungen bei Analyseprojekten und aus entsprechenden Literaturhinweisen (vgl. beispielsweise [2], S.120ff, [38], S. 181ff und [32], S. 123ff) lassen sich jedoch Bestandteile einer methodischen Vorgehensweise ableiten, die in der überwiegenden Zahl der Analyseprojekte angemessen sind und zu guten Analysemodellen führen. Die Grundelemente einer derartigen Vorgehensweise werden im Folgenden vorgestellt. Dabei wird davon ausgegangen, dass eine Systemaufnahme im Sinne der Kapitel 3 und 4 bereits stattgefunden hat und die dort ermittelten Informationen als Basis der objektorientierten Modellierung zur Verfügung stehen.

7.6.1 Generelle Ausrichtung der Vorgehensweise

Die hier empfohlene Vorgehensweise ist als iterativ und inkrementell zu charakterisieren. Aus der Erfahrung des Autors und aus zahlreichen Publikationen leitet sich ab, dass es nicht erfolgversprechend ist, ein Modell in einen sequentiellen Durchlauf zu erzeugen. Die Ergebnisse in späteren Arbeitsschritten werden immer wieder Rückwirkungen auf die Ergebnisse früherer Phasen haben, so dass sich die Arbeitsergebnisse durch schrittweise, wechselseitige Ergänzung und Verbesserung einem guten Analysemodell annähern. Dies ist zu beachten, wenn im Folgenden die einzelnen Arbeitsschritte vorgestellt werden. Die hierbei eingehaltene Reihenfolge der Darstellung gibt eine Orientierung für die Reihenfolge der Arbeitsschritte, ohne dass damit die Möglichkeit der Rücksprünge zu früheren Arbeitsschritten und entsprechenden Wiederholungen der Sequenzen ausgeschlossen wäre.
Als generelle Strategie bei der Erstellung der Modelle ist des Weiteren zu empfehlen, die Modelle von hochaggregierten, abstrakten (Grob-)Versionen schrittweise zu detaillierteren und konkreteren Versionen zu entwickeln. Eine weitere generelle Empfehlung besteht darin, mit einschränkenden Festlegungen im Analysemodell sehr behutsam umzugehen. Gerade wenn hinsichtlich von Details (z.B. Datentypen von Attributen, Kardinalitäten von Assoziationen, Unterscheidung von Komposition und Aggregation o.ä.) Unsicherheiten bestehen, empfiehlt es sich, auf derartige Angaben im Analysemodell zu verzichten und diese Festlegungen dem weiteren Entwicklungsverlauf zu überlassen. Es muss,

auch gegenüber einem Auftraggeber, immer wieder betont werden, dass ein Analysemodell zwar die wesentlichen fachlichen Zusammenhänge wiedergeben soll, aber keine direkte Umsetzbarkeit in ein realisiertes System anzustreben ist.
In Übereinstimmung mit den Ausführungen von Heide Balzert (vgl. [2]) wird hier empfohlen, zunächst eine erste (Roh-)Version eines statischen Modells aufzubauen und davon ausgehend in einem sogenannten *balancierten Modellierungsprozess* das statische und das dynamische Teilmodell parallel weiterzuentwickeln, bis eine gewünschte Modellqualität erreicht ist.

7.6.2 Arbeitsschritte im Rahmen der Vorgehensweise

7.6.2.1 Erstellung eines ersten Modellkerns

Der zentrale Ausgangspunkt für die objektorientierte Modellierung ist die *Identifizierung und Beschreibung der Geschäftsprozesse.* Damit werden die bei der Systemaufnahme erhaltenen Informationen auf hoher Abstraktionsebene zu fachlich sinnvollen Einheiten gruppiert. Jeder Geschäftsprozess sollte in der Regel durch eine kurze verbale Beschreibung dokumentiert werden. Bei umfangreichen Geschäftsprozessen, für die eine nicht-triviale Unterteilung in Teilaktivitäten in dieser frühen Phase erkennbar ist, sollte der Zusammenhang der Teilaktivitäten in einem Aktivitätsdiagramm dargestellt werden. Nicht-trivial heißt in diesem Zusammenhang, dass die Anzahl der Teilaktivitäten oberhalb von drei bis vier liegt und dass über eine reine Sequenz hinaus komplexere Ablaufstrukturen (Wiederholungen, Alternativen, Parallelität) auftreten. Einen Überblick über alle Geschäftsprozesse und ihre evtl. vorhandenen Zusammenhänge sowie ihre Außenbeziehungen (in Form von Akteuren) bietet das Geschäftsprozessdiagramm, das in der Regel als Bestandteil eines Analysemodells erstellt wird (vgl. Abschnitt 7.4.1).
Nach einer ersten Abgrenzung sind die Geschäftsprozesse dahingehend kritisch zu überprüfen, inwieweit sie Überschneidungen beinhalten. Diese sind mit Hilfe von include-Beziehungen auszulagern und somit deutlich zu machen. Eine weitere Prüfung bezieht sich auf die Notwendigkeit, Sonderfälle zu den bisher identifizierten Geschäftsprozessen zu berücksichtigen. Die berücksichtigten Sonderfälle sollten allerdings zum geplanten Kern des Systems gehören. Zahlreiche relevante Sonderfälle ergeben sich durch Fehler- oder Problemsituationen ausgehend vom normalen, reibungslosen Ablauf eines Geschäftsprozesses. Die Sonderfälle werden mit Hilfe von extend-Beziehungen mit den Normalversionen der Geschäftsprozesse in Verbindung gebracht.
Bei sehr großen Systemen wird bereits in dieser frühen Phase erkennbar, in welche Pakete die Modellierung unterteilt werden kann. Insofern kann parallel zur

Abgrenzung in Geschäftsprozesse auch die Aufteilung in Pakete erfolgen (vgl. Abschnitt 7.3.3).

Als erster Schritt zum Aufbau eines statischen Modells sind *die fachlich wichtigsten Klassen zu identifizieren* (vgl. [4]). Da hierbei zunächst die Vollständigkeit im Vordergrund steht, sind im ersten Ansatz alle erdenklichen Klassen zu benennen. Anhaltspunkte zur Identifizierung bieten u.a. die Substantive in der Beschreibung der Geschäftsprozesse (z.B. die Akteure), alle Datenbestände, die bei der Systemaufnahme identifiziert wurden, oder auch Gruppen von Attributwerten, wie sie auf eingesetzten Formularen erkennbar sind (vgl. [2]). Gute Kandidaten für die Abbildung als Klasse sind generell alle konkreten Objekte der Realität, relevante Orte oder zu nutzende Behälter, Datenpakete, die als Ein-Ausgabe von Operationen dienen, sowie Personen und Institutionen.

Zunächst werden die Klassen nur benannt (mit einem möglichst aussagekräftigen Begriff der Fachterminologie), ohne dass bereits Attribute oder Operationen festgehalten werden. Auf diese Weise wird eine relativ große Menge an Klassen entstehen, die nun nachträglich um Klassen bereinigt werden muss, die in der weiteren Modellierung keinen Sinn machen. Zur Bereinigung muss jede Klasse kritisch überprüft werden. Als Vorbereitung dafür werden die fachlich unstrittig relevanten Attribute in die Klassen eingetragen. Auch eine erste Sammlung von Operationen kann nun in den Klassensymbolen notiert werden.

Dann sind zur Selektion geeigneter Klassen vor allem die folgenden Fragen von Bedeutung:

- Lässt sich eine ausreichende Zahl von Attributen und Operationen finden, die der Klasse sinnvoll zuzuordnen sind? Klassen, die nur aus einem oder zwei Attributen bestehen, lassen sich in der Regel sinnvoll auflösen, indem die Attribute anderen Klassen zugeordnet werden.

- Sind in den Klassen Attribute und Operationen zusammengefasst, zwischen denen nur ein schwacher fachlicher Bezug besteht? Derartige Klassen sind nach dem Kriterium der fachlichen Bindung zwischen den Merkmalen in mehrere Klassen aufzuteilen.

- Gibt es trotz unterschiedlicher Bezeichnungen große Überschneidungen mit anderen Klassen (hinsichtlich der Attribute und Operationen), so dass zwischen den Klassen eine Generalisierungs-/Spezialisierungsbeziehung besteht oder die Klassen zu einer zusammengefasst werden können?

- Beinhaltet die Klasse Aspekte, die einer bestimmten technischen Realisierung zuzuordnen sind? Auch bei der objektorientierten Analyse sollen alle implementationsbezogenen Aspekte aus den Modellen entfernt werden.

- Dient eine Klasse ausschließlich der Verwaltung von Objekten anderer Klassen? Die Verwaltung von Objekten findet im Kontext der Analyse implizit statt und benötigt somit keine Repräsentanten in Form von separaten Klassen.

Davon ausgehend können direkt erkennbare inhaltliche Bezüge zwischen den Klassen in Form von Assoziationen in das statische Modell eingeführt werden. Dabei können sowohl Assoziationsnamen als auch Rollennamen, soweit schon erkennbar und unstrittig, vergeben werden. Indizien für das Vorliegen von Assoziationen ergeben sich u.a. aus den folgenden Fragen:

- Benutzen die Objekte der einen Klasse die einer anderen Klasse?
- Kommunizieren die Objekte der einen Klasse mit denen einer anderen Klasse?
- Besteht zwischen den Objekten der einen Klasse und denen einer anderen Klasse ein Unterordnungsverhältnis? Ist z.B. ein Objekt ein Behälter für ein anderes Objekt? Ist ein Objekt ein Bestandteil eines anderen Objektes? Besteht ein Abhängigkeitsverhältnis zwischen den Objekten zweier Klassen?

Auf eine Festlegung von Kardinalitäten sollte zu diesem Zeitpunkt zunächst verzichtet werden. Ebenso ist von einer Unterscheidung zwischen einfachen Assoziationen, Aggregationen und Kompositionen abzuraten.
Auf dieser Grundlage können erste Bestandteile eines dynamischen Modells erstellt werden. Es ist zu empfehlen, zu jedem Geschäftsprozess alle Szenarien stichwortartig zu beschreiben, die in dem jeweiligen Geschäftsprozess auftreten können. In Anlehnung zu den Ausführungen in Abschnitt 2.3 ist hier keine Vollständigkeit anzustreben, sondern insbesondere die Szenarien zu berücksichtigen, die im Rahmen einer geplanten Reaktion des Systems relevant sind. Zu jedem Szenario ist dann ein Sequenzdiagramm zu erstellen, wobei darin Informationen aus den evtl. erstellten Aktivitätsdiagrammen eingearbeitet werden können. Wenn sich zunächst nur die notwendige Kommunikation in Form von Nachrichten zwischen den Klassen bzw. ihren Objekten ermitteln lässt, die Reihenfolge der Kommunikation jedoch noch ermittelt werden muss, können zunächst auch Kollaborationsdiagramme sinnvoll eingesetzt werden.

7.6.2.2 Wechselseitige Ergänzung der Teilmodelle

Bei der Erstellung der Sequenzdiagramme kann die Notwendigkeit von zusätzlichen Operationen deutlich werden, die dann in den Klassendiagrammen nachgetragen werden. Wenn deutlich wird, dass zwischen Objekten Nachrichten auszutauschen sind, zwischen denen bisher keine Assoziation vorhanden ist, kann nun auch das statische Modell um diese Assoziationen ergänzt werden.

Die intensive Betrachtung und Vervollständigung der dynamischen Aspekte des Modells führt häufig auch zu einer Ergänzung der Attribute der Klassen, die immer dann notwendig wird, wenn Daten für die Operationen fehlen bzw. kein Speicherort für Ergebnisse von Operationen vorhanden ist.
Wenn bei der Modellierung der dynamischen Aspekte deutlich wird, dass eine Nachricht an ein Objekt einer Klasse in unterschiedlichen Zusammenhängen unterschiedliche Reaktionen des Objektes hervorruft (einschließlich des Falls, dass Nachrichten vollkommen ignoriert werden), ist dies ein Indiz für die Sinnhaftigkeit eines Zustandsdiagramms für die jeweilige Klasse. In diesem sollte versucht werden, den vollständigen Lebenszyklus von Objekten der Klasse abzubilden.

7.6.2.3 Optimierung der Modellqualität

Nachdem nun wesentliche Grundstrukturen des Analysemodells bereits erstellt sind, geht es darum, die Qualität des Modells durch steigende Präzision, Detaillierung und Konkretisierung zu verbessern. Eine notwendige Maßnahme in diesem Zusammenhang ist die Prüfung aller Assoziationen. Ihre Vollständigkeit vorausgesetzt, sollte die Entscheidung getroffen werden, ob es sich um eine einfache Assoziation, um eine Aggregation oder sogar um eine Komposition handelt.
Des Weiteren sind die Attribute jeder Klasse auf fachliche Vollständigkeit zu prüfen und nach Möglichkeit klar zu spezifizieren (vgl. Abschnitt 7.3.1.2). Bei diesem Arbeitsschritt ergeben sich evtl. Anhaltspunkte für mögliche weitere Spezialisierungen von Klassen, so dass die evtl. schon angelegte Vererbungshierarchie ergänzt werden kann. Diese Vererbungshierarchie kann umgekehrt auch ausgehend von den bereits zahlreich vorliegenden Attributen und Operationen ergänzt werden. So ist nach möglichen Generalisierungen ausgehend von den detailliert beschriebenen Klassen zu suchen und diese in die Vererbungshierarchie einzubinden. Bezüglich der Vererbungshierarchie ist zu prüfen, ob die Zahl der Ebenen noch angemessen ist. Eine zu große Zahl von Hierarchiestufen ist zu vermeiden; evtl. müssen nachträglich Klassen aus Gründen der Übersichtlichkeit wieder zusammengeführt werden.
Für alle erhaltenen Oberklassen ist dann zu prüfen, ob sie die Charakteristika einer abstrakten Klasse aufweisen. In diesem Fall sind sie entsprechend darzustellen und dahingehend zu prüfen, ob die in ihnen enthaltenen Operationen zusätzlich als abstrakte Operationen zu markieren sind.
Hinsichtlich der bisher im Modell enthaltenen Operationen kann geprüft werden, ob eine Beschreibung ihrer Abläufe bereits in der Phase der Analyse sinnvoll erscheint. Dies wird immer dann der Fall sein, wenn in einer Operation eine größere Anzahl von Schritten (mehr als vier bis fünf) und eine von der reinen Sequenz abweichende Ablaufstruktur vorhanden ist. Die Form der Beschreibung

kann den Verhältnissen entsprechend gewählt werden. Bewährt haben sich Beschreibungsformen in Anlehnung an die Prozessspezifikationen der strukturierten Analyse (vgl. Abschnitt 6.2.3).

Bei umfangreichen Verarbeitungsvorgängen und entsprechend langen Operationsbeschreibungen in Verbindung mit langen Sequenzdiagrammen wird abschließend die Erstellung eines funktionalen Teilmodells empfohlen, das die Transformationsvorgänge der verschiedenen verarbeiteten Daten deutlich macht.

Teil D: Besondere Probleme der Ist-Analyse

8 Problematische Eigenschaften existierender Systeme

Die Systemanalyse konzentriert sich im Allgemeinen auf den essenziellen Kern der untersuchten Systeme. Dies gilt unabhängig davon, welcher Modellierungsansatz bei der Analyse zugrunde gelegt wird. Von den implementationsbezogenen Eigenschaften der realen Systeme wird abstrahiert, und die Systeme werden unter der fachlich-konzeptionellen Perspektive betrachtet. Auf die Vorzüge dieser Betrachtungsweise wird u.a. in Abschnitt 6.3.1 hingewiesen. Wenn von einem System nur sein fachlich logischer, sein essenzieller Kern abgebildet wird, entsteht das Bild eines Systems, das es so in der Realität nicht gibt und auch nicht geben wird. Es ist vielmehr das abstrakte Konzept eines Systems, dass die fachlichen Zusammenhänge idealtypisch wiedergibt.
Damit ein solches System in der Realität seine Funktion ausführen kann, muss es durch reale, konkrete Komponenten (wie beispielsweise Computer, Programme, Menschen, Telefone, Akten, Transportbänder etc.) umgesetzt werden. Die Systeme, die in der Realität existieren und die abstrakten Systemkonzepte konkretisieren, werden „Inkarnationen" oder „Implementationen" von Systemen genannt (vgl. [26]).
Mit den konkret verfügbaren Mitteln zur Realisierung eines Systems gelingt es nicht, den essenziellen Kern eines Systems direkt umzusetzen. Es sind vielmehr Hilfskonstrukte notwendig, um die Funktion des Systems unter den Bedingungen der Realität sicherzustellen. Dabei sind zwei Aspekte zu unterscheiden:

- Strukturmerkmale, die sich durch die Notwendigkeit zusätzlicher Aktivitäten zur Sicherstellung eines sinnvollen Zusammenspiels mit anderen Systemen ergeben
- Die Mängel der Komponenten, die zur Implementation der Systeme eingesetzt werden

Beides führt dazu, dass in existierenden, implementierten Systemen Eigenschaften auftreten, die aus der Perspektive der Systemanalyse problematisch sind. Die Eigenschaften werden deshalb als problematisch eingestuft, weil sie die Essenz der Systeme, an der die Systemanalyse primär interessiert ist, mehr oder weniger stark verdecken. Wenn sich die Systemanalyse im Sinne der Ist-Analyse auf ein existierendes System beziehen soll, verhindern diese Eigenschaften somit das direkte Erkennen der Essenz und machen im Rahmen der Ist-Analyse zusätzliche analytische Maßnahmen erforderlich. Auf diese Maßnahmen wird in Kapitel 9 eingegangen, nachdem in den folgenden Abschnitten von strukturellen Betrachtungen ausgehend zunächst die problematischen Eigenschaften vorgestellt werden.

8.1 Strukturmerkmale existierender Systeme

In existierenden Systemen sind Strukturen charakteristisch, die unabhängig vom fachlichen Gegenstand und der Zielsetzung des Systems auftreten. Die hier relevanten strukturellen Merkmale sind zum einen die Einbettung des essenziellen Kerns des Systems in einen technologieabhängigen sogenannten *physikalischen Ring* und zum anderen die Verteilung von Aktivitäten und Prozessen im System auf *Prozessoren*, welche die Ausführung dieser Aktivitäten und Prozesse übernehmen. Beide Aspekte werden in den folgenden Abschnitten diskutiert.

8.1.1 Physikalischer Ring

Die alleinige Umsetzung essenzieller Aktivitäten reicht nicht aus, um die Austauschbeziehungen eines Systems mit anderen Systemen zu realisieren. Bezogen auf die essenzielle Modellierung mit den Mitteln der strukturierten Analyse werden beispielsweise die Kommunikationsaktivitäten mit den Terminatoren in den Analysemodellen nicht als Prozesse abgebildet (vgl. Abschnitt 6.2.1.5). Bei der objektorientierten Modellierung bleiben die Beziehungen mit den Akteuren in den Anwendungsfalldiagrammen unberücksichtigt (vgl. Abschnitt 7.4.1). Bei einer Realisierung der Systeme sind diese Austauschbeziehungen jedoch durch konkrete Funktionen, Prozesse und technische Komponenten umzusetzen, damit das System seine Leistung erbringen kann. Die zusätzlich notwendigen Aktivitäten werden im sogenannten *physikalischen Ring* zusammengefasst (vgl. [35]). Die Bezeichung dieser Systemschicht deutet bereits darauf hin, dass hier Aktivitäten angesiedelt sind, die implementations- und technologieabhängig und somit in der Terminologie der Systemanalyse als „physikalisch" zu bezeichnen sind. Der physikalische Ring setzt sich aus der *Infrastruktur* und der *Administration* eines Systems zusammen (**Bild 8-1**)
Die **Infrastruktur** mit den dort angesiedelten Aktivitäten dient der Kommunikation des Systemkerns mit der Systemumgebung. So sind beispielsweise Aktivitäten der Bestellannahme am Telefon oder per E-Mail ebenso der Infrastruktur zuzurechnen wie der Postversand einer Rechnung oder die Angebotspräsentation im Internet-Shop. Neben den reinen Transportaktivitäten gehören auch evtl. notwendige Umcodierungen, Übersetzungen etc., die zur reibungslosen Kommunikation zwischen unterschiedlichen Systemen notwendig sind, mit zur Infrastruktur.

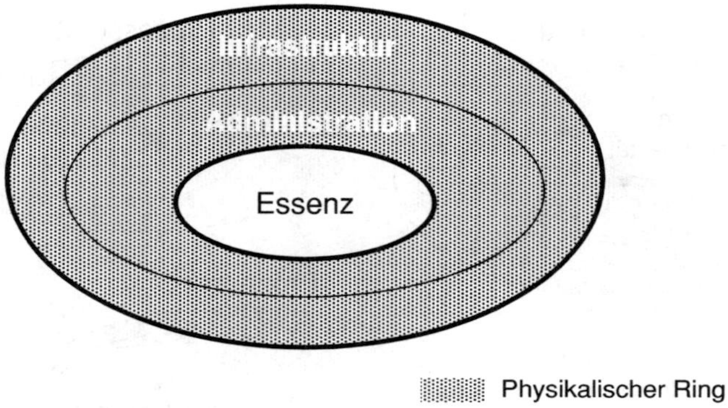

Bild 8-1 Physikalischer Ring um den essenziellen Systemkern

Die **Administration** fasst Aktivitäten zusammen, die der Qualitätssicherung im Kontext des Austausches mit anderen Systemen dienen. So sind die Mitteilungen, die von anderen Systemen kommen, auf ihre Korrektheit und Vollständigkeit zu prüfen, aber auch die eigene Systemantwort muss ggfs. einer kritischen Prüfung unterzogen werden. Die Prüfungen spiegeln wider, dass weder in der Systemumgebung noch im System selbst perfekte Technologie zu Einsatz kommt und mit dem Auftreten von Fehlern in den Anfragen an das System und seinen Antworten zu rechnen ist.

8.1.2 Eingesetzte Prozessoren

Prozessoren dienen zur Realisierung der Aktivitäten im System. Der Begriff „Prozessor" wird im Kontext der Systemanalyse mit einer sehr allgemeinen Bedeutung verwendet (vgl. [26]). Er steht für jegliche Systemkomponente, die zur Übernahme von Aktivitäten dienen kann. So werden darunter nicht nur Computer, sondern auch Menschen, Taschenrechner, Telefonvermittlungen, eventuell auch ganze Abteilungen eines Unternehmens (vgl. Abschnitt 8.1.2.2) zusammengefasst. Da jeder Prozessor ein realisiertes (Sub-)System ist, weist er auch die genannten Systemschichten der Infrastruktur und Administration zusätzlich zu seiner Kernfunktionalität auf. Diese Schichten sind bei der Kommunikation zwischen Prozessoren zusätzlich zu durchlaufen (vgl. [35] und **Bild 8-2**).

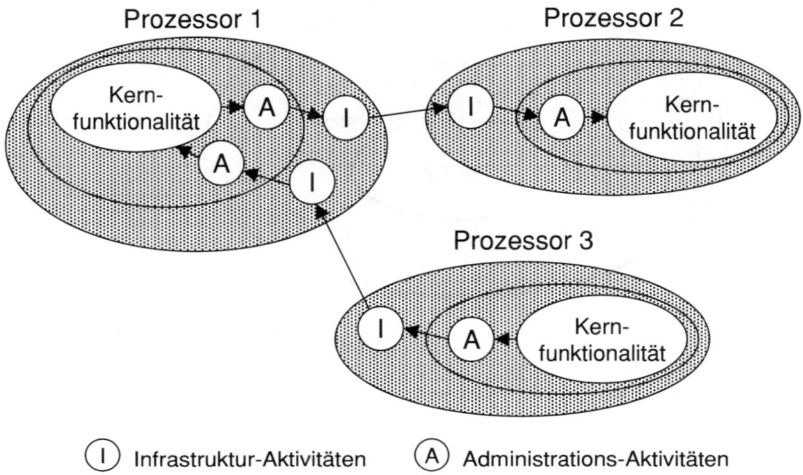

Bild 8-2 Physikalische Ringe um Prozessoren

Die Architektur und die Eigenschaften existierender Systeme werden durch die Anzahl der im System eingesetzten Prozessoren beeinflusst. Die grundlegende Unterscheidung ist zwischen Einprozessor- und Mehrprozessor-Systemen vorzunehmen.

8.1.2.1 Einprozessor-Systeme

In Einprozessor-Systemen übernimmt ein einziger Prozessor (z.B. ein einzelner Mensch oder ein Rechner) alle Aktivitäten im System. Eine solche Konstellation ist in kleineren Systemen anzutreffen. In der Regel sind selbst in einem kleineren System jedoch mehrere Aktivitäten zur Erreichung des Systemziels notwendig (d.h. mehrere Prozesse in Modellen der strukturierten Analyse bzw. mehrere Methoden in den Modellen der objektorientierten Analyse). Selbst in dem Sonderfall, dass ein System nur eine einzige essenzielle Aktivität umfasst, kommen die in Abschnitt 8.1.1 behandelten Administrations- und Infrastrukturaktivitäten noch hinzu. Daher muss der eine Prozessor die Aktivitäten im System abwechselnd ausführen. Aus Effizienzgründen nimmt ein Prozessor die Aktivitätswechsel jedoch nicht beliebig häufig vor, sondern führt Aktivitäten, die wiederholt erledigt werden müssen, ohne einen Wechsel mehrfach direkt hintereinander aus, bevor er dann zu einer anderen auszuführenden Aktivität weiterschaltet. Auf diese Weise wird der Aufwand eines häufigen Aktivitätswechsels vermieden (vgl. [26]).

Diese Art des verzögerten Aktivitätswechsels führt zu typischen Strukturen in den existierenden Systemen. Ein solches strukturelles Merkmal sind die *Stapelspeicher*, die zusätzlich zwischen den Prozessen notwendig werden. Wenn Ergebnisse der einen Aktivität als Input in eine folgende Aktivität eingehen, müssen die Ergebnisse der wiederholten Aktivitäten zunächst zwischengespeichert werden, bevor sie dann nach einem entsprechenden Aktivitätswechsel weiterverarbeitet werden. In Abhängigkeit von der tatsächlichen Leistungsfähigkeit des Prozessors können aus dieser Vorgehensweise für die Systemumgebung erhebliche Verzögerungen in der Systemreaktion/Erzeugung der Systemantwort resultieren. Stapelspeicher sind Systembestandteile, die ausschließlich aufgrund der eingeschränkten Leistungsfähigkeit des Prozessors in der Systemstruktur enthalten sind.
Die Aktivitätswechsel führen auch zu zusätzlichen Administrationsaktivitäten, denn der Prozessor muss die Reihenfolge der auszuführenden Aktivitäten verwalten, damit sich eine sinnvolle Abfolge ergibt. Auch diese Aktivitäten gehören nicht zur Essenz eines Systems, sondern kommen durch Unzulänglichkeiten der eingesetzten Technologie in die Systemstruktur.
Aufgrund der Stapelbildung ergibt sich als positiver Aspekt der Einprozessor-Systeme, dass der Prozessor mit großer Wahrscheinlichkeit ständig optimal ausgelastet ist. Wenn eine Aktivität abgearbeitet ist und bezogen auf diese Aktivität keine Anforderungen aus der Systemumgebung mehr vorliegen, findet sich in der Regel ein Stapel an noch weiterzuverarbeitenden Daten in einem der Stapelspeicher, und der Prozessor kann, anstelle von Leerlauf, diesen Stapel abarbeiten.

8.1.2.2 Mehrprozessor-Systeme

In Mehrprozessor-Systemen arbeiten mehrere Prozessoren zusammen, um die Aktivitäten des Systems zu realisieren (vgl. [26]). Diese Konstellation ist in allen größeren Systemen anzutreffen und somit der Regelfall, mit dem der Analytiker bei der Ist-Analyse konfrontiert ist. Die Gründe für den Einsatz mehrerer Prozessoren liegen auf der Hand: Die Aktivitäten des Systems könnten von einem einzelnen Prozessor nicht in akzeptabler Zeit erledigt werden. Selbst wenn es einen Prozessor gäbe, der zu dieser Leistung in der Lage wäre, können Kostenaspekte gegen eine Einprozessor-Realisierung sprechen. Häufig ist ein extrem leistungsfähiger Prozessor teurer als eine Anzahl von weniger leistungsfähigen Prozessoren, welche in der Summe die gleiche Leistung erbringen.
In Mehrprozessor-Systemen wird der essenzielle Kern eines Systems durch die Komponenten der Realisierung noch mehr verdeckt als bei den Einprozessor-Systemen. Gemäß der Regel, dass jeder Prozessor eigene Administrations- und Infrastrukturaktivitäten ausführen muss, wird bei dieser Konstellation eine Vielzahl zusätzlicher Aktivitäten in das realisierte System eingeführt.

Im Idealfall übernimmt in einem Mehrprozessor-System jeder Prozessor genau eine essenzielle Aktivität oder grundlegende Operation. In diesem Fall ist die Struktur des realisierten Systems noch relativ nahe an der Struktur der abstrakten Systemkonzeptes, wie es in einem abstrakten Analysemodell beschrieben wird. Da in realen Systemen der Aufwand für eine essenzielle Aktivität meist nicht genau mit der Leistungsfähigkeit eines Prozessor übereinstimmt, ist diese Konstellation jedoch relativ selten. Zum einen kann die Leistungsfähigkeit eines Prozessors größer sein als von einer Aktivität beansprucht, so dass mehr als eine Aktivität bearbeitet wird, um den Prozessor auszulasten. Dies führt zu Aktivitätswechseln und entsprechenden Konsequenzen in der Systemstruktur, wie sie in Abschnitt 8.1.2.1 für Einprozessor-Systeme beschrieben wurden.
Andererseits kann die Leistungsfähigkeit eines Prozessors auch nicht ausreichen, um eine essenzielle Aktivität in akzeptabler Zeit zu bearbeiten. In diesem Fall müssen mehrere Prozessoren zusammenarbeiten, um die essenzielle Aktivität zu realisieren. Jeder einzelne Prozessor erledigt dann lediglich ein Fragment einer essenziellen Aktivität (kurz „FEA", vgl. Abschnitt 6.3.4.9). Die Systemstruktur eines realisierten Systems entfernt sich bei dieser Konstellation deutlich von der Struktur des essenziellen Modells, da die essenziellen Aktivitäten beliebig fein aufgelöst werden können und zusätzlich zahlreiche Administrations- und Infrastrukturaktivitäten zur Kommunikation zwischen den Prozessoren eingeführt werden. Da die Bearbeitung der Fragmente evtl. auch nicht synchronisiert erfolgt (z.B. aufgrund unterschiedlicher Leistungsfähigkeit der Prozessoren), müssen die Zwischenergebnisse aus einem FEA evtl. auch für die Bearbeitung durch den nächsten Prozessor in einem Stapelspeicher festgehalten werden. Auch dies sind Systemkomponenten, die nicht zur Essenz eines Systems gehören.
Wenn mehrere Prozessoren in einer Systemimplementation eingesetzt werden, können diese in verschiedenartigen hierarchischen Beziehungen zueinander stehen. In der Struktur *geschachtelter Prozessoren* übernehmen einzelne Prozessoren Teilaufgaben, die von übergeordneten Prozessoren an sie delegiert werden (vgl. [26]). Häufig handelt es sich bei den untergeordneten Prozessoren um Spezialprozessoren, die Teilaufgaben mit besonderen Anforderungen übernehmen. Dabei kann es sich in einem Unternehmen beispielsweise um Mitarbeiter mit besonderen speziellen Kompetenzen (z.B. Kenntnisse in Vertragsrecht) oder um besondere Informationssysteme (z.B. geografische Informationssysteme) handeln, die im Rahmen unterschiedlicher Aufgabenstellungen im Unternehmen aktiv werden. Diese Spezialprozessoren werden dann evtl. von mehreren anderen Prozessoren in Anspruch genommen und sind somit nicht genau einem Prozessor untergeordnet. Die Delegation von Teilaufgaben dient zwar einerseits der Steigerung der Effi-

zienz, aufgrund der zusätzlich notwendigen Kommunikation zwischen den Prozessoren wird die Effizienzsteigerung andererseits jedoch begrenzt.
Von *Superprozessoren* wird gesprochen, wenn in der Systemstruktur eine Menge von Prozessoren zusammengefasst werden, die nach außen wie ein Prozessor wirken (vgl. [26]). Intern ist ein Superprozessor wie ein Mehrprozessor-System organisiert, hat nach außen jedoch genau eine Infrastruktur- und Administrationsschicht. Beispielsweise können Abteilungen in einer Unternehmensstruktur einen solchen Charakter aufweisen. So kann etwa eine Buchhaltungsabteilung als Superprozessor betrachtet werden, der jegliche Buchhaltungsaktivitäten im Unternehmenssystem abwickelt, in dem die in ihm enthaltenen untergeordneten Prozessoren die notwendigen Teilaktivitäten übernehmen. Das Zusammenfassen von Prozessoren zu übergeordneten Superprozessoren kann über beliebig viele Ebenen erfolgen, so dass damit ein Konzept zur Schaffung zusammengesetzter, beliebig leistungsfähiger Prozessoren vorliegt.

8.2 Mängel der zur Implementation eingesetzten Komponenten

Ein wesentlicher Sachverhalt, der zu einer Diskrepanz zwischen der Essenz eines Systems und ihrer Implementation führt, ist die mangelnde Qualität der zur Realisierung eingesetzten Komponenten. Diese Komponenten, die zur Realisierung der Elemente des konzeptionellen Modells dienen, sind nicht perfekt, sondern mit den Einschränkungen und Mängeln der aktuell verfügbaren bzw. eingesetzten Technik behaftet. Aus einer abstrakten Perspektive sind ausgehend von der übernommenen Aufgabenstellung zwei Kategorien von Komponenten bei der Implementation von Systemen grundsätzlich zu unterscheiden:

- Speicher
- Prozessoren

Hinsichtlich der *Speicher* sind die folgenden prinzipiellen Einschränkungen und Mängel zu nennen:

- Begrenzte Speicherkapazität
- Nicht zu vernachlässigende Zugriffszeiten, bis hin zu zeitlich befristeter Nicht-Zugreifbarkeit
- Verluste von Speicherinhalten mit zunehmender Speicherdauer
- Totalausfall in Verbindung mit vollständigem Verlust der gespeicherten Daten

Die genannten Mängel treten mehr oder weniger häufig und gravierend bei jeder verfügbaren Realisierung von Speichern auf. Insofern kann bei der Betrachtung der daraus resultierenden Konsequenzen von der konkret eingesetzten Speichertechnologie abstrahiert werden.
Hinsichtlich der *Prozessoren* sind insbesondere die folgenden Mängel typischerweise zu beobachten (vgl. [26]):

- Eingeschränkte Verarbeitungskapazität, nicht zu vernachlässigende Verarbeitungszeiten
- Fehlerhafte Verarbeitung
- Zeitweiser oder vollständiger Ausfall

In Mehrprozessor-Systemen (vgl. Abschnitt 8.1.2.2) können diese Mängel zwar gemildert, jedoch nicht beseitigt werden.
Ein gemeinsames Problem beider Kategorien von Komponenten sind zusätzlich die *Kosten*, die sie bei der Implementation und beim Betrieb des Systems verursachen. Auch wenn detaillierte Kostenbetrachtungen im Rahmen der Systemanalyse selten eine Rolle spielen, führen die Kosten generell jedoch zu relevanten Konsequenzen bei der Realisierung von Systemen. Auf der hier vorgenommenen abstrakten Ebene der Betrachtung führen die Kosten dazu, dass bei der Implementation eines Systems häufig nicht die technologisch beste verfügbare Lösung zum Einsatz kommt, sondern eine, die weniger leistungsfähig und dafür aber kostengünstiger ist. Daher haben die Kosten, die mit den zur Implementation eingesetzten Komponenten verbunden sind, tendenziell eine größere Abweichung von der perfekten Technologie und somit eine Verschärfung der bisher beschriebenen und im folgenden Abschnitt behandelten Probleme zur Folge.

8.3 Resultierende problematische Systemeigenschaften

Die strukturellen Merkmale und die Einschränkungen der Komponenten, die zur Implementation von Systemen eingesetzt werden, führen bei existierenden Systemen zu typischen problematischen Systemeigenschaften. Es sei daran erinnert, dass die Bewertung als problematisch hier nur bedeutet, dass durch diese Eigenschaften der logische Kern eines Systems verdeckt und die Arbeit eines Systemanalytikers erschwert wird. Es ist damit keine generelle Aussage darüber verbunden, ob die jeweilige Eigenschaft in einem realen System notwendig oder nützlich ist.

8.3.1 Zerstückelung

Wenn Aktivitäten, die eine logische Einheit im Sinne einer essenziellen Aktivität bilden, in Teilaktivitäten zerlegt werden, dann liegt die Eigenschaft der Zerstückelung vor (vgl. [26]). Der Grund für eine solche Zerlegung ist in der Regel die begrenzte Leistungsfähigkeit der Prozessoren. Ein Prozessor, der vertretbare Kosten verursacht, reicht nicht aus, um die Verarbeitungsvorgänge bezogen auf eine essenzielle Aktivität in akzeptabler Zeit zu bewältigen. Die Ausführung der essenziellen Aktivität muss auf mehrere Prozessoren verteilt werden.
Die Eigenschaft der Zerstückelung bezieht sich primär auf die Aktivitäten, die in einem System ausgeführt werden, in selteneren Fällen kann sich die Zerstückelung jedoch auch auf Speicher beziehen. Dies ist immer dann der Fall, wenn die zu speichernden fachlichen Strukturen (Objekte im Sinne der objektorientierten Speicherzerlegung, vgl. Abschnitt 6.3.3.2) so umfangreich sind, dass sie nicht in einem realen Speicher untergebracht werden können. Um alle Daten zu einem fachlichen Objekt zusammenzutragen, muss somit auf mehrere Speicher zugegriffen werden. Auch dies verdeckt die Essenz eines Systems.
Die Zerstückelung führt dazu, dass der fachlich-logische Zusammenhang zwischen den Teilaktivitäten nicht mehr direkt in der Systemstruktur erkennbar ist, zumal aufgrund der Verteilung der Teilaktivitäten auf unterschiedliche Prozessoren zwischen den Fragmenten der essenziellen Aktivitäten zusätzlich die Infrastruktur- und Administrationsaktivitäten der Prozessoren auftreten.

8.3.2 Konglomerate

Von Konglomeraten wird gesprochen, wenn in Systemen Komponenten verbunden sind, die aus fachlicher Sicht nicht zusammengehören (vgl. [35] und [26]). Konglomerate stellen somit ein Gegenstück zu der in Abschnitt 8.3.1 beschriebenen Zerstückelung dar. Sie entstehen im Wesentlichen aus Effizienz- und Kostengründen. So werden unterschiedliche Aktivitäten und Aktivitätsfragmente auf einem Prozessor zusammengefasst und von diesem bearbeitet, weil ein Prozessor mit einer einzelnen Aktivität nicht ausgelastet wäre (vgl. [26]). Ein Prozessor in der Struktur eines existierenden Systems bildet somit eine Einheit, die mit der fachlich-logischen Struktur nicht viel gemein hat. Auch die Konglomerate verschleiern die essenzielle Struktur eines Systems. In vielen Fällen erfolgt die Zusammenfassung von Fragmenten essenzieller Aktivitäten auf einem Prozessor auch danach, welche gemeinsamen, speziellen fachlichen Fähigkeiten durch die Fragmente angesprochen sind. So könnten beispielsweise alle Teilaktivitäten, die komplexe nummerische Berechnungen erfordern, durch einen entsprechenden

Spezialprozessor erledigt werden. Dabei bleibt vollkommen unberücksichtigt, in welchem fachlichen Kontext, d.h. im Rahmen welcher essenziellen Aktivität die einzelne Berechnung erfolgt. Eine derartige Zusammenfassung führt zu fachlich spezialisierten *Paketprozessoren* (vgl. [26]).

Die Zusammenfassung von Fragmenten unterschiedlicher essenzieller Aktivitäten auf einem Prozessor verursacht auch das Entstehen von Konglomeraten in Bezug auf die Datenspeicher. Um dem einzelnen Prozessor einen effizienten Zugriff auf genau die Daten zu geben, die er für seine Verarbeitungsvorgänge benötigt, ist es erforderlich, dem Prozessor einen Speicher zur Seite zu stellen, in dem alle Daten zusammengefasst sind, die dieser Prozessor benötigt. In der Regel sind diese Speicher den Prozessor direkt zugeordnet („prozessor-lokal"), wobei aufgrund der Unterschiedlichkeit der zu bearbeitenden Aktivitätsfragmente auch im Speicher viele Daten enthalten sein müssen, die fachlich keine oder nur geringe Bezüge untereinander aufweisen. Derartige prozessor-lokale Sammelspeicher, die speziell an den Erfordernissen einer Sammlung von Fragmenten essenzieller Aktivitäten ausgerichtet sind und eine entsprechende Vielfalt von Daten enthalten, werden auch *Varieté-Speicher* genannt (vgl. [26]). Für die Bearbeitung eines Aktivitätsfragmentes wird typischerweise nur ein kleiner Ausschnitt aus der gesamten im Speicher abgelegten Speicherstruktur benötigt. **Bild 8-3** zeigt ein Beispiel für einen Varieté-Speicher, in dem Daten für zwei unterschiedliche Aktivitätsfragmente zusammengeführt sind.

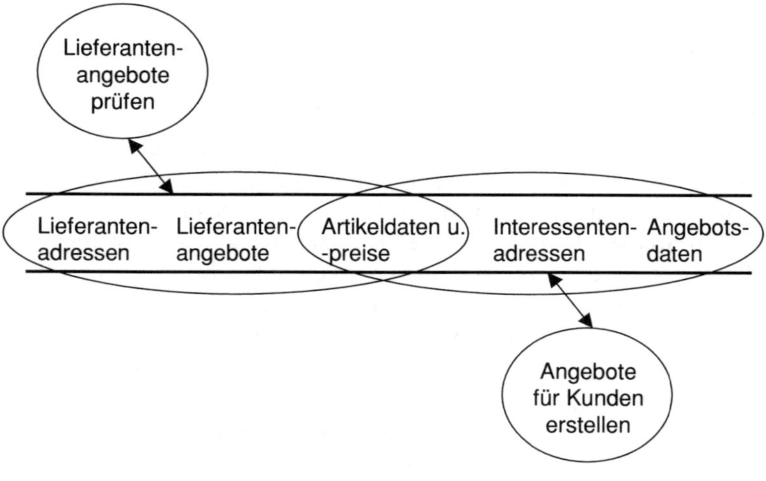

Bild 8-3 Beispiel für Varieté-Speicher

Die Zusammenfassung von Systemelementen, die keine fachlichen Bezüge aufweisen, betrifft auch den physikalischen Ring von Systemen (vgl. Abschnitt 8.1.1). Die darin enthaltenen Infrastruktur- und Administrationsaktivitäten werden in existierenden Systemen häufig auf Prozessoren zusammengefasst, auch wenn diese Aktivitäten in Zusammenhang mit sehr unterschiedlichen essenziellen Aktivitäten stehen. Das Empfangen und Versenden sowie die damit verbundenen Prüfungen stellen unabhängig vom fachlichen Zusammenhang spezielle Anforderungen an die Prozessoren. Insofern sind diese Aktivitäten des physikalischen Rings besonders häufig auf entsprechenden Paketprozessoren zusammengefasst. In Unternehmen sind die Telefonzentrale, der Postausgang oder Mitarbeiter, die E-Mails bearbeiten, typische Beispiele für derartige Paketprozessoren. Meist stehen derartige Prozessoren über sogenannte *Paketkanäle* mit der Systemumgebung in Verbindung (vgl. [26]). Paketkanäle sind Kommunikationsverbindungen, über die Datenpakete mit unterschiedlichem fachlichem Bezug ausgetauscht werden. Am Beispiel der Telefonzentrale wird deutlich, dass hier alle Arten von telefonischer Kommunikation abgewickelt werden, gleichgültig, ob es sich um Angebote von Lieferanten, das Annehmen von Aufträgen, die Mitteilung über eine neue Adresse eines Kunden oder sonstige Daten handelt. Alle Daten sind in einem Paketkanal zusammengefasst. Die Paketkanäle führen in der Systemstruktur zu einem weiteren charakteristischen Merkmal: dem *Transaktionszentrum* (vgl. [26]). Ein Transaktionszentrum übernimmt die notwendige Verteilung der Daten, die über einen Paketkanal in das System kommen, auf die Prozessoren, die diese Daten weiterverarbeiten. Umgekehrt werden ausgehende Daten im Transaktionszentrum (neben der notwendigen Prüfung) auf den Paketkanal gebündelt.
Die verschiedenen Aspekte der Konglomerate in existierenden Systemen verdecken den essenziellen Kern der Systeme so massiv, dass sie bei der Analyse existierender Systeme und der Ermittlung ihres essenziellen Kerns eines der gravierendsten Probleme darstellen.

8.3.3 Redundanz

Redundanz im hier betrachteten Kontext heißt, dass gleichartige Bestandteile im System mehrfach auftreten. Redundanz ist in existierenden Systemen mit ihrer nicht-perfekten Technologie unverzichtbar. So ist unmittelbar plausibel, dass schon allein aufgrund des Ausfallrisikos von Speichern und Prozessoren für beide Komponenten Redundanz vorzusehen ist, um eine unterbrechungsfreie Funktion des Systems mit hoher Wahrscheinlichkeit zu gewährleisten. Auch aus Gründen der Effizienz wird häufig Redundanz in Systeme eingeführt. Wenn beispielsweise der Zugriff auf einen zentralen Datenbestand in der Realität häufig zu langsam ist,

kann ein prozessorlokaler Speicher, der die Daten redundant enthält, Abhilfe schaffen. Häufig werden auch Teilaktivitäten durch Prozessoren redundant ausgeführt, mit dem Risiko, dass dabei unterschiedliche Ergebnisse entstehen. Ein typisches Beispiel für eine solche Konstellation ist die Ermittlung von Rabatten bei der Angebotserstellung und später im Rahmen der Zusammenstellung der Rechnung.
Die Redundanzen in existierenden Systemen verdecken ebenfalls die Essenz, da durch sie in den Systemen mehr Komponenten auftreten, als aus rein fachlicher Sicht notwendig wären.

8.3.4 Zusatzkomponenten und Verwicklung

Die in Abschnitt 8.3.3 genannten Redundanzen können sich in Form von Zusatzkomponenten in der Systemstruktur niederschlagen. Zum Beispiel kann es notwendig sein, die Redundanzen in der Datenspeicherung mit Hilfe von zusätzlichen Speichern umzusetzen. Zusatzkomponenten sind aber darüber hinaus vielfach in den existierenden Systemen zu finden, um die Mängel der konkret eingesetzten Systemkomponenten auszugleichen. So sind alle Komponenten, die ausschließlich dem Transport von Daten dienen oder die Verwaltungstätigkeiten ausführen, den Zusatzkomponenten zuzurechnen, die keinen direkten Bezug zu den essenziellen Aktivitäten aufweisen. Auch Komponenten zum Daten-Backup, die für den Fall eines Speicherausfalls vorzusehen sind, fallen in die Kategorie der Zusatzkomponenten.
Unter dem Begriff *Verwicklung* werden alle Systemeigenschaften zusammengefasst, die Umständlichkeit in die Systemabläufe einführen, die bei Einsatz perfekter Technologie nicht erforderlich wäre (vgl. [26]). So sind alle Maßnahmen, die in existierenden Systemen die Wiederaufnahmemöglichkeit für eine Aktivität zu beliebigen Zeitpunkten sicherstellen, den Verwicklungen zuzurechnen. Auch Sortier- und Auswahlvorgänge, die nur aufgrund ungeeigneter Speicherstrukturen notwendig sind, gehören dazu. Selbst wenn Verwicklungen häufig im Zusammenhang mit essenziellen Aktivitäten auftreten, sind sie nicht Bestandteil dieser, sondern dienen nur zur Realisierung dieser Aktivitäten mit Hilfe nicht-perfekter Technologie.

8.3.5 Systemgröße

Existierende Systeme sind größer als Systeme, wie sie als Resultat einer Systemanalyse gestaltet und modelliert werden. Der Grund hierfür liegt in den Eigenschaften, die in den bisherigen Abschnitten dieses Kapitels genannt wurden. Alle diese Eigenschaften führen dazu, dass zur Implementation eines Systems wesentlich mehr Komponenten erforderlich sind, als in den entsprechenden abstrakten Systemmodellen auftreten. Während die abstrakten Systemmodelle sich auf die Essenz eines Systems konzentrieren und von perfekter Technologie ausgehen, kann dies in existierenden Systemen nicht der Fall sein. Über die Essenz hinaus ist der physikalische Ring zu realisieren, und es sind zahlreiche Maßnahmen zu ergreifen, um die Mängel der eingesetzten Technologie auszugleichen. Alles resultiert in einer Vergrößerung des Umfangs eines Systems. Häufig macht die fachliche Essenz eines Systems nur einen kleinen Anteil am Gesamtsystem aus (vgl. [26]). In einem sehr großen System ist dieser kleine Anteil dann schlecht erkennbar, und ohnehin sind Systeme mit zunehmender Größe immer schlechter zu überblicken und zu analysieren. Dies erschwert die Ist-Analyse, die sich zunächst einem System mit sehr vielen Elementen gegenüber sieht, aus denen die für den essenziellen Kern relevanten erst schrittweise herausgefiltert werden müssen. Die notwendige Vorgehensweise dazu wird im folgenden Kapitel vorgestellt.

9 Extraktion des essenziellen Systemkerns

Die in Kapitel 8 beschriebenen Eigenschaften existierender Systeme führen zu Schwierigkeiten, wenn sich eine Systemanalyse im Sinne einer Ist-Analyse primär auf ein existierendes System beziehen und dieses in Form eines Analysemodells abbilden soll. Meist wird aus Aufwandsgründen auf eine umfassende Ist-Analyse verzichtet; manchmal kann es dennoch sinnvoll sein, den Aufwand einer Ist-Analyse zu betreiben.
Das Hauptproblem ist dabei, den logischen, den essenziellen Kern des Systems zu erkennen, da dieser durch die genannten Eigenschaften zunächst verdeckt wird. Es ist das Ziel, ausschließlich den logischen Kern im Analysemodell abzubilden und von allen implementationsbezogenen Aspekten des existierenden Systems zu abstrahieren. Eine methodische Vorgehensweise, die ein Erreichen dieses Ziels zwar nicht garantieren aber doch erleichtern kann, wird in den folgenden Abschnitten vorgestellt. Die Beschreibung bezieht sich dabei primär auf die Modellierungsmittel der strukturierten Analyse und die Sichtweise, die in der essenziellen Modellierung eingenommen wird. In Abschnitt 9.2 wird gesondert auf eine Übertragung der vorgestellten Vorgehensweise auf die objektorientierte Analyse eingegangen.

9.1 Arbeitsschritte zur Extraktion

Bis der essenzielle Kern eines existierenden Systems ermittelt ist, muss eine Folge von aufeinander aufbauenden Schritten durchlaufen werden. Ausgehend von einem ersten Modell des Systems, das noch weitgehend implementationsbezogen ist, beinhaltet jeder der Schritt eine Modelltransformation. Jede der in den folgenden Abschnitten beschriebenen Transformationen bereinigt das Modell um andere implementationsbezogene Eigenschaften.

9.1.1 Implementationsbezogene Modellierung des Systems

Der erste Schritt der Vorgehensweise gewährleistet den Übergang vom System auf eine Modell des Systems, so dass sich die folgenden Schritte ausschließlich auf dieses Modell beziehen können. Zunächst wird das System so, wie es dem Analytiker in seiner Implementation gegenübertritt, in ein Analysemodell abgebildet. Die

Informationen, die in ein solches Modell einfließen können, erhält der Analytiker im Rahmen einer Systemaufnahme, die sich in diesem Kontext nicht auf wünschenswerte Eigenschaften eines zukünftigen, geplanten und noch zu realisierenden Systems bezieht, sondern sich auf das vorliegende System konzentriert. Entsprechend ist die Fragestellung bei Interviews und Fragebogenaktionen sowie die Sichtung von Dokumenten an diese besondere Situation anzupassen. Das Modell wird, wenn die strukturierte Analyse als Modellierungsansatz zum Einsatz kommt, mit deren darstellerischen Mitteln aufgebaut (vgl. Abschnitt 6.2). Hinsichtlich der Identifizierung der Modellelemente kommt dabei im Wesentlichen eine funktionale Zerlegungsstrategie zum Einsatz, da sich in existierenden Systemen die Funktionen und ihre Teilfunktionen am einfachsten identifizieren lassen. Die einzelnen Modellelemente werden mit hoher Wahrscheinlichkeit eine direkte Entsprechung in der Realität haben. So sind die Speicher, die im Modell auftreten, im System unmittelbar erkennbar (z.B. als Festplatten, Karteikästen o.ä.), und auch die Prozesse sind mittels der ausführenden Prozessoren konkret lokalisierbar. Die weitere Vorgehensweise macht es überflüssig, dass bereits in diesem ersten Schritt die in der Systemanalyse übliche Begrenzung auf ausschließlich fachliche Aspekte erfolgt. Das entstandene Modell ist bewusst implementationsbezogen, mit allen Schwächen, die aus dieser Sichtweise resultieren.

9.1.2 Expansion des implementationsbezogenen Modells

Das Ziel des nächsten Schrittes ist es, alle Konglomerate zu aufzulösen, die durch die Umsetzung des Systems mit realen Komponenten entstanden sind. Der Kern dieses Schrittes besteht in der Verbindung der Datenflussdiagramme der detailliertesten Ebene zu einem umfassenden Datenflussdiagramm (vgl. [26]). Die Verbindung erfolgt dabei anhand der Datenflüsse, und gleiche Datenflüsse in verschiedenen Datenflussdiagrammen dienen als Verbindungspunkte (vgl. **Bild 9-1**).
Damit wird erreicht, dass die Bündelung von Funktionen auf den verschiedenen Prozessoren, die sich im implementationsbezogenen Ist-Modell widerspiegelt, aufgelöst wird. Die Grenzen, die in das Modell durch die Verteilung der Funktionen auf unterschiedliche Prozessoren hineingekommen sind und sich in der Aufteilung der Datenflussdiagramme typischerweise widerspiegeln, werden durch das Zusammenfügen der Datenflussdiagramme beseitigt.
Darüber hinaus sind alle Prozesse, Datenflüsse und Speicher in dem entstandenen Datenflussdiagramm darauf zu prüfen, ob sie Gruppierungen darstellen, für die es keine fachliche Begründung gibt. Anzeichen für solche Gruppierungen sind vor allem sehr allgemeine und fachlich unspezifische Benennungen der Modellelemente. Aber auch eine hohe Anzahl von Datenflüssen, die mit einem

Speicher oder einem Prozess verbunden sind, deuten auf unsachgemäße Zusammenfassungen hin. Derartige Konglomerate müssen in mehrere einzelne Modellbestandteile aufgelöst werden, so dass sich eine Detaillierung des Datenflussdiagramms ergibt. Es sei darauf hingewiesen, dass die Veränderungen im Rahmen dieser Detaillierung auch Anpassungen in den anderen Darstellungsformen erfordern (z.B. im Datenkatalog, wenn ein Speicher in mehrere aufgeteilt wird).

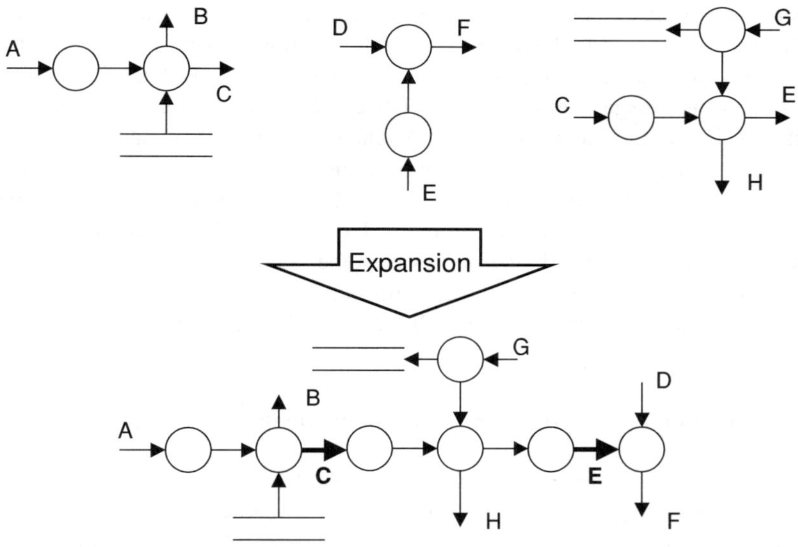

Bild 9-1 Expansion der Datenflussdiagramme (verbindende Datenflüsse sind hervorgehoben)

Die Expansion bezieht sich aber nicht nur auf die Datenflussdiagramme. Auch in den Datenkatalogen sind Maßnahmen zur Beseitigung nicht-essenzieller Gruppierungen zu ergreifen (vgl. [26]). Hier geht es primär darum, die Paketkanäle aufzulösen und geschachtelte Wiederholungsgruppen in den Datendefinition zu finden und zu beseitigen. Kennzeichen für Paketkanäle sind Ein- oder Ausgangsflüsse von Prozessen, die im Datenkatalog auf oberster Ebene durch eine oder mehrere Alternativen definiert sind. Diese Alternativen sind als separate Datenflüsse festzulegen. Wiederholungsgruppen betreffen primär die Inhalte der Speicher und sind ebenfalls im Datenkatalog erkennbar. Überall dort, wo eine Iteration von Datenstrukturen innerhalb einer Datendefinition dazu dient, einen festen Bezug zwischen dem definierten Datenelement und mehreren anderen, fachlich völlig unterschied-

lichen Datenelementen herzustellen, sind diese Iterationen zu entfernen. Der Bezug zwischen den Datenelementen muss dann mit Hilfe eines Beziehungstyps im Entity-Relationship-Diagramm (und entsprechend auch im Datenkatalog) explizit hergestellt werden.
In den Prozessspezifikationen ist zu prüfen, ob jede Spezifikation Aktivitäten zusammenfasst, zwischen denen ein enger fachlicher Bezug besteht (vgl. [26]). Nur wenn ein logischer, fachlich begründeter Zusammenhang zwischen den einzelnen Aktivitäten in einer Prozessspezifikation besteht, sind keine Veränderungen notwendig. Ansonsten muss die Prozessspezifikation in die verschiedenen fachlichen Aspekte zerteilt werden. Generell unproblematisch ist eine Konstellation, in der ein sequentieller Zusammenhang zwischen den Teilaktivitäten besteht. Dabei wird die Ausgabe einer Teilaktivität des Prozesses zu einer Eingabe einer anderen Teilaktivität. Noch akzeptabel erscheint meist der sogenannte Kommunikationszusammenhang, der besteht, wenn in einem Prozess mehrere, evtl. alternative Operationen zusammengefasst sind, die auf gleichen Daten oder zumindest einer gleichartigen Datenstruktur arbeiten. Um die Konsistenz der Darstellungsformen untereinander zu erhalten, ist es bei einer Zerlegung einer Prozessspezifikation notwendig, ein zusätzliches Datenflussdiagramm zu erstellen, das die entstandenen Teile der ursprünglichen Prozessspezifikation nun als eigenständige Prozesse enthält.

9.1.3 Reduktion des expandierten Systemmodells

Die Bezeichnung dieses Arbeitsschrittes macht bereits deutlich, dass es dabei darum geht, Modellelemente zu entfernen. Die Notwendigkeit dazu ergibt sich aus dem in Abschnitt 8.1.2 geschilderten Sachverhalt, wonach bei der Implementation eines Systems mit Hilfe von Prozessoren für jeden Prozessor Infrastruktur- und Administrationsaktivitäten vorzusehen sind. Diese sind nun noch in dem implementationsbezogenen Modell enthalten, müssen jedoch entfernt werden, da sie nicht zum essenziellen Kern des Systems gehören.
Im Modell sollen nur die Infrastruktur- und Administrationsaktivitäten verbleiben, die sich um den essenziellen Kern des Systems gruppieren und damit den physikalischen Ring (vgl. Abschnitt 8.1.1 und [26]) bilden. Entfernt werden in diesem Schritt somit alle Infrastruktur- und Administrationsaktivitäten, die zwischen Prozessoren und damit zwischen Aktivitäten und Teilaktivitäten des essenziellen Systemkerns auftreten.
Zu diesem Zweck sind alle Prozesse im Systemmodell in eine der Kategorien „Essenzielle Aktivität oder Fragment einer solchen“, „Infrastrukturaktivität“ und „Administrationsaktivität“ einzuordnen. Infrastrukturaktivitäten sind meist daran

erkennbar, dass an ihnen die gleichen Eingangs- und Ausgangsflüsse auftreten. Alle Prozesse, die Prüfungen, der Kontrolle, der Qualitätssicherung und der Datensicherung dienen, gehören mit großer Wahrscheinlichkeit zu den Administrationsaktivitäten. Nur die Prozesse, für die auch bei perfekter Technologie und ohne Aufteilung auf unterschiedliche Prozessoren eine fachliche Begründung besteht, fallen in die Kategorie der essenziellen Aktivitäten und ihrer Fragmente.
Das Ergebnis dieser Kategorisierung wird genutzt, um alle Infrastruktur- und Administrationsaktivitäten, die zwischen essenziellen (Teil-)Aktivitäten auftreten, aus dem Modell zu entfernen. Lediglich die nicht-essenziellen Aktivitäten am Rand des Modells, die also der Kommunikation mit der Systemumgebung dienen, bleiben erhalten (vgl. **Bild 9-2**)

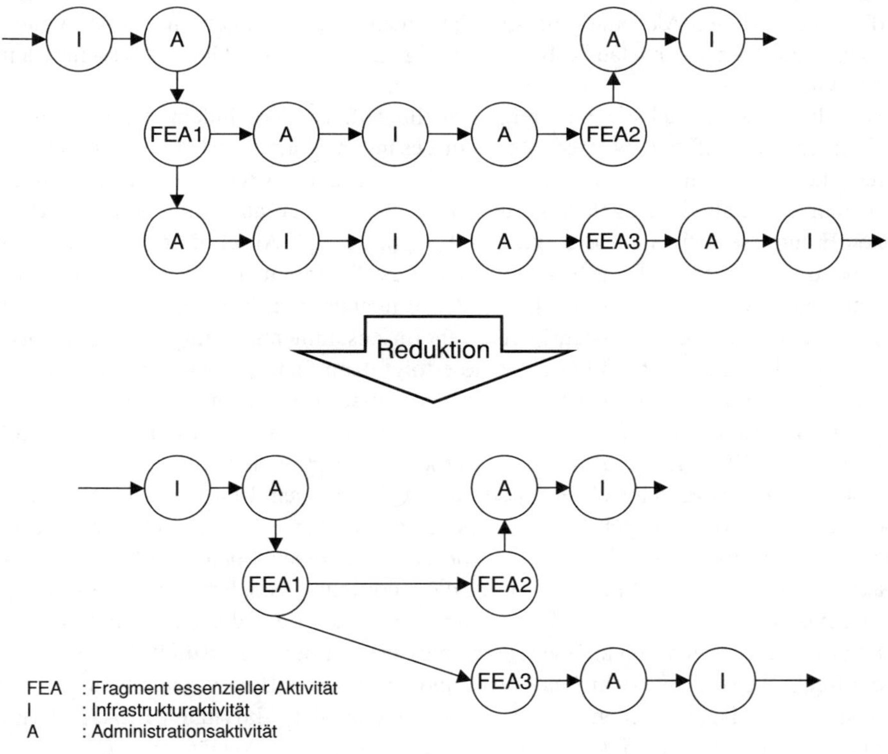

Bild 9-2 Reduzieren des Ist-Modells

Im Zuge der Reduktion sind auch alle Stapel- und Pufferspeicher zwischen Fragmenten der essenziellen Aktivitäten zu entfernen, sofern die Speicher bereits als Pufferspeicher erkennbar sind (vgl. [26]).

9.1.4 Klassifizieren der Fragmente essenzieller Aktivitäten

Die hier vorzunehmende Klassifikation hat das Ziel, die Zerstückelung in existierenden Systemen im Modell zu beseitigen. Dazu wird versucht, den fachlichen Zusammenhang zwischen den Fragmenten essenzieller Aktivitäten zu erkennen. Die Klassifikation ordnet zu diesem Zweck die Fragmente essenzieller Aktivitäten Ereignissen zu, auf die das System reagieren muss. Da es bei der essenziellen Modellierung eine 1:1-Entsprechung zwischen einem Ereignis und einer vollständigen essenziellen Aktivität gibt, sind die einem Ereignis zugeordneten Aktivitätsfragmente dann zwangsläufig Bestandteile genau einer vollständigen essenziellen Aktivität.

Es gilt daher, zunächst eine Ereignistabelle aufzustellen, indem die relevanten Ereignisse identifiziert werden. Bei dem gesamten Vorgang ist darauf zu achten, dass keine Ereignisse berücksichtigt werden, die durch Eigenschaften der eingesetzten Technologie ausgelöst werden. Zunächst werden ausschließlich die externen Ereignisse betrachtet. Die externen Ereignisse (vgl. Abschnitt 6.3.3.1) können anhand der Eingangsdatenflüsse im Datenflussdiagramm, insbesondere im Kontextdiagramm identifiziert werden. Jeder Eingangsdatenfluss oder eine fachlich verbundene Gruppe von Datenflüssen steht im Zusammenhang mit einem Ereignis. Die Zuordnung der Aktivitätsfragmente erfolgt dann, indem ausgehend vom ersten Fragment, an dem der Eingangsfluss des Ereignisses (der sogenannte „Auslöser" in der Ereignistabelle, vgl. Abschnitt 6.3.3.1) ankommt, der Pfad der Reaktion im Modell verfolgt wird. Das heißt, es werden alle Aktivitäten identifiziert, die als Konsequenz des Eingangsdatenflusses ausgeführt werden. Erst wenn die Vollständigkeit der Aktivität gegeben ist, also bei Erzeugung einer Systemantwort in Form eines Datenflusses oder bei Eintrag von Daten in einen Speicher (Verwaltungsaktivitäten, vgl. Abschnitt 6.3.2.3), ist die Zuordnung von Fragmenten zu einem Ereignis abgeschlossen. Alle Fragmente von Aktivitäten, die auf dem Pfad der Reaktion liegen, gehören zum gerade betrachteten Ereignis. In **Bild 9-3** ist der Pfad der Reaktion zwischen dem Auslöser A und der Antwort B hervorgehoben.

In diesem Beispiel würden die Fragmente essenzieller Aktivitäten FEA1, FEA2, FEA3, FEA4 und FEA 5 dem Ereignis zugeordnet, das als Auslöser den Datenfluss A und als Antwort den Datenfluss B in der Ereignistabelle aufweist.

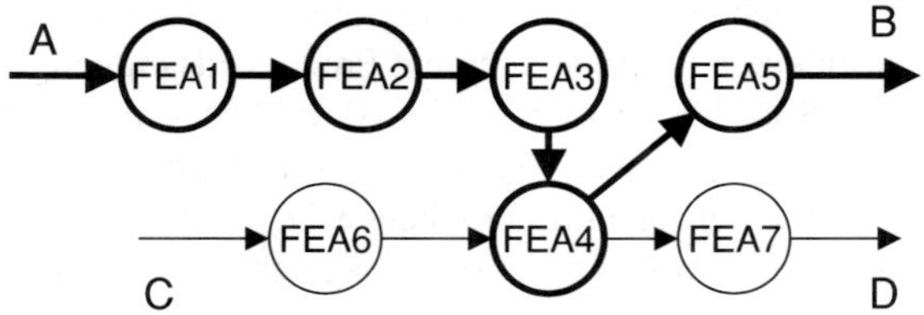

Bild 9-3 Klassifizieren von Fragmenten essenzieller Aktivitäten

Auf diese Weise werden zu allen externen Ereignissen die zugehörigen Mengen von Fragmenten essenzieller Aktivitäten ermittelt. Sollte der Fall eintreten, dass ein Aktivitätsfragment an den Reaktionspfaden von zwei unterschiedlichen Ereignissen beteiligt ist, wird jedem Ereignis eine Kopie dieses Fragmentes zugeordnet. Die zeitlichen Ereignisse können dann anhand der Ausgangsdatenflüsse identifiziert werden, die nicht als Ergebnis eines externen Ereignisses erzeugt werden (vgl. [26]). Diese müssen zwangsläufig Ergebnis eines zeitlichen Ereignisses sein. Die identifizierten zeitlichen Ereignisse werden ergänzend in die Ereignistabelle eingetragen. Die Zuordnung von Aktivitätsfragmenten zu diesen Ereignissen kann ausgehend von Fragmenten erfolgen, die Eingaben ausschließlich aus einem Speicher beziehen. Von diesen Fragmenten kann der Pfad der Reaktion durch die Fragmente in gleicher Weise wie für die externen Ereignisse erfolgen. Auch hier kommt der Pfad der Reaktion bei der Erzeugung eines Ausgangsflusses zu einem definierten Ende.

Es empfiehlt sich, die Aktivitätsfragmente, die zu einem Ereignis gehören, jeweils in einem separaten, vorläufigen Datenflussdiagramm zusammen mit den zugegriffenen Speichern zu zeichnen. Auf diese Weise können die folgenden Arbeitsschritte erleichtert werden.

9.1.5 Modellierung vollständiger essenzieller Aktivitäten

Nacheinander werden die Mengen von Fragmenten essenzieller Aktivitäten, die im vorhergehenden Schritt entstanden sind, zu jeweils einer essenziellen Aktivität zusammengefasst (vgl. [26]). Dazu wird zunächst ermittelt, welche Infrastruktur- und Administrationsaktivitäten in der bearbeiteten Menge von Aktivitäten noch enthalten sind. Es handelt sich um solche Aktivitäten, die zur Kommunikation mit der Systemumgebung dienen. Diese werden zunächst entfernt, später jedoch noch zur Abbildung des physikalischen Rings benötigt. Die restlichen Fragmente werden nochmals auf verbliebene implementationsbezogene Bestandteile kontrolliert. So können in dieser Phase beispielsweise überflüssige Datenelemente, wie

etwa Freigaben, Prüfergebnisse, Dateiendeflags etc. entfernt werden. Die restlichen Fragmente werden zu einer Aktivität in einem Prozess zusammengefasst.
Gleiches gilt für die Speicher, aus denen die Aktivitätsfragmente die Daten bezogen haben. Der zusammengefasste Speicher wird dann so in Teilspeicher zerlegt, dass jeder Speicher mit den in ihm enthaltenen Daten ein fachlich abgrenzbares Objekt beschreiben kann (objektorientierte Speicherzerlegung, vgl. Abschnitt 6.3.3.2). Die Inhalte der Speicher sind des Weiteren so anzupassen, dass sie die Daten in einem Detaillierungs- und Auflösungsgrad enthalten, der von den Prozessen unmittelbar verarbeitet werden kann. So sollten die Speicher beispielsweise keine Tagesdaten enthalten, wenn in dem Prozess Monatsdaten verarbeitet werden sollen. Durch diese Anpassung des Detaillierungsgrades an den Bedarf der Prozesse kann die Anzahl der notwendigen Speicherzugriffe minimiert werden.
Für die Teilaktivitäten, die in der neu modellierten essenziellen Aktivität zusammengefasst sind, ist zu prüfen, ob eine bestimmte Reihenfolge zwingend einzuhalten ist. Nur wenn dies der Fall ist, ist diese zu dokumentieren.
Zum Abschluss werden die Aktivitäten des physikalischen Rings, die zu Beginn dieses Arbeitsschrittes vorübergehend entfernt wurden, den veränderten Bedingungen angepasst, so dass die Kommunikation mit der Systemumgebung bezogen auf die gerade modellierte essenzielle Aktivität gewährleistet werden kann.

9.1.6 Abgleich zwischen essenziellen Aktivitäten und essenziellen Speichern

Durch die isolierte Betrachtung der einzelnen essenziellen Aktivitäten können Inkonsistenzen hinsichtlich der Speicherzugriffe in das Analysemodell eingeführt werden (vgl. [26]). Diese Inkonsistenzen müssen nun, da die verschiedenen Einzelaktivitäten zu einem umfassenden Modell zusammengefügt werden sollen, nachträglich entfernt werden. Es muss dafür gesorgt werden, dass genau die Daten in den Speichern gepflegt werden, die von den grundlegenden Aktivitäten benötigt werden. Die notwendige Prüfung konzentriert sich daher auf die Verwaltungsaktivitäten. So ist einerseits zu prüfen, ob es Daten in den Speichern gibt, die bisher von keiner Aktivität in den Speicher geschrieben werden. Ist dies der Fall, muss eine zusätzliche Verwaltungsaktivität für diesen Zweck in das Modell eingeführt werden. Andererseits ist zu prüfen, ob es Verwaltungsaktivitäten gibt, die Daten in die Speicher schreiben, die von keiner grundlegenden Aktivität benötigt werden. In diesem Fall ist die jeweilige Verwaltungsaktivität zusammen mit den überflüssigen Datenelementen aus dem Modell zu entfernen.

Beide Konstellation werden nur erkennbar, wenn nicht mehr nur die einzelne Aktivität betrachtet wird, sondern in einem Überblick die Datenerfordernisse und -bereitstellung aller Aktivitäten berücksichtigt werden.

9.1.7 Erstellung eines globalen Modells der essenziellen Ebene

Nach der vorbereitenden Maßnahme in Abschnitt 9.1.6 kann die eigentliche Zusammenführung der essenziellen Aktivitäten zu einem umfassenden Gesamtmodell erfolgen (vgl. [26]). Als Verbindungspunkte zwischen den einzelnen essenziellen Aktivitäten dienen aufgrund der Grundstruktur essenzieller Modelle die Speicher (vgl. Abschnitt 6.3.3.2).
So ist für die Speicher zu prüfen, inwieweit die unterschiedlichen Speicher, die in den Teilmodellen der einzelnen essenziellen Aktivitäten enthalten sind, bei der Zusammenfassung in einem Modell in Wahrheit nicht denselben Speicher beschreiben. Dies kann selbst dann der Fall sein, wenn die Bezeichnung der Speicher nicht identisch ist. Geringfügige Unterschiede in der Speicherstruktur (d.h. in den enthaltenen Daten) spielen bei dieser sehr grundsätzlichen Frage ebenfalls keine Rolle. Die entscheidende Frage ist, ob durch die Speicher aus fachlicher Sicht gleichartige Objekte beschrieben werden. Die Speicher, für die das der Fall ist, werden dann zu einem integriert. Damit kann aus dem Gesamtmodell die Redundanz hinsichtlich der zunächst separat modellierten Speicher entfernt werden. Durch diese Zusammenführung von Speichern werden auch die mit den Speichern verbundenen Aktivitäten zu einer zusammenhängenden Modellstruktur verknüpft, indem der integrierte Speicher das verbindende Modellelement ist. Somit kann nun auch ein globales, d.h. umfassendes Datenflussdiagramm gezeichnet werden.
In den so modellierten Speichern kann der Fall eintreten, dass Daten enthalten sind, die jederzeit von einer gemeinsamen Basis abgeleitet werden können. Zum Beispiel ist dies der Fall, wenn sich die Daten lediglich hinsichtlich der Aggregationsstufe unterscheiden. So sind Daten auf Wochen-, Monats- und Quartalsebene beispielsweise problemlos aus erhobenen Stundendaten ableitbar. Um die implizite Redundanz, die durch die gesonderte Abspeicherung solcher ableitbaren Daten in das Modell eingeführt wird, zu beseitigen, werden nur Speicher vorgesehen, die als gemeinsame Basis für einen solchen Ableitungsvorgang besonders geeignet sind. Für die genannte Beispielkonstellation bedeutet dies, dass die Speicher für die Wochen-, Monats- und Quartalsdaten aus dem Modell entfernt und durch entsprechende Ableitungsprozesse ersetzt werden. Gespeichert werden die Daten nur auf der Aggregationsebene, die gerade noch gewährleistet, dass diese detailliert genug vorliegen, um von allen Ableitungsprozessen verwendet werden zu können. Es

wird sozusagen, der „größte gemeinsame Teiler" der Datenauflösung gesucht und zur Grundlage der Speicherung gemacht. In dem obigen Beispiel würden die Daten somit nicht direkt auf der Erfassungsebene als Stundendaten sondern auf Tagesebene gespeichert. Mit Tagesdaten könnten dann die neu eingeführten Ableitungsprozesse sowohl Wochen- als auch Monats- und Quartalsdaten erzeugen (vgl. [26]).

Eine weitere Form von Redundanz, die ebenfalls durch die isolierte Modellierung der einzelnen essenziellen Aktivitäten in das Modell eingeführt wird, ist die Überschneidung der einzelnen essenziellen Aktivitäten hinsichtlich bestimmter Teilaktivitäten. Diese sind durch das Kopieren von Fragmenten essenzieller Aktivitäten, die im Zusammenhang mit mehreren Ereignissen an der Erzeugung der Systemreaktion beteiligt sind, in das Systemmodell eingeführt worden (vgl. Abschnitt 9.1.4). Diese gemeinsamen Teilaktivitäten können, sofern sie sehr wichtige und fachlich zentrale Prozesse darstellen, im Modell gesondert ausgewiesen werden. Allerdings sollte man bei dieser Maßnahme größte Vorsicht walten lassen, da sie eine Abkehr von der rein ereignisorientierten Zerlegung bedeutet und somit eine Modellstruktur bewirkt, die nicht in vollständiger Übereinstimmung mit den Prinzipien der essenziellen Modellierung steht (vgl. [26]).

9.1.8 Optimierung des Analysemodells

Das vollständige Modell ist nochmals einer kritischen Prüfung zu unterziehen. Es ist dabei insbesondere festzustellen, ob die Zerlegung in Modellelemente eine gute Aussagekraft und Lesbarkeit des entstandenen Modells gewährleistet. Aufgrund der verschiedenen Integrationsschritte kann es zu äußerst umfassenden Modellelementen gekommen sein, die in sich zahlreiche Aspekte des modellierten Systems verbergen. Insbesondere für die Speicher ist zu prüfen, ob die vorgenommene objektorientierte Zerlegung nicht zu grob geraten ist und durch eine etwas feinere Zerlegung die Aussagekraft der Modelle nicht gesteigert werden könnte (vgl. [26]). Das Problem der gemeinsamen Teilaktivitäten, das bereits in Abschnitt 9.1.7 behandelt wurde, kann ohne Verletzung der Prinzipien der essenziellen Modellierung in diesem Arbeitsschritt auch durch verfeinerte Prozessspezifikationen gelöst werden. In allen Prozessspezifikationen, welche die gemeinsame Teilaktivität ausführen, wird dann auf eine separate Prozessspezifikation verwiesen, die ausschließlich die gemeinsame Teilaktivität beschreibt. Diese verfeinernde Prozessspezifikation hat dann keine Entsprechung im Datenflussdiagramm (vgl. [26]).

Abschließend ist das Datenflussdiagramm noch zu vergröbern, so dass zwischen Kontextdiagramm und Datenflussdiagramm der essenziellen Ebene Zwischenstufen entstehen. Dabei sind die Regularien, insbesondere die der Speicherkapselung, die in Abschnitt 6.3.4.8 behandelt wurden, zu beachten.

9.2 Ermittlung des essenziellen Systemkerns bei objektorientierter Analyse

Die Grundprobleme, die im Rahmen der essenziellen Modellierung zur Notwendigkeit der in Abschnitt 9.1 beschriebenen Arbeitsschritte führen, bestehen bei der objektorientierten Modellierung eines existierenden Systems in gleicher Weise. Auch mit den Mitteln der objektorientierten Modellierung gelingt es nicht, in einem Schritt ausgehend von der Implementation eines Systems direkt auf seinen fachlichen Kern zu schließen. Für die objektorientierte Ist-Analyse ist es also ebenfalls notwendig, den fachlichen Kern schrittweise im Analysemodell herauszuarbeiten. Zur Ermittlung dieses Kerns, der hier der Einfachheit halber auch in Bezug auf die objektorientierte Analyse als essenzieller Kern bezeichnet wird, gibt es bezogen auf die objektorientierte Analyse keinen derart umfassenden methodischen Ansatz, wie den, der von McMenamin und Palmer [26] bezogen auf die essenzielle Modellierung erarbeitet und in Abschnitt 9.1 dargestellt wurde. Viele der dort geschilderten Maßnahmen lassen sich jedoch auf die Verhältnisse bei der objektorientierten Analyse übertragen. Ganz generell ist auch bei diesem Modellierungsansatz das Prinzip der perfekten Technologie sehr hilfreich, um implementationsabhängige Modellbestandteile zu identifizieren.

Analog zu der in Abschnitt 9.1 beschriebenen Vorgehensweise ist zu Beginn ein objektorientiertes Modell des zu analysierenden Systems zu erstellen, welches das System so beschreibt, wie es implementiert ist. Aus diesem ersten Roh-Modell sind dann in der Folge die implementationsbezogenen, also die „physikalischen“ Eigenschaften zu entfernen. So ist zu prüfen, ob das statische Modell und insbesondere die darin enthaltene Aufteilung in Klassen tatsächlich die fachliche Struktur des betrachteten Systems widerspiegelt. In der Regel wird die Struktur des Modells zunächst auch Aspekte einer prozessorbezogenen Aufteilung enthalten. Abhängig davon, ob das Merkmal einer Zerstückelung oder eines Konglomerats vorliegt, müssen Klassen zusammengefasst oder aufgeteilt werden.

Gemäß der Vorgehensweise bei der objektorientierten Modellierung (vgl. Abschnitt 7.6.2) sind zu diesem Zweck für jede Klasse die in ihr zusammengefassten Attribute zu prüfen. Es ist zu entscheiden, ob die Zusammenfassung aus fachlicher Sicht sinnvoll ist. Eventuell sind in Klassen Attribute enthalten, deren fachlicher Zusammenhang zum Rest der Attribute nur schwach ausgeprägt ist. Diese sind aus der Klasse zu entfernen und für die Zuordnung zu anderen Klassen festzuhalten. Es ist durchaus typisch, dass sich bei diesem Vorgang die fachliche

Klarheit einer Klasse verbessert, was sich letztlich auch in einer angepassten, fachlich präziseren Bezeichnung der Klasse niederschlagen sollte. Für die Attribute, die nach einem Durchgang durch alle bisherigen Klassen entfernt wurden, ist zu prüfen, inwieweit diese den nun noch vorhandenen Klassen zugeordnet werden können, oder ob sie in neu zu schaffenden Klassen zu fachlich sinnvollen Einheiten verbunden werden können. In einem nächsten Schritt müssen alle Attribute darauf geprüft werden, ob sie fachlich notwendige Daten beschreiben, oder ob sie von implementationsbezogenen Eigenschaften des Systems abhängen. Im letztgenannten Fall sind die Attribute aus der Klassendefinition zu entfernen.

Sofern die statische Struktur des implementationsbezogenen Ist-Modells stark von der erwarteten Struktur des fachlich orientierten Modells abweicht, kann auch eine andere Vorgehensweise gewählt werden, die sich zunächst ausschließlich auf die im Ist-Modell enthaltenen Attribute stützt. Dabei werden alle Attribute aus allen Klassen in einer großen Attributmenge aufgelistet. Nun wird ausgehend von dieser Menge an Attributen nach fachlich sinnvollen Zusammenfassungen von Attributen gesucht (sogenannte *Objekt-Synthese*). Dieser Vorgang erfolgt so lange, bis alle Attribute einer Klasse zugeordnet sind. Auch bei dieser Vorgehensweise ist für jedes Attribut zu prüfen, ob es bei einer ausschließlich fachlich orientierten Sichtweise seine Berechtigung hat.

Die Veränderungen in der Menge und Zuordnung der Attribute müssen in der Folge dazu führen, dass die Methoden entsprechend angepasst werden. Wenn Attribute anderen Klassen zugeordnet werden, müssen die Methoden, die auf diesen Attributen arbeiten, ebenfalls verlagert werden. Es kann durch die neue Zuordnung von Attributen auch der Fall eintreten, dass Methoden, die in der früheren Struktur auf Attributen einer Klasse arbeiteten, nun die benötigten Attributwerte von anderen Klassen beschaffen müssen. In diesem Fall müssen entsprechende Zugriffsroutinen in die Klassen integriert werden. Derartige Routinen können entfernt werden, wenn durch die neue Zuordnung alle Attribute, auf denen eine Methode arbeitet, in einer Klassen zusammengefasst sind.

Hinsichtlich der in Abschnitt 9.1.3 behandelten Beseitigung von Infrastruktur- und Administrationsaktivitäten sind bei der objektorientierten Analyse primär die Methoden zu prüfen. Sofern Methoden nur der Weitergabe (unveränderter) Daten dienen oder die Qualität von Daten prüfen und sicherstellen, gehören diese nicht zum fachlichen Kern und sollten aus den Klassen des statischen Modells entfernt werden. Die dynamischen Teilmodelle sind entsprechend anzupassen. Evtl. existieren im statischen Modell auch Klassen, die ausschließlich der Weitergabe oder Prüfung von Daten dienen. Diese sind dann vollständig aus dem statischen Modell zu entfernen. Durch Anpassung der verbliebenen Klassen und ihrer Methoden ist

dann dafür zu sorgen, dass die fachlich notwendige Kommunikation zwischen den Klassen gewährleistet ist.
Im Zusammenhang mit der Kommunikation zwischen den Klassen ist auch der Aspekt der Pufferspeicher zu prüfen. Sofern Klassen der Zwischenspeicherung dienen, sind diese zu entfernen und durch Anpassung der Beziehungen zwischen den verbliebenen Klassen und der darauf aufsetzenden Methoden zu ersetzen.

9.3 Abschätzung und Reduzierung des Aufwandes einer Ist-Analyse

Der Aufwand für die Durchführung einer Ist-Analyse ist in der Regel hoch. Abgesehen von der Leitlinie, Ist-Analysen nur gut begründet und mit einer klaren Zielsetzung durchzuführen, muss daher nach Wegen gesucht werden, diesen Aufwand zu reduzieren oder zumindest den zu erwartenden Aufwand vorab abschätzen zu können.
Die Reduzierung des Aufwandes ist am ehesten zu erreichen, wenn für die Modellierung des Ist-Systems der Anspruch der Vollständigkeit aufgegeben wird (vgl. [35]). Ein Ansatzpunkt für eine Reduzierung des Aufwandes ist die frühzeitige Konzentration auf die geplanten Reaktionen des Systems und eine entsprechende Vernachlässigung der spontanen Hülle (vgl. Abschnitt 4.3.1). Wenn es möglich ist, sollte auch zu einem frühen Zeitpunkt der fachliche Kern im Mittelpunkt der Betrachtung stehen. Damit können viele implementationsbezogenen Aspekte von vornherein aus dem Modell herausgehalten werden, so dass sie nicht nachträglich mit entsprechendem Aufwand aus den Modellen entfernt werden müssen. Eine bereits vorhandene Systemdokumentation kann ebenfalls wesentlich zur Reduzierung des Aufwandes beitragen. Auch wenn diese Dokumentation in der Regel nicht vollständig verwendbar ist (sonst wäre die Ist-Analyse überflüssig), kann doch aus dem Analysemodell auf geeignet erscheinende Teile der Dokumentation verwiesen werden. So können beispielsweise vorhandene Definitionen von Datenstrukturen bei der Erstellung eines Datenkataloges genutzt bzw. verwiesen werden. Gleiches gilt für Beschreibungen von Algorithmen in der vorhandenen Dokumentation, die Teile einer erneuten Prozessspezifikation überflüssig machen können.
Ein Ansatz, mit dem eine halbwegs sichere Abschätzung des zu erwartenden Aufwandes gelingt, ist das sogenannte *Blitzen* des Systems (vgl. [35]). Bei dieser Vorgehensweise wird in einem knappen Zeitrahmen ein Roh-Modell des existierenden Systems erstellt, das ausschließlich dem Zweck der Aufwandsabschätzung dient. Daher können Mängel in der Qualität des Modells, insbesondere seine Unvollständigkeit, bewusst in Kauf genommen werden.
Als geeigneter Zeitrahmen für eine solche Untersuchung hat sich die Dauer von ein bis zwei Wochen bewährt. In dieser Zeit werden zunächst die Ziele des Systems

beschrieben. Soll die essenzielle Modellierung zum Einsatz kommen, wird davon ausgehend eine Ereignistabelle aufgestellt, die sich auf die Ereignisse konzentriert, die einen unmittelbaren Beitrag zur Zielsetzung leisten. Andere Ereignisse, die zum Beispiel Verwaltungsaktivitäten zur Pflege der Speicherinhalte auslösen, werden hierbei nicht berücksichtigt. Die Ereignistabelle wird durch ein vorläufiges Kontextdiagramm ergänzt, so dass ein Umgebungsmodell des Systems entsteht. Die Ereignistabelle wird genutzt, um eine erste Version eines Datenflussdiagramms der essenziellen Ebene zu erstellen; bei zahlreichen Speichern kann auch ein ER-Diagramm sinnvoll sein. Eine der Aktivitäten, die in dem Datenflussdiagramm enthalten sind, wird bis zu einer Prozessspezifikation detailliert modelliert. Der Aufwand für diese Modellierung in Verbindung mit den Informationen, die im Datenflussdiagramm, der Ereignistabelle und dem Kontextdiagramm enthalten sind, dient zur Abschätzung des Gesamtaufwandes der Untersuchung.

Im Rahmen einer objektorientierten Ist-Analyse sind ausgehend von der Zielbeschreibung des Systems zunächst entsprechende Anwendungsfalldiagramme zu erstellen. Für einen der Anwendungsfälle ist dann die Modellierung der statischen Struktur vorzunehmen, wobei alle Details der statischen Struktur zunächst ausgeblendet werden. So werden beispielsweise weder vollständige Attributspezifikationen geschrieben noch die Kardinalität der Assoziationen festgelegt. Davon ausgehend ist ein Szenario für den Anwendungsfall als dynamisches Modell abzubilden. Die damit dokumentierten Modellinhalte sind zwar inhaltlich unvollständig, können aber dennoch zu einer Abschätzung des Gesamtaufwandes dienen.

Teil E: Übergang zum Systementwurf

10 Entwurfsmodelle des strukturierten Designs

Die in Kapitel 6 beschriebenen Analysemodelle der strukturierten Analyse sollen in den meisten Fällen als Ausgangspunkt für einen sich anschließenden Entwurf eines Software-Systems dienen. Ausgehend von Analysemodellen der strukturierten Analyse können Entwurfsmodelle grundsätzlich mit beliebigen, geeignet erscheinenden Methoden erstellt werden. Das *strukturierte Design* ist jedoch das direkte methodische Gegenstück zur strukturierten Analyse (vgl. [33]) und besonders an die Charakteristika der Modelle der strukturierten Analyse angepasst. Insofern bietet sich eine Nutzung des strukturierten Designs beim Übergang von Modellen der strukturierten Analyse besonders an. Daher wird dieser Ansatz, ausgehend von der einzusetzenden Symbolik, in den folgenden Abschnitten beschrieben. Es sei schon an dieser Stelle darauf hingewiesen, dass die Umwandlung eines Modells der strukturierten Analyse in ein Modell des strukturierten Designs nicht in einem gleitenden Übergang erfolgen, sondern einen methodischen Bruch darstellt, der nur durch eine geeignete Vorgehensweise gemildert werden kann (vgl. [35]). Dieser Bruch beim Übergang zum Entwurf stellt im Vergleich mit den objektorientierten Ansätzen einen wesentlichen Nachteil der strukturierten Vorgehensweisen dar (vgl. Kapitel 11).

10.1 Modellnotationen des strukturierten Designs

Das strukturierte Design bietet zwei Notationen zur Repräsentation der Entwurfsmodelle. Zum einen können die Modelle in Form von Strukturdiagrammen (Structure Charts, vgl. [33]) dargestellt werden, einer grafischen Notation, die besonders geeignet ist, die Aufteilung eines Systems in Module und deren Aufruf- und Austauschbeziehungen darzustellen (vgl. Abschnitt 10.1.1). Zum anderen kann die textuelle Repräsentationsform der Modulspezifikationen genutzt werden, um die Inhalte der einzelnen Module näher beschreiben (vgl. Abschnitt 10.1.2).

10.1.1 Strukturdiagramme

Die Strukturdiagramme sind ein grafisches Darstellungsmittel, um die Module eines Systems, deren Aufrufbeziehungen und ihre Schnittstellen zum Datenaustausch im Überblick darzustellen (vgl. [33]).

10.1.1.1 Symbolik der Strukturdiagramme

Zentrales Darstellungselement ist das Rechteck als Symbol für ein einzelnes Modul, das mit einer Modulbezeichnung beschriftet ist (vgl. **Bild 10-1**). Sofern das Modul nicht spezifisch für das dargestellte System ist, sondern ein vordefiniertes Modul, das nicht neu erstellt werden muss (z.B. weil es sich um ein Bibliotheksmodul handelt), wird das Symbol durch zwei senkrechte Striche im Symbol zusätzlich vom normalen, zu erstellenden Modul abgehoben. Jedes Modul eines Software-Systems wird in Form eines solchen Rechtecks in einem Structure Chart dargestellt.

Wenn ein Modul ein anderes aufruft, um eine Funktionalität dieses anderen Moduls zu aktivieren und das Ergebnis zur Realisierung der eigenen Funktionalität zu nutzen, wird diese Aufrufbeziehung in Form einer Pfeilverbindung zwischen den Symbolen der beteiligten Module notiert, wobei die Pfeilspitze dabei in Richtung auf das aufgerufene Modul zeigt. Ein solcher Pfeil kann für eine beliebige Anzahl von Aufrufen aus dem einen in das andere Modul stehen. Er zeigt demnach lediglich an, dass überhaupt eine Abhängigkeit zwischen den Modulen in Form einer Aufrufbeziehung besteht.

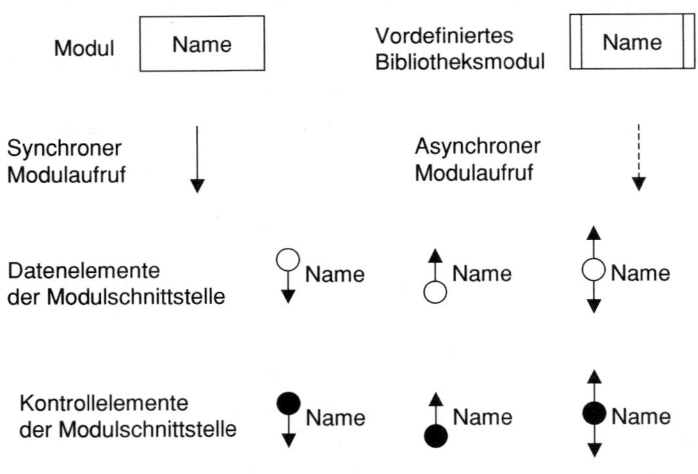

Bild 10-1 Symbole der Strukturdiagramme

Sofern eine Aufrufbeziehung besteht, kann neben der entsprechenden Pfeilverbindung dargestellt werden, welche Daten im Zusammenhang mit diesen Aufrufen ausgetauscht werden. Dazu dienen kleine Kreise mit einem Pfeil, der in Richtung des Datenflusses zeigt. Dabei wird noch unterschieden, ob es sich um ein Flag (d.h. einen booleschen Wert) oder um Daten aus anderen Wertebereichen handelt (vgl. **Bild 10-1**). Ein solches Symbol steht dabei für Daten, die als eine Einheit zwischen den Modulen übermittelt werden. Es kann sich somit um atomare Werte (z.B. einzelne Zahlen) oder aber auch um beliebig komplexe Datenstrukturen handeln, in denen zahlreiche Einzelwerte zusammengefasst sind (z.B. Adressen, Personendaten, Rechnung o.ä.). Der Name neben dem Symbol soll angeben, welchen Inhalt die übertragenen Daten haben. Wenn unterschiedliche Daten zu unterschiedlichen Zeitpunkten zwischen den Modulen ausgetauscht werden, müssen entsprechend viele Symbole an die Aufrufbeziehung angetragen werden (vgl. **Bild 10-2**)

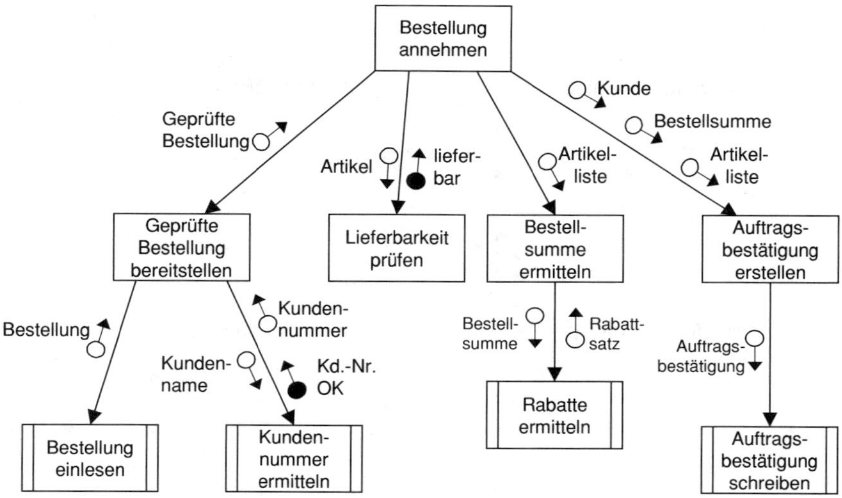

Bild 10-2 Beispiel für ein vollständiges Structure Chart

Die Bezeichnung in den Modulsymbolen ist so zu wählen, dass sie die Leistung des jeweiligen Moduls und aller von ihm aufgerufenen Module zusammenfassend beschreibt.

10.1.1.2 Layout von größeren Strukturdiagrammen

Um die Übersichtlichkeit auch bei großen Strukturdiagrammen zu gewährleisten und insbesondere auch zu viele sich kreuzende Pfeilverbindungen zu vermeiden, können sogenannte *Konnektoren* eingesetzt werden (vgl. [33]). Diese markieren die Verbindungspunkte zwischen Aufrufpfeilen, ohne dass diese in dem Structure Chart räumlich direkt benachbart sein müssen. Sofern sich ein Structure Chart über

eine Darstellungsseite hinaus erstreckt, ist es üblich, von der Seite, die Module in höheren Hierarchieebenen enthält, auf die Seite zu verweisen, auf welcher die aufgerufenen Module dargestellt sind. Um den Zusammenhang klar herzustellen, werden auf dieser Folgeseite die aufrufenden Module jeweils nochmals eingezeichnet.
Um die Lesbarkeit der Strukturdiagramme weiter zu erhöhen, hat sich eine bestimmte Verteilung von Modulen unterschiedlicher Kategorien im Diagramm bewährt. Dabei werden die in **Bild 10-3** dargestellten Modulkategorien unterschieden (vgl. [33]).

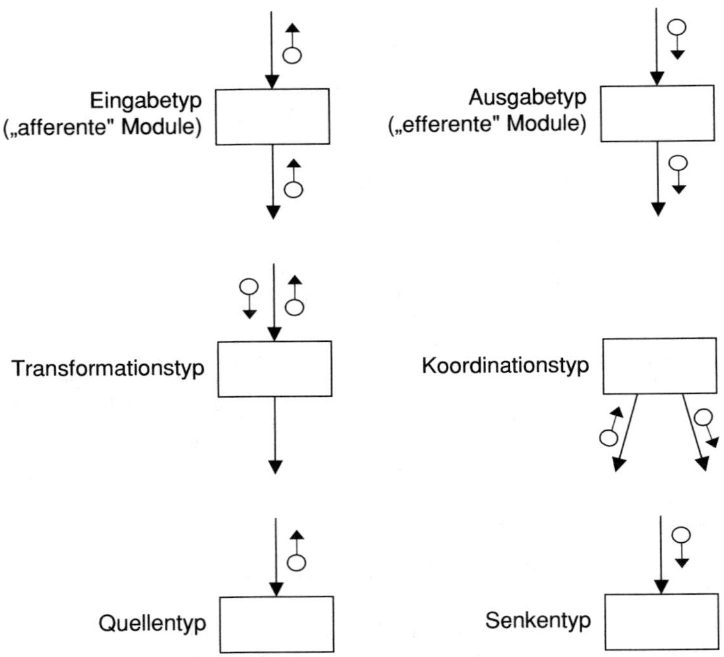

Bild 10-3 Modulkategorien hinsichtlich des Datenaustausches

Von diesen Kategorien ausgehend ist eine Verteilung der Module anzustreben, die in **Bild 10-4** wiedergegeben ist (vgl. [33]).
Bezogen auf die Datenflüsse ergibt sich damit eine Leserichtung in den Strukturdiagrammen, die links unten bei den Eingabedaten beginnt, dann über die höheren Hierarchieebenen zur Verarbeitung der Daten im mittleren Bereich der Struktur-

diagramme gelangt und schließlich rechts unten mit der Ausgabe der erzeugten Daten endet.

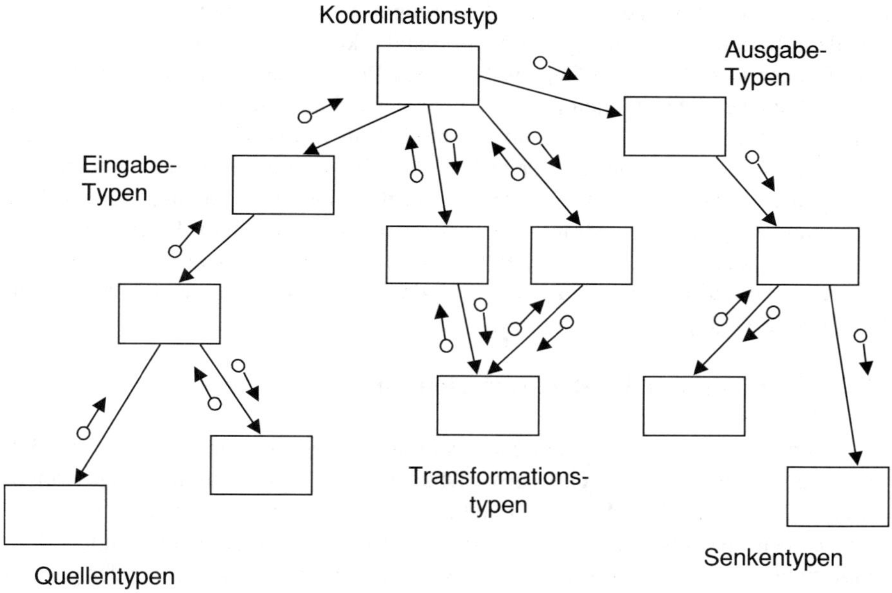

Bild 10-4 Positionierung von Modulen unterschiedlicher Kategorien in Strukturdiagrammen

10.1.2 Modulspezifikationen

Die Modulspezifikationen machen Angaben zu den Inhalten der Module, die in den Strukturdiagrammen dargestellt sind (vgl. [33]). Zu jedem der dort vorhandenen Module soll eine Modulspezifikation erstellt werden. Eine Ausnahme stellen nur die Bibliotheksmodule dar, zu denen eine Modulspezifikation bereits vorliegen sollte.

Die textuelle Spezifikation von Modulen teilt sich in einen Spezifikationskopf auf, der allgemeine Angaben enthält, und die Angaben, welche die Modulinhalte im Detail, d.h. insbesondere hinsichtlich der enthaltenen Algorithmen, beschreiben. Der Modulkopf enthält eine Angabe zur Modulbezeichnung (konsistent zur Bezeichnung des Moduls im Structure Chart), eine kurze, stichwortartige Beschreibung des Modulzwecks (d.h. welche Funktionalität vom Modul bereit-

gestellt wird), den Datenaustausch des Moduls (Eingangs- und Ausgangsgrößen), evtl. Vorbedingungen, die für eine Nutzung des Moduls gelten müssen, evtl. Nachbedingungen, die nach Aufruf des Moduls gelten, sowie ein Protokoll, aus dem die am Modul vorgenommenen Änderungen ersichtlich sind.
Zur detaillierten Beschreibung der Modulinhalte kommt in der Regel Pseudocode zum Einsatz (vgl. [33]). Im Gegensatz zu den Prozessspezifikationen der strukturierten Analyse, die sich auch an den Anwender richten und daher in strukturierter Sprache erstellt werden, ist das Entwurfsmodell für Entwickler gedacht, die in der Lage sein sollten, die eher an der technischen Umsetzung orientierten Formulierungen des Pseudocodes zu interpretieren (vgl. [35]). Grundsätzlich können hier auch andere sprachliche Mittel zur Dokumentation der Algorithmen eingesetzt werden. Angefangen bei natürlicher Sprache reicht das Spektrum bis hin zu formalen Spezifikationsmethoden wie der VDM (Vienna Development Method, vgl. [19]) oder Z (vgl. [35]).

10.2 Übergang von der strukturierten Analyse

In diesem Abschnitt wird beschrieben, wie ausgehend von einem Analysemodell der strukturierten Analyse ein Entwurfsmodell des strukturierten Designs abgeleitet werden kann. Das Verfahren stellt sicher, dass sich die Modellinhalte ausgehend vom Analysemodell vollständig im Entwurfsmodell wiederfinden. Das heißt nicht, dass das so entstandene Entwurfsmodell bereits ein gutes oder gar das optimale Entwurfsmodell für das zu entwickelnde System ist. Da das hier vorgestellte Verfahren ein heuristisches ist, muss die Qualität des Entwurfsmodells ausgehend von seiner ersten Version schrittweise gesteigert werden. Die Ansatzpunkte und Möglichkeiten hierzu werden dann in Abschnitt 10.3.2 erläutert.
Das hier vorgestellte Verfahren geht allgemein von Analysemodellen der strukturierten Analyse aus. Es beinhaltet keine Annahmen über speziellere methodische Vorgehensweisen, die bei der Erstellung des Analysemodells zugrundegelegt wurden (z.B. essenzielle Modellierung). Daher sind einige der im Folgenden beschriebenen Schritte dann überflüssig, wenn das Analysemodell bereits nach den Regularien der essenziellen Modellierung erstellt wurde. Darauf wird jeweils hingewiesen.
Die zentrale Frage bei diesem Übergang ist, wie man von einem Datenflussdiagramm der strukturierten Analyse zu einem Structure Chart der strukturierten Designs kommt. Diese Frage steht bei den folgenden Betrachtungen im Vordergrund. Die Nutzung der anderen Darstellungsformen der strukturierten Analyse im Kontext des Entwurfs und auch die Ableitung der Modulspezifikationen des strukturierten Designs ergibt sich davon ausgehend nahezu automatisch. Die erste

Arbeitsphase zur Umwandlung ist die Transaktionsanalyse. Daran schließt sich die Transformationsanalyse an.

10.2.1 Transaktionsanalyse

Das Ziel der Transaktionsanalyse ist die Zerlegung des Analysemodells in sogenannte *Transaktionen*. Als Transaktion wird im Kontext des strukturierten Designs der Modellausschnitt verstanden, der an der Reaktion des Systems auf eine spezifische Anforderung beteiligt ist (vgl. [33]). Um die Transaktionen erkennen zu können, werden zunächst *Transaktionstypen* identifiziert.
Die Transaktionstypen entsprechen vollkommen den Ereignissen, wie sie im Rahmen der essenziellen Modellierung spezifiziert werden (vgl. Abschnitt 6.3.3.1). Sofern das Analysemodell mit den Mitteln der essenziellen Modellierung erstellt wurde, liegen die Transaktionstypen somit unmittelbar vor. Andernfalls sind zum jetzigen Zeitpunkt die Ereignisse zu identifizieren, auf die das System fachbezogen reagieren muss. Dabei gelten alle Kriterien, wie sie in Abschnitt 6.3.3.1 formuliert sind.
Nach Vorliegen der Transaktionstypen (Ereignisse) können zu jedem Transaktionstypen die Teile des Datenflussdiagramms identifiziert werden, die an der Reaktion des Systems bis zur Erzeugung der zugehörigen Antwort beteiligt sind. Es handelt sich also jeweils um eine Sammlung von Prozessen, Speichern und Datenflüssen, die dem jeweiligen Transaktionstypen zugeordnet werden (vgl. [35]). Wenn das Analysemodell als Ergebnis einer essenziellen Modellierung entstanden ist, ist die Identifizierung der relevanten Ausschnitte von Datenflussdiagrammen sehr einfach. Auf der essenziellen Ebene ist jedem Transaktionstyp (Ereignis) genau ein Prozess zugeordnet, um den sich eventuell eine Reihe von Prozessen gruppiert, die der Administration und der Infrastruktur zuzuordnen sind.
Wenn die Datenflussdiagramme in gestufter Form vorliegen, und ausgehend von der essenziellen Ebene noch eine Ebene detaillierterer Datenflussdiagramme vorhanden ist, kann auch diese für die Aufteilung der Datenflussdiagramme genutzt werden. Die Zuordnung der detaillierteren Datenflussdiagramme zu einem Prozess auf essenzieller Ebene ist durch die Prozessnummerierung eindeutig herstellbar. Somit gehören alle Detaildiagramme, die einen essenziellen Prozess verfeinern, zu einem Transaktionstypen. Die separat vorliegenden Detaildiagramme müssen zur Vorbereitung auf die Transformationsanalyse anhand gemeinsamer Eingangs- bzw. Ausgangsflüsse zu einem zusammenhängenden Datenflussdiagramm verbunden werden, das letztlich einen Ausschnitt aus dem gesamten Datenflussdiagramm darstellt. Die anhand der Transaktionstypen abgegrenzten Ausschnitte der Datenfluss-

diagramme werden in der folgenden Transformationsanalyse jeweils separat behandelt.

10.2.2 Transformationsanalyse

Nach der Transaktionsanalyse mit eher vorbereitendem Charakter findet in der Transformationsanalyse die eigentliche Umwandlung in eine erste Version eines Strukturdiagramms statt (vgl. [35]). Der Kern der Transformationsanalyse besteht daraus, eine Hierarchie in die Systemelemente einzuführen, die sich dann als Aufrufhierarchie zwischen den Modulen in dem Structure Chart niederschlägt. Insgesamt besteht die Transformationsanalyse aus fünf Schritten (vgl. [33]):

- Erstellung eines Datenflussdiagramms für den jeweiligen Transaktionstypen (sofern es als Ergebnis der strukturierten Analyse nicht ohnehin vorliegt)
- Identifizierung der zentralen Transformation
- Erstellung eines ersten Roh-Strukturdiagramms
- Verbesserung des Strukturdiagramms durch Anwendung zusätzlicher Entwurfskriterien
- Prüfung der Angemessenheit der Strukturdiagramme im Verhältnis zum zugrundeliegenden Datenflussdiagramm

Der erste genannte Schritt muss hier nicht erläutert werden, da davon auszugehen ist, dass ein solches Datenflussdiagramm bereits vorliegt. Die anschließenden Schritte werden in den folgenden Abschnitten erläutert.

10.2.2.1 Identifizierung der zentralen Transformation

Die zentrale Transformation umfasst den Teil des bearbeiteten Datenflussdiagramms, der ausschließlich essenzielle, d.h. fachlich geprägte und implementationsunabhängige Bestandteile enthält (vgl. [33]). Wurde zur Erstellung die essenzielle Modellierung eingesetzt, bildet in den Datenflussdiagrammen, die als Resultat der Transaktionsanalyse entstanden sind, der eine essenzielle Prozess (bei Nutzung der essenziellen Ebene im Rahmen der Transaktionsanalyse) oder die zu seiner Verfeinerung abgeleiteten Prozesse (bei Nutzung der nächst detaillierteren Ebene von Datenflussdiagrammen) die zentrale Transformation.

Bei nicht-essenzieller Vorgehensweise zur Erstellung des Analysemodells gilt es, die zentrale Transformation vom Rest des Datenflussdiagramms abzugrenzen (vgl. [3] u. [33]). Die Abgrenzung orientiert sich dabei am Charakter der Datenflüsse. So sind alle Eingangsflüsse in das Datenflussdiagramm hinein über die Prozesse hinweg zu prüfen, an welcher Stelle vor dem Beginn der eigentlichen Verarbeitung sie einen vollständig essenziellen, d.h. ausschließlich fachlich geprägten Charakter haben. Der jeweilige Datenfluss wird markiert. Ebenso werden die ausgehenden Datenflüsse markiert, die unmittelbar an die Verarbeitung anschließend noch vollständig essenziellen, d.h. implementationsunabhängigen Charakter haben. Die markierten Datenflüsse werden durch eine Linie verbunden. Innerhalb des nun abgegrenzten Ausschnittes des Datenflussdiagramms befindet sich die zentrale Transformation (vgl. **Bild 10-5**).

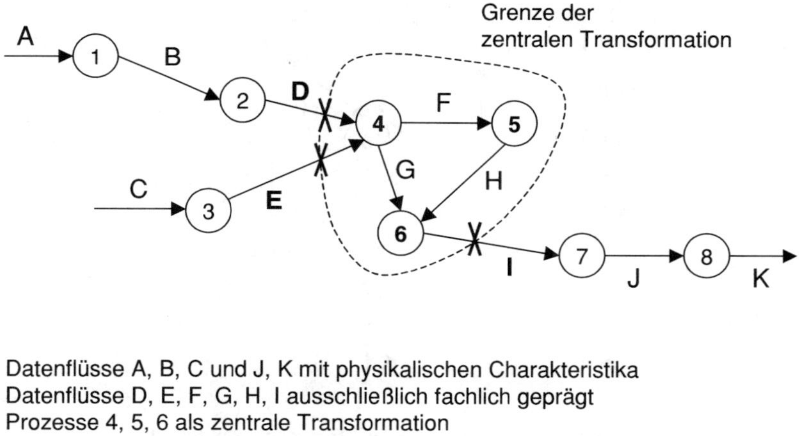

Bild 10-5 Abgrenzung der zentralen Transformation bei nicht-essenziellem Analysemodell

10.2.2.2 Erstellung einer ersten Version des Strukturdiagramms

Die zentrale Transformation ist der Anknüpfungspunkt für die Einführung einer Hierarchie in die im Datenflussdiagramm enthaltenen Prozesse, um eine entsprechende Aufrufhierarchie gestalten zu können. So sind alle Prozesse, die in der zentralen Transformation enthalten sind, darauf zu prüfen, ob sie den Charakter eines übergeordneten Prozesses besitzen. Wenn die zentrale Transformation nur einen (essenziellen) Prozess enthält, wird dieser Prozess für die weitere Umformung genutzt (vgl. [35]). Liegen mehrere Prozesse in der zentralen Transformation, ist diese Entscheidung in vielen Fällen nicht eindeutig zu treffen. Anzeichen für eine Eignung eines Prozesses als übergeordneter Prozess ist eine umfangreiche Datenverteilung an andere Prozesse bei einem gleichzeitig relativ geringen Umfang an Verarbeitung der Daten (vgl. [33]). Häufig erscheinen derartige Prozesse „wie eine Spinne im Netz“ der Datenflüsse. Kann ein solcher Prozess identifiziert werden, wird dieser Prozess an die Spitze über alle anderen Prozesse gehoben, wobei alle Datenflüsse zwischen den Prozessen erhalten bleiben. Die anderen Prozesse hängen somit über ihre Datenflüsse an dem übergeordneten Prozess (**Bild 10-6**).

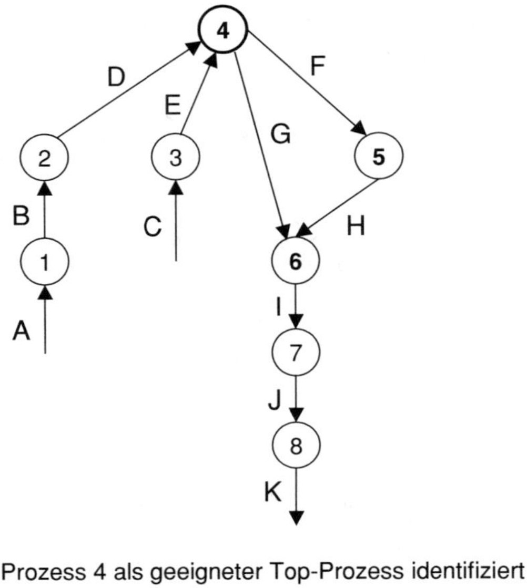

Bild 10-6 Einführung einer Hierarchie ausgehend von einem Prozess der zentralen Transformation (vgl. **Bild 10-5**)

Wenn in der zentralen Transformation kein geeigneter Prozess als Top-Prozess einer Hierarchie identifiziert werden kann, sollte ein neuer Prozess eingeführt werden, der als Top-Prozess dient (vgl. [33]). An diesen neuen Prozess werden die Diagrammteile, die mit der zentralen Transformation verbunden sind, direkt mit ihren Datenflüssen angehängt. Die zentrale Transformation wird in Form eines zusätzlichen Prozesses zusammengefasst, der ebenfalls an den neuen Top-Prozess angehängt wird. Die Bestandteile der zentralen Transformation wiederum werden an diesen zusätzlichen Prozess angehängt, der die zentrale Transformation zusammenfassend repräsentiert.

In **Bild 10-7** ist eine Beispielkonstellation für diese Vorgehensweise gezeigt, bei der ein neuer zusätzlicher Top-Prozess (Prozess 0) eingefügt und die zentrale Transformation durch einen zusätzlichen Prozess repräsentiert wird (Prozess ZT), an den die Prozesse der zentralen Transformation angehängt sind. Jeglicher Datenfluss (auch zwischen den Prozessen der zentralen Transformation) läuft unter Vermittlung des neuen Prozesses ab.

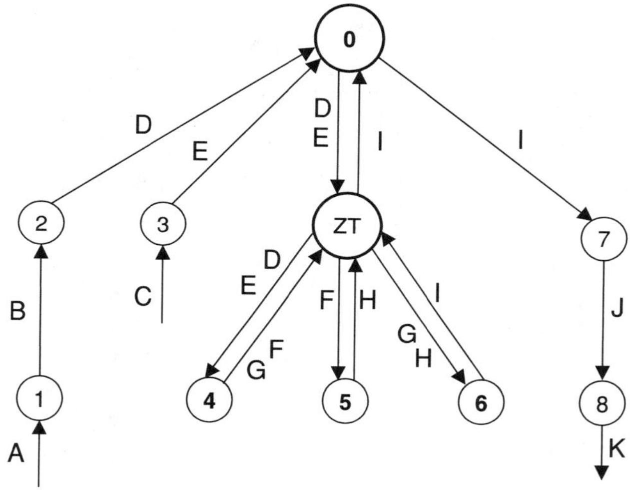

Bild 10-7 Einführung einer Hierarchie mit Hilfe eines neuen Prozesses (vgl. **Bild 10-5**)

Die Prozesssymbole werden dann in Modulsymbole des strukturierten Designs umgewandelt. Im nächsten Teilschritt werden die Datenflusspfeile durch Umkehrung der Pfeilrichtung in Aufrufpfeile umgewandelt. Der Datenaustausch wird in Form von Datensymbolen des strukturierten Designs zusätzlich an den Aufrufpfeilen notiert. Für die Datenflüsse, die bezogen auf den jeweiligen Transaktionstypen als Eingangs- oder Ausgangsflüsse zu betrachten sind, müssen zuvor jeweils zusätzliche Lese- bzw. Schreibmodule ergänzt werden. Diese sorgen im Entwurfsmodell für die Bereitstellung der jeweils benötigten Daten bzw. liefern die Daten an die Systemumgebung ab (vgl. **Bild 10-8**).
In der Regel sind auch die Bezeichnungen der Prozesse nicht direkt für die Übernahme in ein Structure Chart geeignet. Die Benennung ist so zu verändern, dass die Bezeichnung der höheren Module nicht nur deren direkt enthaltene Funktionalität beschreibt, sondern auch die Funktionen, die durch Module der tieferen Ebenen in die höheren Module importiert werden.

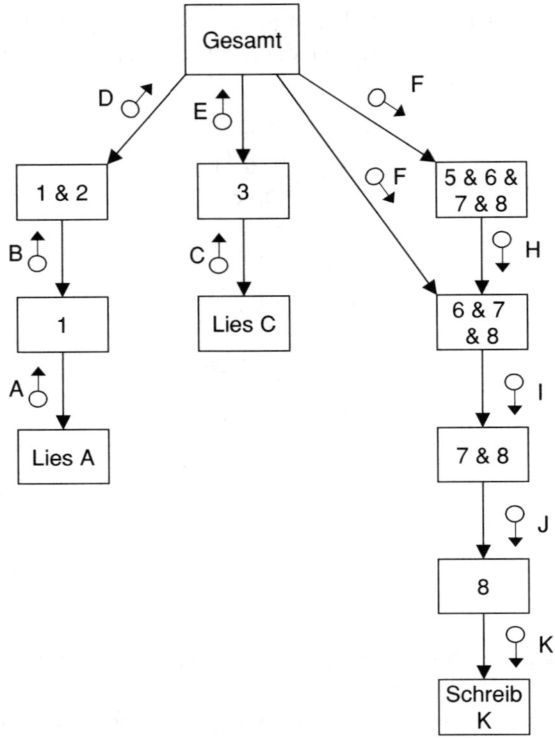

Bild 10-8 Structure Chart in erster Version als Ergebnis der Transformationsanalyse (vgl. **Bild 10-6**)

Da aufgrund der Transaktionsanalyse und der separaten Bearbeitung der darin entstandenen Datenflussdiagrammausschnitte nun auch separate Strukturdiagramme für jeden Transaktionstypen vorliegen, müssen diese wieder zu einem Ganzen zusammengefasst werden. Dazu dient ein gesondertes Modul, das als *Transaktionszentrum* die Verteilung der Anforderungen an das System gemäß der Transaktionstypen an die Top-Module der separaten Strukturdiagramme vornimmt und diese dadurch verbindet (vgl. [35] und **Bild 10-9**)

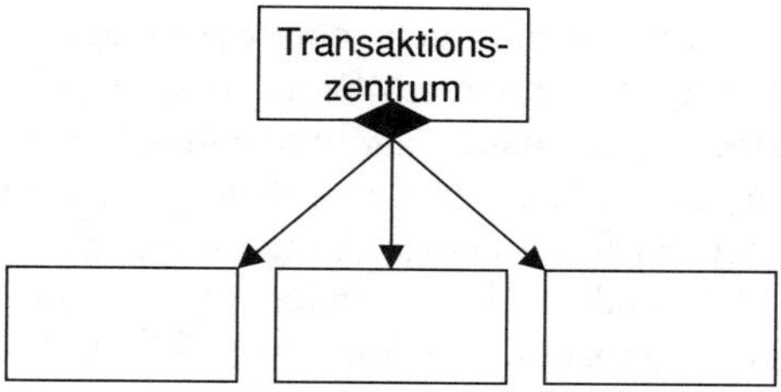

Bild 10-9 Transaktionszentrum in Strukturdiagrammen

Damit ist die Erstellung einer ersten, noch rohen Version eines Strukturdiagramms für das zu entwickelnde System abgeschlossen. Diese Version ist in den folgenden Entwurfsschritten durch Anwendung von Entwurfskriterien und -maßnahmen zu einem qualitativ besseren Entwurf weiterzuentwickeln. Die hierbei anwendbaren Kriterien und Maßnahmen werden im folgenden Abschnitt vorgestellt.

10.3 Verbesserung der Entwurfsqualität

Das in Abschnitt 10.2 beschriebene Verfahren liefert der Regel kein Entwurfsmodell, das sinnvoll als Grundlage einer Realisierung des Systems dienen kann. Die Qualität des Modell ist noch unzureichend und muss durch weitere Maßnahmen auf ein akzeptables Niveau gebracht werden. Ausgehend von einer kurzen Darstellung der wesentlichen Qualitätsmerkmale, die dabei im Fokus stehen, werden diese Maßnahmen in den folgenden Abschnitten beschrieben.

10.3.1 Qualitätsmerkmale des Entwurfs

Die Qualität eines Entwurfsmodells wird im Wesentlichen durch die folgenden zwei Eigenschaften der enthaltenen Module geprägt (vgl. [33]):

- Modulkopplung
- Modulzusammenhalt

Die Eigenschaft der *Modulkopplung* beschreibt die Anzahl und Art des Datenaustausches zwischen den Modulen. Um eine möglichst große Unabhängigkeit der Module voneinander zu erreichen, ist die Modulkopplung beim Entwurf zu minimieren. Dies betrifft sowohl die Anzahl als auch die Art der ausgetauschten Daten. Es ist unmittelbar plausibel, dass der Austausch einer zusammengesetzten, evtl. komplexen und heterogenen Datenstruktur zwei Module viel stärker aneinander koppelt als der Austausch von Daten einfacher Datentypen.

Problematisch ist auch der Austausch von booleschen Flags, obwohl diese auf dem einfachsten aller Datentypen basieren. Wenn diese Flags den Zweck haben, Zustände zu beschreiben (sogenannte *Descriptive flags*), dann sind sie unkritisch. Wenn sie jedoch benutzt werden, um die Abläufe in dem Modul, in das sie als Eingangsdaten eingehen, zu steuern (sogenannte *Control flags*), beeinträchtigt dies die Unabhängigkeit der Module untereinander. In dem Modul, das die Control flags erzeugt, müssen Information über die innere Logik des Moduls vorhanden sein, an das die Control flags geschickt werden.

Die Eigenschaft des *Modulzusammenhalts* beschreibt die Stärke der Beziehungen zwischen den Inhalten eines Moduls. Um die Qualität eines Entwurfs zu steigern, sollte der Modulzusammenhalt bezogen auf jedes einzelne Modul und damit für die Gesamtheit der Module maximiert werden. Beziehungen, die zur Gewährleistung eines guten Modulzusammenhalts anzustreben sind, sind primär semantischer Natur. Wenn in einem Modul gerade die Funktionalitäten und Datenstrukturen zusammengefasst sind, die der Realisierung einer semantisch klar abgrenzbaren Funktionalität dienen, dann ist ein sogenannter *funktionaler Zusammenhalt* gegeben, der das Optimum an Zusammenhalt darstellt.
Aber auch ein sogenannter *sequentieller Zusammenhalt*, bei dem die Inhalte eines Moduls in einer festen Folge zur Anwendung kommen, gehört zu den positiven Formen von Beziehungen zwischen Modulbestandteilen. Gleiches gilt für den sogenannten *kommunizierenden Zusammenhalt*, der gegeben ist, wenn unterschiedliche Funktionen auf einem gemeinsamen Datenbestand arbeiten. Dieser stellt dann eine Beziehung zwischen den eventuell sehr unterschiedlichen Funktionen her. Alle anderen Formen von Beziehungen zwischen Modulinhalten leisten keinen positiven Beitrag zur Eigenschaft des Modulzusammenhalts.

10.3.2 Maßnahmen zur Steigerung der Entwurfsqualität

Die folgenden Maßnahmen können einen Beitrag zur Steigerung der Entwurfsqualität leisten, indem sie die in Abschnitt 10.3.1 erwähnten Merkmale der Modulkopplung und des Modulzusammenhalts verbessern helfen und auch darüber hinaus für eine größtmögliche Unabhängigkeit (Lokalität) der Module untereinander sorgen.

10.3.2.1 Faktorisieren von Modulen

Unter dem Faktorisieren von Modulen wird das Herauslösen von Teilen aus Modulen und die Zusammenführung dieser Teile in neue Module verstanden (vgl. [33]). Zielrichtung dabei ist es primär, die Modulkopplung zu verringern und den

Modulzusammenhalt zu stärken. Durch die Verkleinerung des Umfangs der Module, der durch das Faktorisieren erreicht wird, gelingt es beispielsweise, einen Teil der Datenaustauschbeziehungen, die bisher in einem Modul vereinigt waren, auf mehrere Module zu verteilen und damit die Modulkopplung zu verringern. Ebenso kann das Faktorisieren genutzt werden, um Modulbestandteile, die keinen sinnvollen Zusammenhalt zu den anderen Modulbestandteilen aufweisen, aus einem Modul zu entfernen und damit den Modulzusammenhalt insgesamt zu verbessern.
Neben der Verbesserung der Kopplung und des Zusammenhalts ist auch die schlichte Reduzierung des Modulumfangs häufig ein positiver Effekt des Faktorisierens. Gerade wenn ein vollständiger Prozess der essenziellen Ebene als zentrale Transformation genutzt wird (vgl. Abschnitt 10.2.2.1), kann der Umfang des daraus abgeleiteten Moduls zu groß sein. Eine Leitlinie, welche die Vorgehensweise beim Faktorisieren prägen kann, bilden die Verfeinerungen der Prozesse in den gestuften Datenflussdiagrammen der strukturierten Analyse. Da hier bereits eine Zerlegung nach fachlichen Kriterien erfolgt ist, kann versucht werden, diese Zerlegung auf die entsprechenden Module zu übertragen (vgl. [3]).
Eine weitere Orientierung zur Zerlegung der Module ist auch die Schaffung einer Schichtenarchitektur, in der Module, die eine gleichartige Rolle spielen, auf einer Ebene der Aufrufhierarchie zusammengefasst sind (vgl. [35]). Eine einfache Schichtenarchitektur, die häufig angestrebt wird, ist beispielsweise eine Unterscheidung von Modulen zur Ablaufsteuerung, zur Verarbeitung und eine Ebene von Hilfsmodulen mit allgemein einsetzbaren Funktionalitäten.
Durch das Herauslösen von Modulbestandteilen, die in mehreren Modulen gleichartig enthalten sind, kann es auch gelingen, Redundanzen im Entwurfsmodell zu vermeiden und diese Bestandteile in allgemein benutzbaren Modulen zusammenzufassen.

10.3.2.2 Unnötige Datenweitergabe vermeiden

Häufig wird die Modulkopplung unnötigerweise dadurch erhöht, dass Daten ohne Verarbeitung von Modul zu Modul weitergereicht werden (sogenannte *Tramp Data*, vgl. [33]). Dieses Merkmal im Entwurfsmodell verschleiert darüber hinaus die wahre Herkunft der weitergereichten Daten.
Wenn die weitergereichten Daten zusammen mit anderen Daten in einem Modul entstehen, muss deren Erzeugung zunächst von der Erzeugung der anderen Daten getrennt und als separates Modul aufgenommen werden. Das Modul, in dem die weitergereichten Daten entstehen, sollte dann möglichst direkt von einem Modul aufgerufen werden, das die Daten verwendet. Die Aufrufbeziehungen müssen entsprechend angepasst werden.

10.3.2.3 Decision Splits vermeiden

Jede Entscheidung in den Abläufen eines Systems besteht aus einem erkennenden Teil, der die Entscheidungskonstellation einordnet, und aus einem ausführenden Teil, in dem die zur Konstellation passenden Aktivitäten ausgeführt werden (vgl. [33]). So ist beispielsweise beim Eintragen von Daten in eine Datenbank das Erkennen einer Inkonsistenz im Datenbestand von den daraus resultierenden Maßnahmen zu unterscheiden.

Wenn das Erkennen einer Entscheidungssituation in einem anderen Modul als die daraus resultierenden Maßnahmen erfolgt, liegt ein sogenannter *Decision Split* vor. Anzeichen für Decision Splits sind in der Regel Flags, die von einem Modul zum anderen übertragen werden (Control flags als Tramp Data). Da derartige Decision Splits die Unabhängigkeit der Module gefährden, sollte beim Entwurf versucht werden, durch Faktorisieren der Module die Decision Splits zu verringern. Während „kleine" Decision Splits, d.h. die Verteilung von Erkennung und Ausführung auf zwei Module, die in direkter Aufrufbeziehung stehen, noch akzeptabel sind, sollte bei einer Verteilung über mehrere Aufrufschritte die Modulstruktur entsprechend verändert werden.

10.3.2.4 Balancierte Systeme anstreben

Von balancierten Systemen wird im Kontext des strukturierten Designs immer dann gesprochen, wenn die Daten, die in ein System hineinwandern und durch die Aufrufhierarchie in die höheren Ebenen der Module gelangen, nur in den unteren Ebenen der Aufrufhierarchie implementationsbezogene, evtl. auch technisch geprägte Merkmale beinhalten (vgl. [33]). Gleiches muss für die Ausgangsdaten gelten, die erst in den unteren Ebenen der Modulhierarchie an die technischen Notwendigkeiten angepasst werden sollen.

Idealerweise begrenzen sich diese implementationsbezogenen Eigenschaften der Eingangs- und Ausgangsdaten ausschließlich auf die unterste Modulebene, die Lese- und Schreibmodule. In diesen sollte eine Umwandlung in Daten erfolgen, die ausschließlich fachlich geprägt sind. Mit dieser Maßnahme soll erreicht werden, dass die höheren, zumindest jedoch die oberen Ebenen der Modulhierarchie von den technischen Eigenschaften der Ein- und Ausgabegeräte unabhängig und von entsprechenden Änderungen nicht beeinflusst sind. Es sei nochmals explizit hervorgehoben, dass das Merkmal der Balance in einem Entwurfsmodell somit keine Frage des Layouts der Strukturdiagramme ist.

Bei Systemen, in denen dieses Merkmal nicht gegeben ist, müssten bei einer Veränderung der Eingabe- und Ausgabeformate (z.B. bei Wechsel eines Eingabegerätes) alle Module an die veränderten Formate angepasst werden. Derartige

Systeme werden als *physikalisch-input-getriebene* bzw. *physikalisch-output-getriebene* Systeme bezeichnet.

10.3.2.5 Aufrufbeziehungen kontrollieren

Die Aufrufbeziehungen zwischen den Modulen prägen maßgeblich deren Abhängigkeiten untereinander. Daher sollte versucht werden, mit einer angemessenen Aufteilung der Module durch das Faktorisieren eine Konstellation von Aufrufbeziehungen herzustellen, die eine sinnvolle Unabhängigkeit der Module einerseits und eine angemessene Nutzbarkeit der Module andererseits sicherstellt (vgl. [35]).
So sollte die Zahl der von einem Modul aufgerufenen Module (der sogenannter *Fan-Out* eines Moduls) auf eine überschaubare Größenordnung reduziert werden (vgl. [33]). Sinnvoll erscheint im allgemeinen, eine Obergrenze von sieben bis zehn aufgerufenen Modulen einzuhalten. Eine Ausnahme stellt lediglich das Transaktionszentrum dar, das die Verteilung der Anforderungen an das System auf die verschiedenen Ausschnitte der Systemfunktionalität vornimmt (vgl. Abschnitt 10.2.2.2). Sollte die Zahl der aufgerufenen Module zu hoch sein, kann sowohl das Aufteilen des aufrufenden Moduls als auch eine Zusammenfassung von aufgerufenen Modulen ein Ansatzpunkt für eine Reduzierung der aufgerufenen Module sein.
Die Zahl der Module, die bestimmtes Modul aufrufen (sogenannter *Fan-In*), sollte möglichst gesteigert werden, da dies ein Indiz für die Nützlichkeit und die vielseitige Verwendbarkeit der Modulinhalte ist. Erreicht werden kann eine Erhöhung der Zahl der aufrufenden Module zum einen durch eine Beseitigung von Restriktionen beim Aufruf des Moduls (z.B. die Notwendigkeit sehr spezifischer Eingangsdaten), zum anderen kann durch die Zusammenfassung von Inhalten mehrerer Module in einem dessen Aufrufhäufigkeit erhöht werden. Bei dieser Maßnahme ist jedoch zu beachten, dass die Zusammenfassung nicht im Widerspruch zu anderen Entwurfskriterien und -maßnahmen stehen darf. Insbesondere darf durch die Zusammenfassung kein problematischer oder zu loser Zusammenhalt zwischen den Modulinhalten entstehen. Des Weiteren ist darauf zu achten, dass die Schnittstelle eines aufgerufenen Moduls zu allen aufrufenden Modulen die gleiche sein soll.

10.3.3 Prüfung des Entwurfsergebnisses

Die Kriterien und Maßnahmen, die im Verlauf des Entwurfsprozesses eine Rolle spielen, können dazu führen, dass die Spezifikation, wie sie in Form des Analysemodells vorliegt, in Teilen nicht mehr durch das Entwurfsmodell abgedeckt ist. Ein Beispiel könnte sein, dass durch die Beseitigung eines Decision Splits (vgl.

Abschnitt 10.3.2.3) einige Systemausschnitte keine Information mehr über die Entscheidungssituation erhalten, was jedoch ausgehend vom Analysemodell erforderlich wäre.

Das genannte Beispiel deutet darauf hin, dass die Modelltransformationen, die im Verlaufe des strukturierten Designs erfolgen, keinesfalls schematisch und ohne ständige Berücksichtigung der Anforderungen vorgenommen werden dürfen. Alle Entwurfskriterien und -maßnahmen finden dort ihre Begrenzung, wo sie zu einem Entwurfsmodell führen, das die ursprünglichen Anforderungen nicht mehr abdecken kann. Es gehört daher zum Gesamtverfahren, dass nach einer angemessenen Zahl von Gestaltungsschritten das Entwurfsmodell daraufhin überprüft wird, ob es im Lichte der Anforderungen noch angemessen ist (vgl. [33]). Dieses Wechselspiel zwischen Gestaltung und Prüfung des Entwurfsmodells ist im Verlaufe eines Entwurfs in der Regel wiederholt durchzuführen, bis ein Entwurfsmodell entstanden ist, das die Anforderungen sicher abdeckt und den Entwurfskriterien so weit wie möglich entspricht.

11 Entwurfsmodelle des objektorientierten Design

Die in Kapitel 7 beschriebenen Modelle der objektorientierten Analyse können ohne methodische und darstellerische Brüche in einem gleitenden Übergang in objektorientierte Entwurfsmodelle überführt werden (vgl. [7]). Damit ist der Aufwand des Übergangs von einem Analyse- zu einem Entwurfsmodell im Rahmen der objektorientierten Ansätze wesentlich geringer als bei den strukturierten Modellierungskonzepten. Im Rahmen der Objektorientierung geht es im Wesentlichen um Ergänzung und Konkretisierung des Analysemodells, um implementationsbezogene Aspekte in die Modelle aufzunehmen. Ein grundsätzlicher Wechsel der Symbolik und der Aufteilung in Modellelemente ist nicht erforderlich. Im folgenden Abschnitt werden die notwendigen Veränderungen auf dem Weg vom objektorientierten Analysemodell zu einem objektorientierten Entwurfsmodell beschrieben. Es schließt sich im nächsten Abschnitt eine einführende Erläuterung zu den Entwurfsmustern an, die als Einstieg in diese Thematik gedacht ist und insbesondere deutlich machen soll, welche Rolle Entwurfsmuster bei der Gestaltung von Entwurfsmodellen spielen können.

11.1 Transformation der Analysemodelle

Von der Transformation des Analysemodells in ein Entwurfsmodell ist sowohl das statische Modell mit den Klassen und ihren Beziehungen als auch das dynamische Modell mit den Szenarios betroffen. Im Kontext des Entwurfs kommt auch den Zustandsdiagrammen eine erweiterte Bedeutung zu. Die resultierenden Veränderungen ausgehend von den objektorientierten Analysemodellen werden in den folgenden Abschnitten erläutert. Dabei werden häufig bereits Aspekte der Implementation berücksichtigt. Dies hebt zwar die häufig geforderte klare Trennung zwischen Konzeption und Implementation teilweise auf, wird in der Regel im Kontext der Objektorientierung jedoch als angemessen eingeschätzt. Dies beruht darauf, dass in diesem Kontext auch der Übergang von Konzeption zur Realisierung sehr direkt erfolgen kann.

11.1.1 Veränderungen der Klassen

Die bestehenden Klassen im statischen Modell müssen so angepasst werden, dass sie in der Folge mit einer objektorientierten Programmiersprache möglichst direkt umgesetzt werden können. Dazu gehört eventuell eine Anpassung der Bezeichner. Während die Bezeichner im Analysemodell vor allem den fachlichen Aspekt wiedergeben sollen, müssen diese im Entwurfsmodell die syntaktischen Restriktionen der eingesetzten Programmiersprache bereits berücksichtigen. Dazu gehört in der Regel auch, dass eine Übersetzung in die englische Sprache erfolgt, da die Programmiersprachen und auch eventuell einzusetzende Bibliotheken in der englischen Sprache formuliert sind. Auf diese Weise kann eine einheitliche Sprache im realisierten Gesamtsystem gewährleistet werden.
Des Weiteren empfiehlt es sich, die Architektur des Gesamtsystems hinsichtlich der größeren Funktionskomponenten und Systemebenen auch im statischen Modell deutlich zu machen. Dies kann mit Hilfe von Stereotypen geschehen, welche die Zugehörigkeit von Klassen zu größeren Einheiten des Systems beschreiben (vgl. Abschnitt 7.3.1.1). Dabei können auch die Bezeichner der Pakete sinnvoll eingesetzt werden, sofern diese zur übergeordneten Strukturierung des Gesamtmodells eingesetzt werden (vgl. Abschnitt 11.1.2.3).

11.1.1.1 Einführung zusätzlicher Klassen

Die Objektverwaltung, die den Klassen im Analysemodell implizit zugesprochen wird, muss im Entwurfsmodell explizit abgebildet werden. Zu diesem Zweck sind in das Entwurfsmodell sogenannte *Containerklassen* aufzunehmen, die einen Zugriff auf alle Instanzen einer anderen Klasse ermöglichen und so geeignet sind, die Verwaltungsfunktionen umzusetzen. Realisiert wird dies zur Laufzeit über Objekte dieser Containerklassen, die sogenannten *Container* (vgl. [2]).
Die Operationen dienen zum Aufbau bzw. zur Beseitigung von Referenzen auf die im Container zusammengefassten Objekte. Die Referenzen werden in der Regel in Form von Listen, Mengen oder Hash-Tabellen geführt. Wenn bereits im Analysemodell Operationen der Objektverwaltung explizit ausgewiesen sind (in Form von Klassenoperationen), werden diese zu Objektoperationen in der Containerklasse. Im Entwurfsmodell ist die Verbindung zwischen einer Containerklasse und der Klasse der von ihr verwalteten Objekte in der Regel als Komposition modelliert (vgl. **Bild 11-1**). Die in diesem Bild sichtbare Pfeilspitze an der Verbindungslinie der Komposition ist in objektorientierten Entwurfsmodellen typisch, da hier die Festlegung einer Navigationsrichtung entlang der Verbindungen erfolgt (vgl. Abschnitt 11.1.2.1).

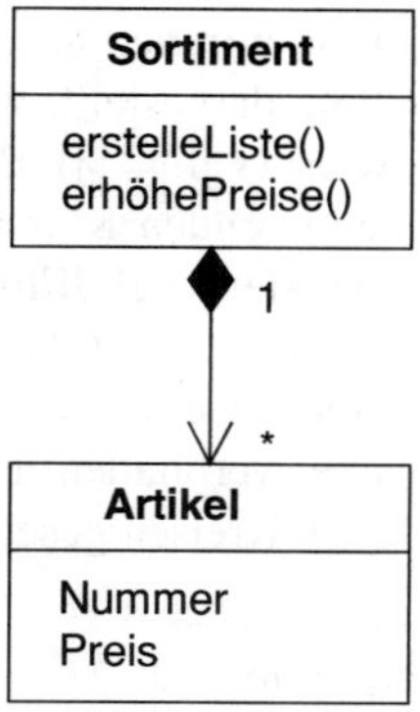

Bild 11-1 Containerklasse und Klasse der verwalteten Objekte

Eine Ergänzung des statischen Modells, die eine etwas andere Qualität besitzt als die bisher behandelten Klassen, stellen die sogenannten *Schnittstellen* (oder auch Interfaces) dar. Entsprechend ihrem Namen spezifizieren die Schnittstellen eine Sammlung von Operationen einschließlich der Signaturen dieser Operationen, über die Klassen mit ihrer Umgebung kommunizieren können. Eine solche Schnittstelle besitzt keine Attribute, Zustände oder Implementierung, sie entspricht vielmehr einer abstrakten Klasse, die ausschließlich abstrakte Operationen definiert (vgl. [32]). Sie spezifiziert damit lediglich den Rahmen für einen Nachrichtenaustausch zwischen den Klassen, welche die jeweilige Schnittstelle implementieren. Damit wird unabhängig von den implementierenden Klassen eine Einheitlichkeit in das Entwurfsmodell eingeführt, die auch eine Unabhängigkeit des Entwurfs von seiner Umsetzung gewährleistet.

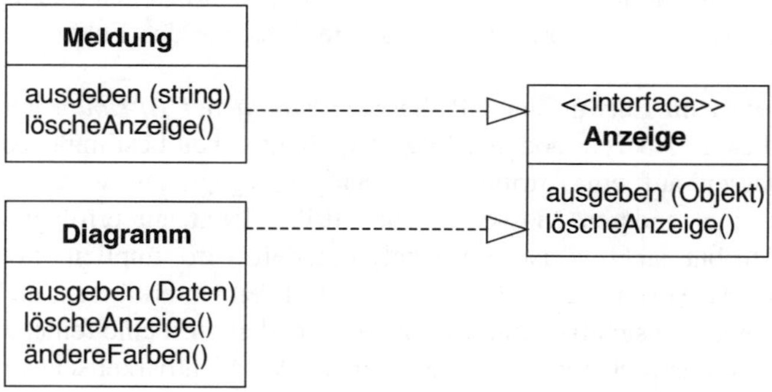

Bild 11-2 Schnittstelle und implementierende Klassen

Schnittstellen werden in den objektorientierten Modellen gemäß der UML-Spezifikation mit Hilfe der Klassensymbole dargestellt, wobei der Stereotyp «interface» auf die Rolle als Schnittstelle hinweist (vgl. [31]). Die Beziehungen zwischen einer Schnittstelle und den sie implementierenden Klassen wird durch ein Vererbungssymbol mit gestrichelter Linie visualisiert (vgl. **Bild 11-2**).
Als verkürzte Notationsvariante wird in der UML die in **Bild 11-3** dargestellte Symbolik verwendet, bei der das Interface nur als kleiner Kreis sichtbar wird, der mit der implementierenden Klasse verbunden ist. Nutzer dieser Schnittstelle können dann in Beziehung mit diesen Kreisen gesetzt werden (vgl. [38]).

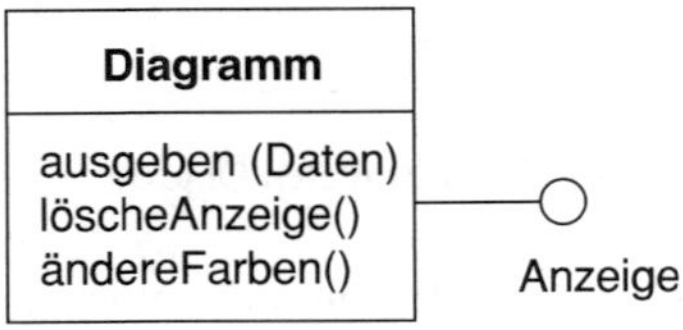

Bild 11-3 Verkürzte Symbolik für Schnittstellen und die implementierenden Klassen

11.1.1.2 Veränderungen der Attribute

Auch die Bezeichner der Attribute werden beim Übergang zum Entwurfsmodell bereits häufig den Konventionen der eingesetzten Programmiersprache bzw. der Entwicklungsumgebung angepasst. Gleiches gilt für die Datentypen der Attribute. Ausgehend von den in Abschnitt 7.3.1.2 genannten Datentypen, die in den Analysemodellen eingesetzt werden können, werden beim Übergang auf das Entwurfsmodell nur in Einzelfällen Modifikationen notwendig sein. Eventuell kann es aber sinnvoll sein, weitergehende Möglichkeiten hinsichtlich der Datentypen einer eingesetzten Programmiersprache auch für die Attribute des Entwurfsmodells zu nutzen.
Außerdem wird im Entwurfsmodell die *Sichtbarkeit der Attribute* genauer festgelegt, als dies im Analysemodell erfolgt. Die Sichtbarkeit bestimmt, von welchen anderen Klassen auf ein Attribut einer Klasse zugegriffen werden kann. Ein Zugriff aus einer anderen Klasse auf ein Attribut kann nur erfolgen, wenn das jeweilige Attribut sichtbar ist. Im Analysemodell wird implizit davon ausgegangen, dass die Attribute einer Klasse zwar für deren Unterklassen, nicht aber für alle anderen Klassen sichtbar sind. Im Entwurfsmodell wird eine feinere und explizite Abstufung der Sichtbarkeit vorgenommen. Als Sichtbarkeitsebenen sind die folgenden vorgesehen (vgl. [31]):

- private
- protected
- package
- public

Attribute einer Klasse, deren Sichtbarkeit als *private* festgelegt wird, sind von keiner anderen Klasse direkt zugreifbar. Ein Zugriff ist nur indirekt durch Aufruf einer Operation der Klasse, zu der das Attribut gehört, möglich, sofern eine Operation vorliegt und sichtbar ist, deren Rückgabewert genau der Attributwert ist. Dieses Verfahren zum Zugriff auf Attribute mit Hilfe von Operationen ist auch für die anderen Einschränkungen der Sichtbarkeit von Attributen einsetzbar.

Die Sichtbarkeit *protected* entspricht der impliziten Annahme, die in den Analysemodellen zugrunde gelegt wird. Das heißt, dass auf ein protected-Attribut einer Klasse von allen ihren Unterklassen direkt zugegriffen werden kann. Der direkte Zugriff von anderen Klassen ist nicht möglich, weil das Attribut für diese nicht sichtbar ist. Diese Art der Sichtbarkeit erscheint im Zusammenhang mit der Vererbung zunächst als eine sehr angemessene Art der Sichtbarkeit: Die Klassen, die ein Attribut erben, können auch darauf zugreifen. Es wird durch diese direkte Zugreifbarkeit jedoch eine starke Abhängigkeit der Unterklassen von den Oberklassen eingeführt. Eine Änderungen der Implementierung eines Attributes in der Oberklasse (z.B. Änderung des Datentyps) kann Änderungen in allen Unterklassen erfordern. Um diese Abhängigkeiten in der Vererbungsstruktur zu vermeiden, wird in vielen Fällen mit private doch die restriktivere Form der Sichtbarkeit gewählt und der Zugriff auch von den Unterklassen ausschließlich mit Hilfe von Operationen gestattet.

Wird für die Sichtbarkeit *package* angegeben, ist das jeweilige Attribut für alle Klassen innerhalb eines Paketes sichtbar (vgl. Abschnitt 7.3.3). Eine völlig uneingeschränkte Sichtbarkeit wird durch *public* festgelegt, so dass die Attribute von allen anderen Klassen direkt zugreifbar sind. Diese Art der Sichtbarkeit verletzt die Regeln der Datenkapselung und führt zu vielfältigen Abhängigkeiten zwischen den Klassen ausgehend von der Implementation der direkt zugegriffenen Attribute. Die Sichtbarkeit public ist daher nach Möglichkeit zu vermeiden bzw. nur in gut begründeten Ausnahmefällen einzusetzen. In **Bild 11-4** sind die Symbole zu sehen, die gemäß UML zur Festlegung der Sichtbarkeit der Attribute in den Klassendiagrammen eingesetzt werden (vgl. [31]).

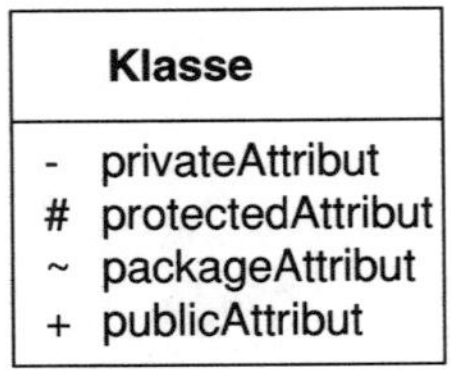

Bild 11-4 Symbole zur Darstellung der Sichtbarkeit

In den Klassendiagrammen des Entwurfsmodells sollten aus Gründen der Übersichtlichkeit lediglich die Angabe zur Sichtbarkeit und der Attributname enthalten sein. Die vollständigen Angaben zu Attributen, einschließlich der Sichtbarkeitsangabe können in separaten Attributspezifikationen textuell niedergelegt werden (vgl. Abschnitt 7.3.1.2 und [31]). Das Format einer vollständigen Attributspezifikation nach UML ist in **Bild 11-5** wiedergegeben (vgl. [31]).

```
Sichtbarkeit Name : Datentyp [Multiplizität Ordnung] =
                                   Initialwert {Eigenschaften}
```

Bild 11-5 Vollständige Attributspezifikation mit Beispiel

Die Bedeutung der meisten dieser Angaben ist unmittelbar klar und stimmt mit entsprechenden Angaben in den Analysemodellen überein (vgl. Abschnitt 7.3.1.2). Zusätzlich kann hier eine Angabe zur Anzahl von Werten in einem Attribut gemacht werden (Angabe Multiplizität) und eine Angabe zu deren Ordnung (mögliche Werte: ordered, unordered). Bis auf den Attributnamen sind in diesem Format alle Angaben optional, wobei eine Attributspezifikation nur sinnvoll ist, wenn über den Namen und die Sichtbarkeit hinaus weitere Angaben gemacht werden.

11.1.1.3 Veränderungen der Operationen

Auch die Benennung und die weiteren Angaben zu den Operationen müssen für den Entwurf in die Richtung der eingesetzten Implementierungstechnik angepasst werden. Dies gilt analog zu den Klassen und ihren Attributen auch für die Bezeichnungen der Operationen, die den Regularien der eingesetzten Programmiersprache anzupassen ist. Wie für die Attribute kann auch für die Operationen eine Sichtbarkeit angegeben werden. Während im Analysemodell von einer generellen Sichtbarkeit der Operationen ausgegangen wird, kann diese im Entwurfsmodell analog zu den Möglichkeiten bei den Attributen differenziert und eingeschränkt werden. Als Sichtbarkeitsfestlegungen sind auch hier private, protected, package und public zu unterscheiden, wobei die damit verbundenen Sichtbarkeiten denen bei den Attributen entsprechen (vgl. Abschnitt 11.1.1.2).

In den Klassendiagrammen beschränken sich die Angaben zu einer Operation meist auf die Angabe zur Sichtbarkeit und den Operationsnamen. Zusätzlich zur Repräsentation in den Diagrammen kann eine textuelle Spezifikation vorgesehen werden, deren vollständiges Format folgendermaßen festgelegt ist (vgl. [31]):

```
Sichtbarkeit Name (Parameterliste) : Ergebnistyp
                                       {Eigenschaften}
```

Die Angaben zu jedem einzelnen Parameter, die in der Parameterliste durch Kommata getrennt sind, haben das folgende Format:

```
Art Parametername : Datentyp = Defaultwert
```

Die Art gibt mit den möglichen Angaben in, out oder inout an, ob es sich um einen Eingangs-, Ausgangs- oder Ein-/Ausgangsparameter handeln soll. Der Datentyp macht eine Angabe über den zulässigen Wertebereich. Diese Angabe kann sich an den Möglichkeiten der eingesetzten Programmiersprache orientieren.

Die Angaben zu den Eigenschaften einer Operation sind optional. Wenn es sich um eine reine Anfrageoperation ohne Veränderung des Objektzustandes handelt, kann hier die Angabe `{query}` gemacht werden. Spielt der Aspekt der Nebenläufigkeit für die jeweilige Operation eine Rolle kann die Art der Nebenläufigkeit durch eine Angabe zur Eigenschaft concurrency deutlich gemacht werden (z.B.: `{concurrency = sequential}` oder `{concurrency = concurrent}`).

Zum algorithmischen Ablauf einer Operation können im Klassendiagramm Angaben in Form einer Notiz gemacht werden (vgl. [31] und **Bild 11-6**):

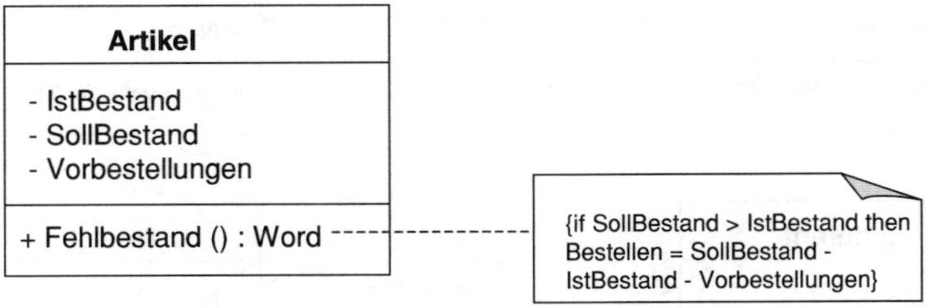

Bild 11-6 Operation mit zugeordneter Notiz

Diese darstellerische Möglichkeit ist nur sinnvoll einsetzbar, wenn die Angaben zum Ablauf eine Operation einen sehr begrenzten Umfang haben. Wenn umfangreichere Algorithmen im Zusammenhang mit dem Entwurfsmodell dokumentiert werden sollen, muss dies außerhalb des Klassendiagramms in Verbindung mit der textuellen Spezifikation der Operation geschehen. Hier sind bei Bedarf auch Angaben zu den Vorbedingungen („Unter welchen Bedingungen kann die Operation ausgeführt werden?“) und zu den Nachbedingungen („Was gilt in jedem Fall nach Ausführung der Operation?“) zu machen.

11.1.2 Veränderungen der Beziehungen zwischen Klassen

11.1.2.1 Veränderungen der Assoziationen, Aggregationen und Kompositionen

In den objektorientierten Analysemodellen gelten die Assoziationsbeziehungen als inhärend bidirektional, d.h. sie besitzen keine Richtung. In den Entwurfsmodellen muss jedoch dafür gesorgt werden, dass die Beziehungen zwischen den Objekten der Klassen, zwischen denen eine Assoziation besteht, *navigierbar* werden (vgl. [2] und [38]). Das heißt, dass die Verbindung beim Ablauf von Operationen genutzt werden kann, von einem Objekt auf ein anderes zuzugreifen und z.B. eine Botschaft an dieses Objekt zu senden. Um die Navigierbarkeit und die Richtung des Zugriffs in den Entwurfsmodellen deutlich zu machen, werden die Linienverbindungen der Assoziationen in den Entwurfsmodellen mit Pfeilspitzen versehen, welche die Richtung des Zugriffs angeben (vgl. [31]). Durch eine Pfeilspitze an einem Ende wird eine unidirektionale Assoziation spezifiziert, durch Pfeilspitzen an beiden Ende eine bidirektionale, die einen wechselseitigen Zugriff zwischen den Objekten ermöglicht (vgl. **Bild 11-7**).

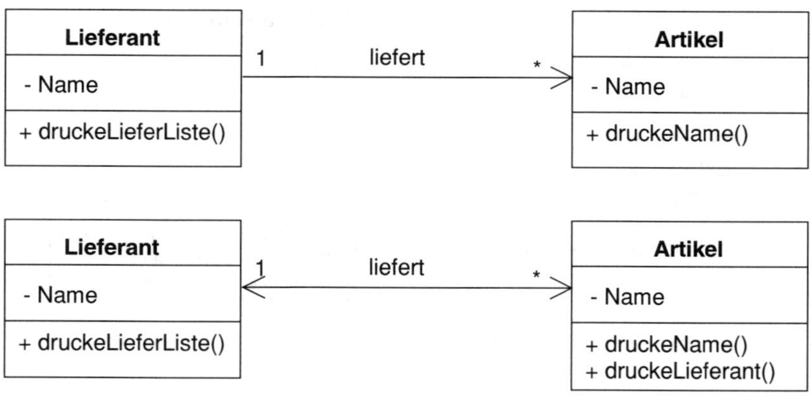

Bild 11-7 Navigierbarkeit von Assoziationen

Die Umsetzung der Zugriffsmöglichkeiten von einem Objekt auf eines oder mehrere andere erfolgt in der Regel mit Hilfe entsprechender Zeiger zwischen den Objekten.
Die Notwendigkeit der Navigierbarkeit besteht aber nicht nur für einfache Assoziationen, sondern auch für Aggregationen und Kompositionen (vgl. Abschnitt 7.3.1.6). In beiden Fällen ist es zwingend erforderlich, dass vom Aggregat ein Zugriff auf die Bestandteile erfolgen kann. Somit ist zumindest eine Pfeilspitze an den Klassensymbolen erforderlich, welche die Bestandteile einer Aggregation/Komposition bilden.

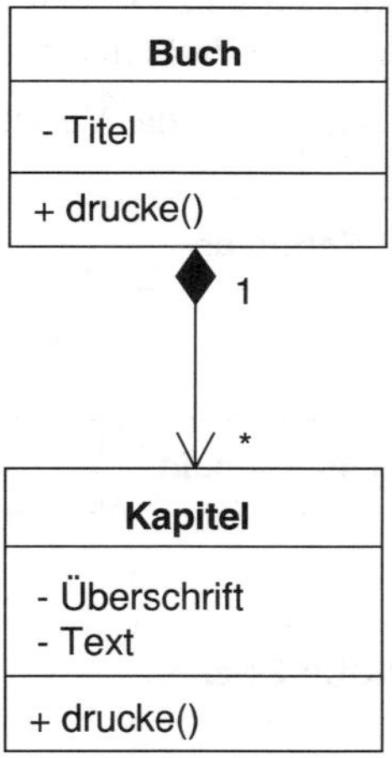

Bild 11-8 Navigierbarkeit von Aggregationen/Kompositionen

11.1.2.2 Veränderungen der Vererbungsbeziehungen

In den Entwurfsmodellen kann die Art der Vererbungsbeziehungen durch sogenannte Restriktionen näher spezifiziert werden. In der UML sind die folgenden Restriktionen vordefiniert (vgl. [31]):

- overlapping: Die Aufteilung in Unterklassen ist nicht trennscharf, denn es gibt Überschneidungen hinsichtlich ihrer Eigenschaften. Es kann Objekte im Anwendungsbereich geben, die mehreren der Unterklassen zugeordnet werden könnten. Dies tritt immer dann auf, wenn von einer Ebene der Vererbungshierarchie zur nächsten mehrere Diskriminatoren zur Anwendung kommen (vgl. Abschnitt 7.3.1.4).

- disjoint: Die Unterklassen sind vollkommen trennscharf, denn Überschneidungen in den Eigenschaften der Unterklassen gibt es nicht.
- complete: Die Unterklassen bieten eine inhaltlich vollständige Aufteilung des inhaltlichen Konzeptes, das durch die Oberklasse repräsentiert wird. Im betrachteten Problembereich kann jedes Objekt der Oberklasse einer Unterklasse zugeordnet werden.
- incomplete: Die Aufteilung der Oberklasse in Unterklassen ist inhaltlich nicht vollständig. Es könnte Objekt geben, die zur Oberklasse gehören, die jedoch in keine der vorhanden Unterklassen einzuordnen sind. Es sind die Unterklassen weggelassen, die für die betrachtete Problemstellung nicht relevant sind.

Bild 11-9 zeigt verschiedene Beispiele für die Verwendung der Restriktionen.

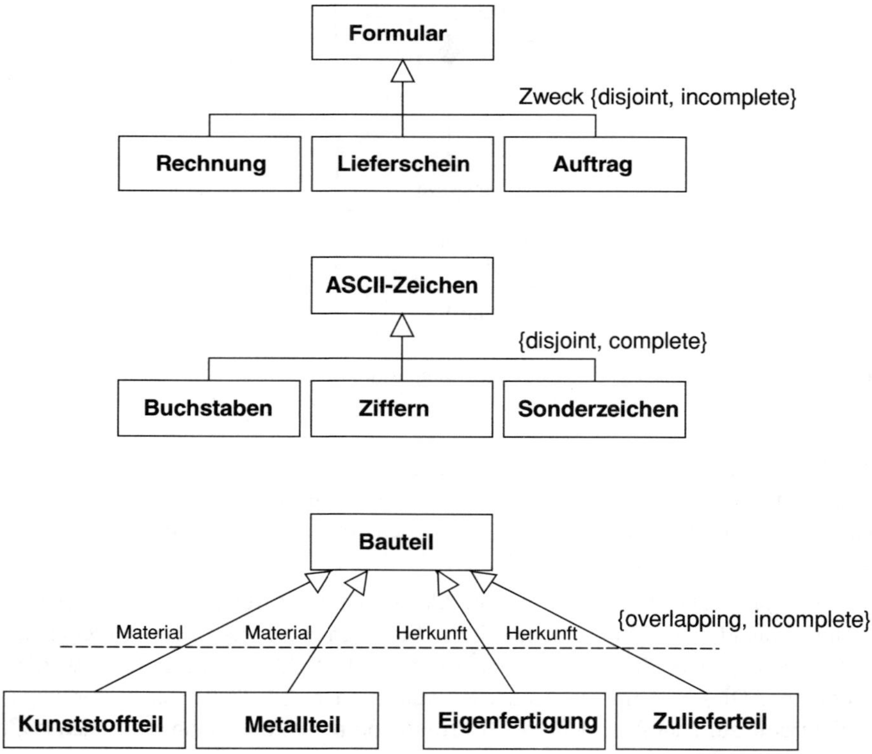

Bild 11-9 Restriktionen in Vererbungsbeziehungen

In den Analysemodellen werden die Vererbungsbeziehungen aus Gründen der konzeptionellen Klarheit auf die Einfachvererbung begrenzt. Das bedeutet, dass jede Klasse maximal genau eine Oberklasse hat. Auch im Entwurf ist dies die angestrebte Konstellation. Im Einzelfall kann die Begrenzung auf die Einfachvererbung jedoch zu unangemessenen Redundanzen in der Realisierung von Systemen führen. Dies gilt insbesondere dann, wenn ausgehend von sich überlappenden Klassen weitere Klassen abgeleitet werden. **Bild 11-10** zeigt ausgehend von **Bild 11-9** eine Konstellation mit Mehrfachvererbung.

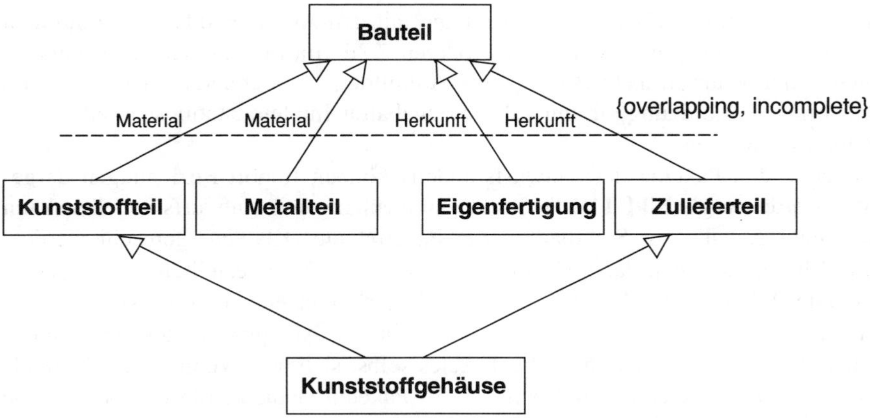

Bild 11-10 Mehrfachvererbung

Um die Probleme der Redundanzen und auch inhaltlich unklarer Zuordnungen zu vermeiden, kann im Entwurf (und bei der folgenden Realisierung) auch von der Mehrfachvererbung Gebrauch gemacht werden. Im Zusammenhang mit der Mehrfachvererbung stellt sich eine Reihe von Fragen (z.B. die Auflösung von Namenskonflikten, wenn gleichnamige Attribute aus unterschiedlichen Klassen geerbt werden), die hier jedoch nicht weiter diskutiert werden sollen (vgl. [2] und [32]).

Durch das Hinzufügen von Operationen zu den Klassen im Laufe des Übergangs vom Analysemodell zum Entwurfsmodell können sich in den Klassen neue Gemeinsamkeiten ergeben, die in der Analysephase noch nicht erkennbar waren. Daher ist es sinnvoll, die Vererbungsstruktur erneut zu prüfen und ggf. die neuen Gemeinsamkeiten in Form von weiteren (abstrakten) Oberklassen zusammenzufassen. Dabei ist jedoch zum einen zu berücksichtigen, dass die Vererbung das Prinzip der Kapselung und Lokalität gefährdet, weil den Unterklassen Eigenschaften der Oberklassen bekannt gemacht werden. Zum anderen kann die Vererbung nicht sinnvoll eingesetzt werden, wenn sich die Gemeinsamkeiten nur auf Ausschnitte des Verhaltens beziehen, da im Rahmen der Vererbung zwingend alle Eigenschaften weitergegeben werden. In solchen Konstellation können Überschneidungen in den Operationen auch in Form von Delegationen (d.h. Auslagern der gemeinsam genutzten Operationen in separate Klassen und dem expliziten Aufruf dieser Operationen, vgl. [32] und [38]) realisiert werden.

11.1.2.3 Zuordnung der Klassen zu Paketen

Der Einsatz von Paketen ist im Zusammenhang mit dem Entwurfsmodell von größerer Bedeutung als im Zusammenhang mit den Analysemodellen. Zum einen sind Entwurfsmodelle aufgrund der größeren Zahl von Modellelementen umfangreicher und bedürfen mehr der weiteren Aufteilung. Zum anderen kann bereits im Entwurf die Zuordnung zu sinnvoll abgrenzbaren Implementationseinheiten vorgenommen werden.

Zwischen den Paketen des Entwurfsmodells können Import-Beziehungen dargestellt werden (vgl. **Bild 11-11**). Im Zusammenhang mit Entwurfsmodellen kann auch eine Angabe zur Sichtbarkeit der Paketinhalte (Klassen) gemacht werden. Zum Einsatz kommen dabei die in Abschnitt 11.1.1.2 vorgestellten Sichtbarkeitssymbole. Inhalte eines Paketes, die als public gekennzeichnet sind, sind in allen Paketen, die dieses Paket importieren, sichtbar. Als private gekennzeichnete Paketinhalte sind nur innerhalb des Paketes selbst sichtbar. Wenn Paketinhalte als protected gekennzeichnet sind, sind sie in Paketen sichtbar, die das betreffende Paket spezialisieren. Dies kann erfolgen, indem zu einem Paket implementations- oder systemspezifische Varianten vereinbart werden. Dies wird in den Modellen durch Vererbungssymbole zwischen den Paketen visualisiert (vgl. **Bild 11-11**).

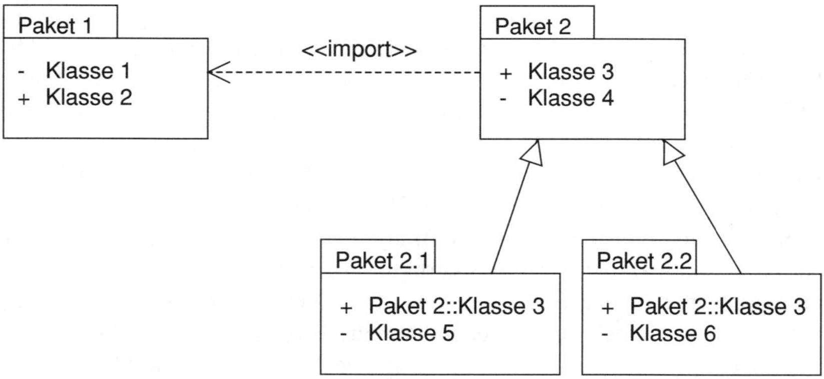

Bild 11-11 Import-Beziehungen, Sichtbarkeiten und Spezialisierung von Paketen

11.1.3 Veränderungen der Szenarios

In den Sequenzdiagrammen zur Darstellung von Szenarios kann die Aufteilung des Systems in Pakete verdeutlicht werden. Dies erfolgt durch zusätzliche senkrechte Striche zwischen den Lebenslinien der Objekte. Die Striche symbolisieren die Grenzen zwischen den Paketen und werden mit dem Paketnamen beschriftet (vgl. [2] und **Bild 11-12**).

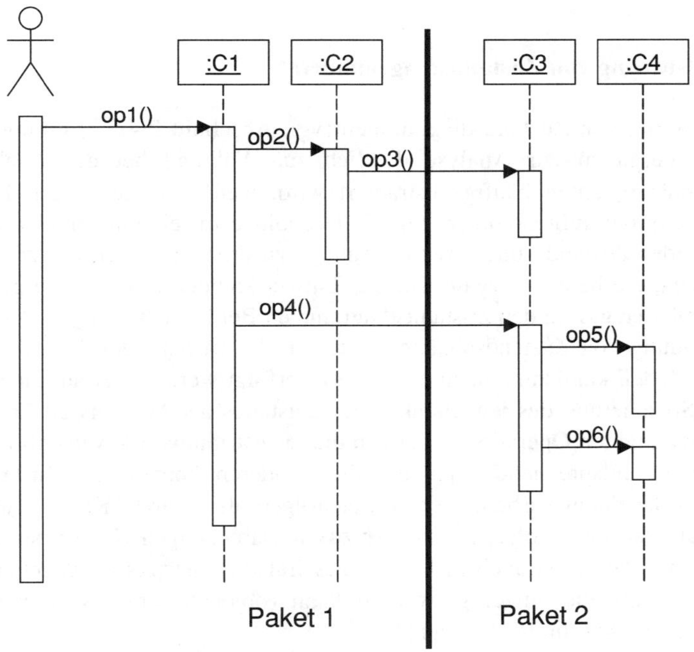

Bild 11-12 Paketgrenzen in Sequenzdiagrammen

Häufig werden in den Sequenzdiagrammen des Entwurfs auch detailliertere Angaben zu den Parametern und Ergebniswerten der enthaltenen Operationen gemacht. Die Darstellung in den Kollaborationsdiagrammen (vgl. Abschnitt 7.4.2.1) wird für den Entwurf häufig durch sogenannte *Multi-Objekt-Symbole* ergänzt, die eine Ausführung einer Operation auf einer Anzahl von Objekten einer Klasse veranschaulichen (vgl. [2] und **Bild 11-13**)

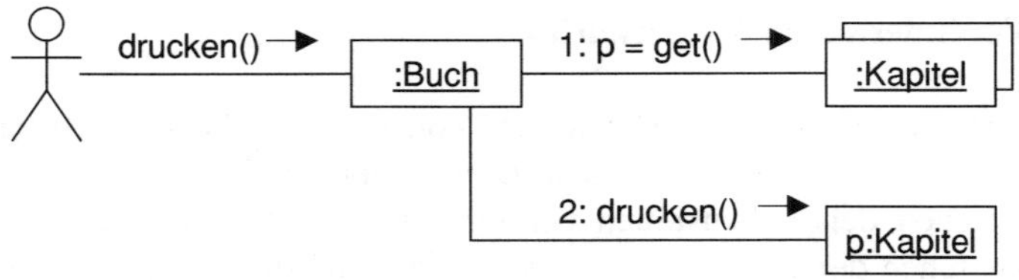

Bild 11-13 Multi-Objekt-Symbol in Kollaborationsdiagrammen

11.1.4 Nutzung von Zustandsdiagrammen

Die Bedeutung von Zustandsdiagrammen (vgl. Abschnitt 7.4.2.3) nimmt im Entwurf im Vergleich zur Analyse deutlich zu. Während bei der Analyse von Zustandabhängigkeiten häufig abstrahiert wird, werden diese in den Entwurfsmodellen explizit aufgenommen, um die Grundlage für eine angemessene Implementation der Zustände und ihrer Übergänge zu erhalten. Auch die zusätzlichen Operationen, die beim Übergang auf das Entwurfsmodell in dieses aufgenommen wurden, müssen ggf. in den Zustandsdiagrammen Berücksichtigung finden.

Zur Abbildung von Zustandsabhängigkeiten im Entwurfsmodell bezogen auf das statische Modell kann zum einen ein Ansatz verfolgt werden, der auf einer objektinternen Speicherung des jeweils aktuellen Zustands als Attributwert basiert. Die zustandsabhängigen Operationen müssen diesen Attributwert jeweils abfragen und ihren Ablauf entsprechend anpassen. Zum anderen können die Zustände einschließlich der damit verbundenen Aktionsfolgen als separate Klassen abgebildet werden, auf die eine Referenz von der zustandsabhängigen Klasse besteht. Eine solche Konstellation ist auch in Form eines Entwurfsmusters vorgegeben, das in die Entwurfsmodelle eingefügt werden kann (objektbasiertes Verhaltensmuster „Zustand“, vgl. Abschnitt 11.2 und [12]).

Ein weiterer Einsatzbereich für die Zustandsdiagramme ist der Entwurf der Benutzungsschnittstelle. Hier treten häufig Zustandsabhängigkeiten auf, die zu unterschiedlichen Reaktionen auf Benutzerinteraktionen und entsprechende Ereignisse an der Oberfläche führen. Als Grundlage für eine benutzungsfreundliche Gestaltung einerseits und eine saubere Implementation andererseits ist die Abbildung der Zusammenhänge in Zustandsdiagrammen sehr hilfreich.

11.2 Entwurfsmuster

Beim Entwurf von Systemen treten zahlreiche Strukturen und Konstellationen unabhängig vom abgebildeten fachlichen Hintergrund immer wieder auf. So kann beispielsweise die Zusammensetzung eines Objektes aus Teilkomponenten sowohl im technischen (Produktions-)Bereich als auch im Verwaltungsbereich auftreten. Wenn man von den fachlichen Hintergründen abstrahiert, liegt die gleiche Grundstruktur vor.

In der Regel gibt es eine ganze Reihe von Möglichkeiten, derartige Konstellationen im Entwurfsmodell abzubilden. Dabei hat jede Möglichkeit aus softwaretechnischer Sicht ihre Vor- und ihre Nachteile. Für eine Reihe solcher immer wieder auftretender Konstellationen wurden Strukturen für Entwurfsmodelle entwickelt, die diese Konstellationen auf besonders elegante Weise abbilden. Es handelt sich um statische und dynamische Modellfragmente, die in die jeweiligen vollständigen Entwurfsmodelle eingefügt werden können. Diese vielfältig einsetzbaren Modellfragmente werden *Entwurfsmuster* genannt. Anders formuliert sind es softwaretechnisch ausgereifte, generische Lösungen für typische Entwurfsprobleme (vgl. [2]). In dem Standardwerk über Entwurfsmuster von Erich Gamma, Richard Helm, Ralph Johnson und John Vlissides werden Entwurfsmuster so definiert:

„Entwurfsmuster ... sind Beschreibungen zusammenarbeitender Objekte und Klassen, die maßgeschneidert sind, um ein allgemeines Entwurfsproblem in einem bestimmten Kontext zu lösen“ (vgl. [12], S. 4).

Die Entwurfsmuster befreien den Entwerfer davon, erneut Lösungen für Entwurfsprobleme zu entwickeln, für die ausgereifte Lösungen bereits vorliegen. Insofern können die Entwurfsmuster den Entwurfsprozess vereinfachen und gleichzeitig die Qualität der entstehenden Entwurfsmodelle deutlich steigern. Bei der Entwicklung der Entwurfsmuster wurde insbesondere angestrebt, die Flexibilität und Wiederverwendbarkeit der Entwurfsmodelle zu verbessern (vgl. [12]).

Üblicherweise werden die Entwurfsmuster in drei Kategorien eingeteilt (vgl. [12]):

- Erzeugungsmuster: Sie dienen dazu, die Erzeugung von Objekten möglichst flexibel und erweiterbar zu gestalten.
- Strukturmuster: Sie betreffen die Zusammenführung von Klassen und Objekten zu größeren Strukturen
- Verhaltensmuster: Sie bilden die Interaktionen zwischen Objekten und Klassen ab und regeln die Zuständigkeiten der Systemkomponenten im dynamischen Ablauf

Als ein Beispiel für die Entwurfsmuster soll hier das Strukturmuster „Kompositum“ vorgestellt werden, das dazu dient, Baumstrukturen aufzubauen, die Teile-Ganzes-Hierarchien repräsentieren (vgl. **Bild 11-14** und [12]). Die Struktur wird durch eine abstrakte Klasse „Komponente“ geprägt, die für eine nutzende Klasse („Klient“) einen Zugriff auf die gesamte Hierarchie oder beliebige Ausschnitte der

Hierarchie von Teilen und dem Ganzen bietet, indem sie eine gemeinsame Schnittstelle dafür definiert.

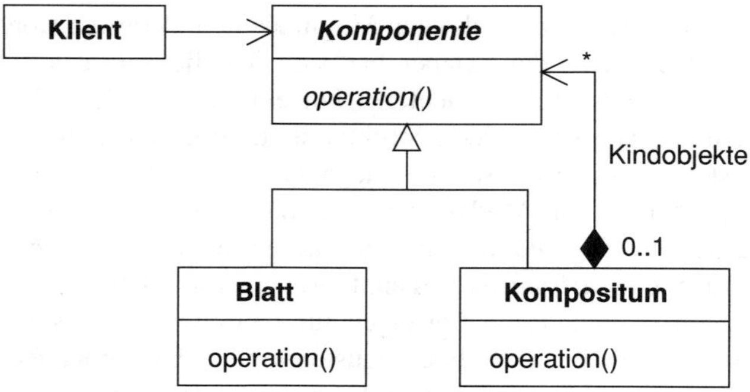

Bild 11-14 Strukturmuster Kompositum

Die konkrete Klasse „Blatt“ steht für Teile in der Hierarchie, die keine weiteren Bestandteile aufweisen, d.h. keine Kindobjekte besitzen. An dieser Art von Komponente endet die rekursive Definition der Hierarchie. Grundsätzlich können beliebig viele unterschiedliche Blattklassen in der Struktur definiert werden. Die Klasse „Kompositum“ repräsentiert Komponenten der Struktur, die weiter in Teilkomponenten zerlegt werden und dementsprechend Kindobjekte besitzen. Bei diesen Kindobjekten kann es sich wiederum um Komposita oder um Blätter handeln, so dass eine beliebig tiefe Hierarchie aus Komponenten und ihren Bestandteilen aufgebaut werden kann. Für die vollständige Beschreibung des Musters, die für eine angemessene Benutzung des Musters unverzichtbar ist, wird auf [12], Seite 239, verwiesen.

Das Ziel dieses Abschnittes ist es, auf die Möglichkeiten der Entwurfsmuster zum Aufbau guter Entwurfsmodelle hinzuweisen und einen kurzen, einführenden Überblick über das Gebiet zu geben. Eine vollständige Darstellung einschließlich einer Vorstellung der verschiedenen Muster und ihrer Einsatzmöglichkeiten würde den Rahmen dieses Buches sprengen. In Form des Buches von Erich Gamma und seinen Mitautoren liegt auch ein geeignetes Werk vor (vgl. [12]).

Zu jedem Entwurfsmuster ist in der Literatur eine umfangreiche Beschreibung enthalten. Diese in immer gleiche Abschnitte unterteilte Beschreibung soll vor allem sicherstellen, dass die Auswahl des für die jeweilige Problemkonstellation geeigneten Musters möglichst sicher gelingt. Unter den Abschnitten können insbesondere der beschriebene Zweck und der Abschnitt zur Anwendbarkeit des jeweiligen

Musters Hinweise für einen angemessenen Einsatz der Muster geben. Auch wenn sich das Entwurfsproblem nun von der Gestaltung einer Systemstruktur hin zur Auswahl einer geeigneten vordefinierten Systemstruktur verlagert hat, vereinfacht sich der Entwurf dennoch entscheidend.

Literatur

[1] Aristoteles:
Metaphysik, (1041b11) und (1023b20). Reinbek, 1994

[2] Balzert, Heide:
Lehrbuch der Objektmodellierung. Heidelberg, 1999

[3] Balzert, Helmut:
Lehrbuch der Software-Technik. Heidelberg, 1996

[4] Booch, G.:
Objektorientierte Analyse und Design. Bonn, 1994

[5] Chen, P.:
The Entity-Relationship Model – Toward a Unified View of Data. ACM Transactions on Database Systems, Band 1, Nr. 1, S. 9-36, 1976

[6] Coad, P.; Yourdon, E.:
Object-Oriented Analysis. London, 1991

[7] Coad, P.; Yourdon, E.:
Object-Oriented Design. London, 1991

[8] Dahl, O.J.; Myhrhaug, B.; Nygaard, K.:
The SIMULA67 Common Base Language. Publication No. S-2, Oslo, 1968

[9] DeMarco, T.:
Structured Analysis and System Specification. Englewood Cliffs,1978

[10] Dennis, A.; Wixom, B.; Haley W.:
Systems Analysis and Design. New York, 2000

[11] DIN Deutsches Institut für Normung e.V. (Hrsg.):
Software – Entwicklung, Dokumentation, Qualität. DIN-Taschenbuch 166, Berlin, 1995

[12] Gamma, E.; Helm, R.; Johnson, R.; Vlissides, J.:
Entwurfsmuster. Deutsche Ausgabe, München,1996

[13] Goldberg, A.; Robson, D.:
Smalltalk-80 – the Language. Reading, 1989

[14] Häuslein, A.:
Wissensbasierte Unterstützung der Modellbildung und Simulation im Umweltbereich. Frankfurt, 1993

[15] Harel, D.:
Statecharts: A Visual Formalism for Complex Systems. Science of Computer Programming 8, S. 231-274, 1987

[16] Hatley, D. J.; Pirbhai, I. A.:
Strategies for Real-Time System Specification. New York, 1987

[17] Hering, E.:
Software-Engineering. Braunschweig, 1992

[18] Heuer, A.; Saake, G.:
Datenbanken, Konzepte und Sprachen. Bonn, 1997

[19] Jones, C. B.:
Systematic Software Development Using VDM. London, 1986

[20] Keller, G.; Nüttgens, M.; Scheer, A.-W.:
Semantische Prozeßmodellierung auf der Grundlage „Ereignisgesteuerter Prozeßketten (EPK)“. Institut für Wirtschaftsinformatik, Universität des Saarlandes, Saarbrücken, 1992

[21] Keller, G.; Teufel, Th.:
SAP R/3 prozeßorientiert anwenden. London, 1998

[22] Koreimann, D.:
Grundlagen der Software-Entwicklung. München, 1995

[23] Krallmann, H.; Frank, H.; Gronau, N.:
Systemanalyse im Unternehmen. München, 2002

[24] Lockemann, P.C. et al.:
Systemanalyse, DV-Einsatzplanung. Berlin, 1983

[25] Mayer, H. O.:
Interview und schriftliche Befragung. München, 2002

[26] McMenamin, St.; Palmer, J. F.:
Strukturierte Systemanalyse. München, 1988

[27] Meffert, H.:
Informationssysteme, Grundbegriffe der EDV und Systemanalyse. Düsseldorf, 1975

[28] Meyer, B.:
Objektorientierte Softwareentwicklung. München, 1990

[29] Nielsen, J.:
Usability Engineering. San Diego, 1993

[30] Niemeyer, G.:
Kybernetische System- und Modelltheorie. München, 1977

[31] Object Management Group Inc.:
OMG Unified Modeling Language Specification, Version 1.5, 2003

[32] Oestereich, B.:
Objektorientierte Softwareentwicklung. München, 1998

[33] Page-Jones, M.:
The Practical Guide to Structured Systems Design. London, 1988

[34] Pomberger, G.; Blaschek, G.:
Grundlagen des Software Engineering, Prototyping und objektorientierte Software-Entwicklung. München, 1993

[35] Raasch, J.:
Systementwicklung mit Strukturierten Methoden. München, 1993

[36] Rautenstrauch, C.; Schulze, Th.:
Informatik für Wirtschaftswissenschaftler und Wirtschaftsinformatiker. Berlin, 2003

[37] Robertson, J.; Robertson, S.:
Vollständige Systemanalyse. München, 1996

[38] Rumbaugh, J. et al.:
Objektorientiertes Modellieren und Entwerfen. München 1993

[39] Rump, F. J.:
Geschäftsprozeßmanagement auf der Basis ereignisgesteuerter Prozeßketten. Stuttgart, 1999

[40] Scheer, A.-W.:
Architektur integrierter Informationssysteme. Springer-Verlag, Berlin, 1991

[41] Scheer, A.-W.:
Wirtschaftsinformatik, Referenzmodelle für industrielle Geschäftsprozesse. Berlin, 1995

[42] Scheer, A.-W.:
ARIS-Toolset: Von Forschungs-Prototypen zum Produkt. Informatik Spektrum, 19(2), S. 71-78, 1996

[43] Scheschonk, G. [Ed.]; Reisig, W. [Ed.]:
Petri-Netze im Einsatz für Entwurf und Entwicklung von Informationssystemen. Technische Fachhochschule Berlin, 20.-22. September 1993, Berlin, 1993

[44] Schrader, M.; Rundshagen, M.:
Objektorientierte Systemanalyse. Berlin 1996

[45] Seemann, J.; von Gudenberg, J.W.:
Software-Entwurf mit UML. Berlin, 2000

[46] Stachowiak, H.:
Allgemeine Modelltheorie. Wien, 1973

[47] Steinbuch, P. A.:
Organisation. Ludwigshafen, 2001

[48] Vossen, G.:
Datenmodelle, Datenbanksprachen und Datenbankmanagementsysteme. München, 2000

[49] Wallmüller, E.:
Software-Qualitätssicherung in der Praxis. München, 1990

[50] Wedekind, H.:
Systemanalyse. München. 1973

[51] Yourdon, E.:
Moderne Strukturierte Analyse. Attenkirchen, 1992

[52] Züllighoven, H.:
Das objektorientierte Konstruktionshandbuch nach dem Werkzeug & Material-Ansatz. Heidelberg, 1998

Index

(ADAM) ... 74
-Charts ... 74
-Kurven ... 75
Abbildungsmerkmal ... 36
Ablauforganisation ... 66
Ablaufpläne ... 76
Activity Direction Analysis Method74
Administration ... 225
Administrationsaktivität ... 240
Aggregation ... 192, 278
rekursive ... 193
Aggregationsbaum ... 193
Aggregatklasse ... 192
Aggregatobjekt ... 192
Aktivitätsdiagramm ... 211
Aktivitätsfragmente ... 242
Analysemodell ... 27
ARIS ... 91
-Toolset ... 91
Assoziation ... 186, 278
Kardinalität ... 188
Qualifikation ... 191
reflexive ... 187
Restriktion ... 190
Rollenname ... 189
ternäre ... 188
Attribut ... 176, 247
abgeleitetes ... 177
Datentypen ... 176
Restriktionen ... 176
Sichtbarkeit ... 274
-spezifikation ... 176, 276
Attributspezifikation ... 276
Aufbauorganisation ... 66, 105
Benutzeranalyse ... 67
Benutzererwartung ... 71
Beobachtung ... 58
Berichtstechnik ... 54
Beziehungstyp ... 134
Blitzen ... 249
Botschaft ... 199
Container ... 272
Containerklasse ... 272
Datenanalysen ... 86
Datenfluss ... 117
divergierend ... 118
konvergierend ... 118
Datenflussdiagramm
gestuft ... 118
Prozess ... 115
Speicher ... 116
Terminator ... 121
Datenflussdiagramm (DFD)114, 213, 259
Datenflussgleichgewicht ... 120
Datenkatalog ... 124
Datenorientierte Zerlegung ... 41
Datenstrukturdiagramm ... 133
Dauerbeobachtung ... 58
Decision Split ... 268
Delphi-Technik ... 54
DFD ... *Siehe* Datenflussdiagramm
Diskriminator ... 181
Echtzeitsystem ... 163
Einprozessor-System ... 226

Entity-Relationship-Modell *Siehe* ER-Modell
Entity-Typ 103, 134
Entscheidungsbaum 82
Entscheidungstabelle 76
  Konsolidieren 79
  Redundanz 79
  Verknüpfung 80
  Vollständigkeit 77
Entwurfsmuster 285
EPK 91
  Anwendungsobjekt 107
  Datenobjekt 102
  Entity-Typ 103
  Ereignis 93
  ET-Operator 100
  Funktion 93
  Modell 92
    erweitert 102
    schlankes 92
  Operator 95
  OR1-Operator 100
  Prozesswegweiser 110
  SEQ-Operator 100
ER-Diagramm 133
  Attribut 135
  Kardinalität 135
Ereignis 207, 259
  extern 147
  zeitlich 147
Ereignisgesteuerte Prozessketten*Siehe* EPK
Ereignisorientierte Zerlegung 41
Ereignistabelle 151, 242
ER-Modell 133
Essenzielle Aktivität 243
  Fragment 161
  zusammengesetzte 158
Essenzielle Ebene 158, 245
Essenzielle Modellierung 140, 259
  Vorgehensmodell 149
Essenzieller Speicher 145, 155
Expansion 238
Faktorisieren 266
Fan-In 269
Fan-Out 269
FEA*Siehe* Fragment essenzieller Aktivität
Fragebogen 53
Fragment essenzieller Aktivität (FEA) 161, 228
Funktionsorientierte Zerlegung 41
Geheimnisprinzip 171
Generalisierung 172
Geplanter Kern 73
Geschäftsprozess 91, 199
Geschäftsprozessdiagramm 199
Geschäftsprozesse 72
Geschäftsprozessschablone 201
Grundlegende Aktivität 144
Gruppeninterview 49
Informaten 154
Informationslieferung 70
Informationsstand 67
Informationssuche 68
Informationssystem 18, 68
Infrastruktur 224
Infrastrukturaktivität 240
Input-Prozess-Output-Analyse 74
Instanz 172
Instanzendiagramm 196
Interaktionsdiagramm 202
Interface 273
Interview 49
  Ablauf 52
  Gestaltung der Fragen 51
Inventur-Technik 59
Ist-Analyse 237

Aufwand 249
Kardinalität 188
Klasse 171
abstrakte 184
instanziierbare 184
Schnittstelle 178
Klassenattribut 177
Klassenbildung 171
Klassendiagramm 174
Beispiel 195
Klassenoperation 179
Klassensymbol 174
Attribute 176
Merkmale 175
mit Stereotypen 175
Kollaborationsdiagramm 202
Kommunikationsgraph 84
Kommunikationsmatrix 84
Kommunikationssystem 18
Komposition 194, 278
Kompositum 285
Konferenztechnik 49
Konglomerat 231
Konstruktoroperation 179
Kontextabgrenzung 151
Kontextdiagramm 120, 153
Informaten 154
Superkontext 121
Kontrollfluss 164
Kontrollprozess 164
Kontrollspezifikation 165
Leitfadeninterview 49
Medienbruch 108
Mehrprozessor-System 227
Methode 180
Sichtbarkeit 276
Signatur 184
Modell 36
funktionales 212
-gültigkeit 38
-nutzung 39
-repräsentation 38
-theorie 36
-validierung 39
Modul 254
Modulkategorien 256
Modulkopplung 265
Modulspezifikation 257
Modulzusammenhalt 266
Multimomentverfahren 58
Nachricht 199
Navigierbarkeit 278
Object Management Group 170
Object Modeling Technique 212
Objekt 171
anonymes 196
-diagramm 195
-identität 171
Lebenszyklus 207
-linie 204
-operation 179
-zustand 207
Objektorientierte Zerlegung 41
Objektverwaltung 172, 272
OMT 170, 212
Operation
abstrakte 185
Organisationsanalyse 66
Paket 197, 282
Paketkanal 233
Paketprozessor 232
Perfekte Technologie 142
Petri-Netz 76, 92
Physikalischer Ring 143, 224
Polymorphie 173
Prinzip der Kapselung 171
Prinzip der Speicherkapselung 159
Prinzip der Vollständigkeit 155

Programmiersprache
hybride 169
objektorientierte 169
Prozess 71
-hierarchie 71
-spezifikation 127, 162, 240
Prozessaktivierungstabelle........... 165
Prozessor..................................... 225
geschachtelter 228
Mängel 230
Paket- 232
Pseudo-Code 76, 129
Redefinieren................................ 183
Reduktion..................................... 240
Redundanz 233
Regelkreis 31
Restriktion.................................... 190
Rollenname 189
Schnittstelle................................. 273
Sequenzdiagramm................ 203, 283
Sichtbarkeit......................... 274, 276
Signatur 184
Software-Qualität............................ 23
Qualitätsmerkmale 24
Speicher 116
essenzieller............................... 145
Mängel 229
Speicherkapselung 159
Spezialisierung............................. 184
Spontane Hülle................................ 73
Stapelspeicher 227
Stereotypen 175
Structure Chart..................... 253, 263
Struktogramme................................ 76
Strukturanalyse 66
Strukturdiagramm................ 253, 263
Aufrufbeziehung 254
Layout 256
Modul....................................... 254
Modulkategorien 256
Strukturierte Analyse....................111
Darstellungsformen 114
Datenflussdiagramm.................114
Konsistenzbedingung 137
Strukturierte Sprache....................129
Subsystem..............................32, 198
Abgrenzung 33
-bildung......................................33
Superkontext................................121
Superprozessor 229
System 17, 27
-aufnahme 43, 65
balanciertes 268
-element 28
-grenze 28
-inkarnation 223
-klassifikation 35
-komplexität................................30
kybernetisches 31
physikalisch-input getrieben 269
physikalisch-output getrieben ...269
-relation.......................................28
-spezifikation 21
-struktur 29
-theorie..27
-umgebung..................................28
-ziel 27, 150
-zustand.......................................30
Systemverhalten 30
Szenario 201
Teilmodell
dynamisches 248
statisches...................................173
Terminator 121
Tramp Data...................................267
Transaktion...................................259
Transaktionsanalyse 259
Transaktionstyp 259

Transaktionszentrum 233, 264
Transformation
zentrale 260
Transformationsanalyse 260
Transition 207
Überschreiben 183
UML 170, 196, 198, 200, 202, 208
Klassensymbol 174
Notiz 277
Paket 282
Vererbung 180
Unified Modeling Language*Siehe* UML
Use Case Diagramm 199
Varieté-Speicher 232
Vererbung 172, 180, 279
einfach 181
mehrfach 181
Mehrfach- 281
Restriktion 279
Vererbungshierarchie 172
Verfeinerung 160
Vergröberung 159
Verwaltungsaktivität 145, 244
Verwaltungsoperation 179
Verwicklung 234
Wertschöpfungskettendiagramm ... 108
Wiederholungsgruppen 239
Zerlegung
datenorientierte 41
ereignisorientierte 146
funktionsorientierte 113
objektorientierte 148
Zerlegungsstrategien 41
Zerstückelung 231
Zustand 207
anonymer 208
zusammengesetzter 210
Zustandsdiagramm 208, 284
Zustandsübergangsdiagramm 166
gestuft 167